Vorwort

Die Fachliteratur über Verbrennungsmotoren ist sehr umfangreich, und es stellt sich die Frage, welchen Beitrag das vorliegende Buch zur vorhandenen Literatur noch leisten kann. Maßgebend war die Überlegung, daß die meisten Bücher in grundlegender und ausführlicher Darstellung nur Teilgebiete aus der Fülle des Stoffs behandeln. Für den Studierenden ist es daher zunächst nicht leicht, sich in dem großen Stoffgebiet zurechtzufinden. Deshalb soll dieser neue Band, der aus dem Fachhochschul-Unterricht hervorging, vor allen Dingen eine Gesamtschau der Verbrennungsmotoren vermitteln. Mit seiner Stoffauswahl wendet er sich an die Studierenden des Maschinenbaus und an die in der Praxis stehenden Ingenieure, die ihr Wissen über Verbrennungsmotoren auffrischen möchten.

Wir erleben z. Z. die Umstellung auf das neue Einheitensystem, das Internationale Einheitensystem (SI = système international d'unités). Gesetzlich ist das neue System seit Juli 1970 in Kraft, ein Teil der alten Einheiten darf aber bis 1975 bzw. 1978 weiterverwendet werden. Während dieser Übergangszeit sollte der Studierende sowohl mit den alten Einheiten (Techn. Maßsystem) als auch mit den neuen SI-Einheiten arbeiten können. Deshalb werden die Motorkennwerte in beiden Einheiten (alte Einheiten in Klammern) angegeben. Die meisten Beispiele sind mit den SI-Einheiten durchgerechnet.

Mit der Einführung kohärenter Einheiten durch das neue Einheitensystem werden die Zahlenwertgleichungen, die für den Anfänger große Schwierigkeiten und Fehlerquellen in sich bergen, aber für den Praktiker so bequem zu handhaben sind, von selbst verschwinden, und alle Formeln werden dann nur noch als Größengleichungen geschrieben werden. Entsprechend dieser Entwicklung sind vorrangig Größengleichungen angegeben, aber die Zahlenwertgleichungen noch nicht ganz verbannt.

Am Ende des Buches findet der Leser Bilder von vollständigen Motoren, die im Text nicht besonders besprochen sind. Diese Bilder sollten beim Studium der einzelnen Kapitel hin und wieder in die Betrachtung miteinbezogen werden, um neben dem Detail stets auch den ganzen Motor vor Augen zu haben.

Hinweise auf das Schrifttum werden im Text in eckigen Klammern angegeben.

Meinen Dank spreche ich allen Firmen aus, die mir freundlicherweise Bildmaterial für dieses Buch zur Verfügung stellten.

Traisa

Heinz Grohe

Inhaltsverzeichnis

Formelzeichen

a	Abstand, Beschleunigung
A	Fläche, Schwingungsamplitude
b	Abstand, Breite
b_e	spezifischer Kraftstoffverbrauch
B	Breite, Kraftstoffverbrauch (Kraftstoffmenge pro Zeiteinheit)
c	Abstand, Drehfederkonstante, Geschwindigkeit, spezifische Wärmekapazität
C	Faktor, Länge
d	Durchmesser
D	Durchmesser, Länge
e	Exzentrizität
E	Elastizitätsmodul, kinetische Energie
f	Durchbiegung, Federweg, Fehler
F	Kraft
G	Gewicht in kg, Schubmodul
h	Höhe, Ventilhub, Wandstärke
H	Kolbenhub
H_G	Gemischheizwert
H_u	Heizwert
i	Faktor, Ordnungszahl, Windungszahl
I	Flächenträgheitsmoment
k	Faktor, Hubverhältnis, Zugfestigkeit
K	Kraftstoffmenge
l	Länge, Pleuellänge
L	Abstand, Länge, Luftmenge
m	Masse
$\dot{m}$	Massenstrom (Masse pro Zeiteinheit)
M	Biegemoment, Drehmoment
n	Drehzahl
n_e	Eigenschwingungszahl
N	Normalkraft
p	Druck, Flächenpressung
P	Leistung
Q	Wärmemenge
$\dot{Q}$	Wärmestrom (Wärmemenge pro Zeiteinheit)
r	Kurbelradius, Radius
R	Radialkraft, Radius
s	Bodenstärke, Weg
S	Entropie, Pleuelstangenkraft
t	Temperatur in °C, Zeit
T	Tangentialkraft, Temperatur in K
$ü$	Übersetzungsverhältnis
v	Geschwindigkeit
V	Volumen
$\dot{V}$	Volumenstrom (Volumen pro Zeiteinheit)
w	Geschwindigkeit
W	Arbeit, Widerstandsmoment
x	Abstand, Veränderliche
y	Abstand, Veränderliche
z	Zeitquerschnitt, Zylinderzahl
z_B	Zahl der Düsenbohrungen

α	(Alpha)	Durchflußzahl, Faktor, Kurbelwinkel
β	(Beta)	Pleuelwinkel
γ	(Gamma)	Winkel
δ	(Delta)	Ungleichförmigkeitsgrad, Winkel
Δ	(Delta)	Differenz
ε	(Epsilon)	Verdichtungsverhältnis
ζ	(Zeta)	Winkel
η	(Eta)	Wirkungsgrad
Θ	(Theta)	Massenträgheitsmoment, Winkel
$\varkappa$	(Kappa)	Isentropenexponent
λ	(Lambda)	Pleuelverhältnis, Luftverhältnis
λ_l		Liefergrad
λ_s		Spülgrad
λ_z		Fanggrad
Λ	(Lambda)	Luftaufwand
μ	(My)	Ausflußzahl
ν	(Ny)	Frequenz, kinematische Zähigkeit
ξ	(Xi)	Drucksteigerungsverhältnis
ρ	(Rho)	Dichte, Radius
σ	(Sigma)	Spannung, Winkel
τ	(Tau)	Torsionsspannung
φ	(Phi)	Faktor, Winkel
ψ	(Psi)	Einspritzverhältnis, Winkel
ω	(Omega)	Kreisfrequenz, Winkelgeschwindigkeit
Ω	(Omega)	Erregerkreisfrequenz

1. Historischer Rückblick

Im Motorenbau sind es vor allem zwei Namen, die auch dem Laien bekannt sind: **Otto** und **Diesel.** Die bedeutsamen Erfindungen dieser beiden Männer leiteten vor fast 100 Jahren die großartige Entwicklung der Verbrennungsmotoren ein.

Schon viele Erfinder hatten sich an der Konstruktion des Verbrennungsmotors versucht, aber keinem war es bisher gelungen, eine betriebsreife Maschine zu schaffen. Noch immer lieferte die Kolbendampfmaschine als einzige Wärmekraftmaschine dem Menschen mechanische Arbeit. Doch sie eignete sich schlecht für Kleinbetriebe und Handwerk. Zur Dampferzeugung wurde ein Kessel benötigt, der von einem Heizer bedient werden mußte, und außerdem brauchte man für den Betrieb der Anlage eine polizeiliche Genehmigung. So war es ein bedeutendes Ereignis und ein großer technischer Fortschritt, als es dem Franzosen Lenoir gelang, einen Motor zu konstruieren, der mit Leuchtgas betrieben werden konnte.

Lenoir (1822 – 1900) lebte damals in Paris und verdiente sich seinen Lebensunterhalt als Kellner. In seiner Freizeit beschäftigte er sich mit technischen Problemen. Sein Motor wurde 1860 zum erstenmal gebaut. Bild 1.1 zeigt diesen Motor in schematischer Darstellung. Seine Bauart lehnte sich weitgehend an die bewährte Kolbendampfmaschine der damaligen Zeit an. So arbeitete der Motor im doppeltwirkenden Zweitaktverfahren. Im Gegensatz zur Dampfmaschine mußte das Arbeitsmedium, ein Gas-Luft-Gemisch, vom Kolben angesaugt werden. Dies geschah während des halben Kolbenhubs. Dann wurde das Gemisch elektrisch gezündet, und die heißen Verbrennungsgase trieben den Kolben bis zum Hubende. Auf seinem Rückweg schob der Kolben die Abgase aus, während auf der anderen Kolbenseite ein neues Arbeitsspiel begann. Der Zylinder war wassergekühlt. Die Steuerung für Ein- und Auslaß des Arbeitsmittels hatte Lenoir auch der Dampfmaschinenkonstruktion entliehen. Er verwendete dafür Schieber, die über Exzenter bewegt wurden. Zündkerzen, die ein Induktionsapparat mit Wagnerschem Hammer mit Energie versorgte, entzündeten die Gas-Luft-Mischung. Der Strom floß über Kontaktschienen im rechten Augenblick zur richtigen Zündkerze, die dann so lange funkte, bis der Strom auf die andere Zündkerze geleitet werden mußte. Durch das ständige Funken war der Stromverbrauch sehr groß.

Der Lenoir-Motor leistete etwa ½ bis 3 PS und hatte einen Leuchtgasverbrauch von ungefähr 3 m^3 je PS-Stunde. Sein Laufgeräusch war sehr laut und klang recht hart. Er ließ sich aber leichter aufstellen und bedienen als die Dampfmaschine und wurde deshalb rasch zu einer gesuchten Kraftmaschine.

Bald erfuhr auch **Nicolaus August Otto** (1832 – 1891) von der neuen Maschine. Er arbeitete damals als Kaufmann in Köln. Genau wie Lenoir war auch Otto kein Techniker, interessierte sich aber sehr für technische Probleme. Otto wußte, daß die Dampf-

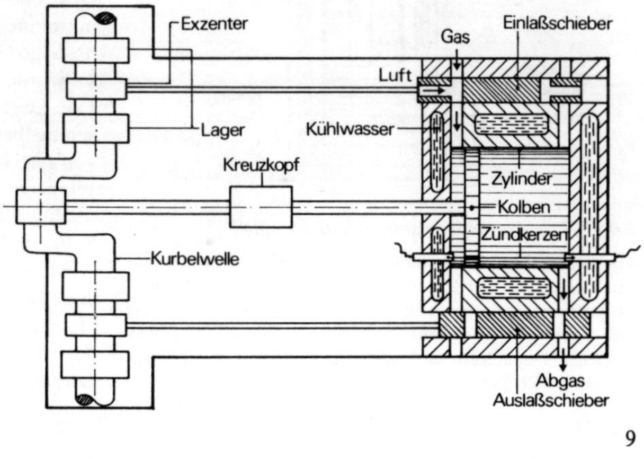

Bild 1.1. Lenoir-Motor

maschine für Kleinbetriebe zu aufwendig und zu umständlich zu bedienen war, und erkannte, daß hier der Verbrennungsmotor eine Marktlücke schließen könnte. Er wollte den Motor so verbessern, daß man bei seiner Aufstellung nicht mehr auf einen Gasanschluß angewiesen wäre. Anstelle von Leuchtgas sollten in einem Vergaser flüssige Kraftstoffe der Verbrennungsluft beigemischt werden. Aber Ottos Patentgesuch wurde abgelehnt. Daraufhin gab er diesen Gedanken auf und ließ sich für Studienzwecke ein Modell des Lenoir-Motors anfertigen.

Otto stellte bei seinen Versuchen fest, daß der Motor sehr rauh und laut lief und heftige Verbrennungsstöße das Triebwerk stark belasteten. Diesen Mißstand wollte er beseitigen. Er veränderte die Füllung des Motors mit frischem Gemisch. Dabei fand er heraus, daß am Ende des Arbeitshubs im Zylinder ein Unterdruck entstand, wenn der Kolben nur auf

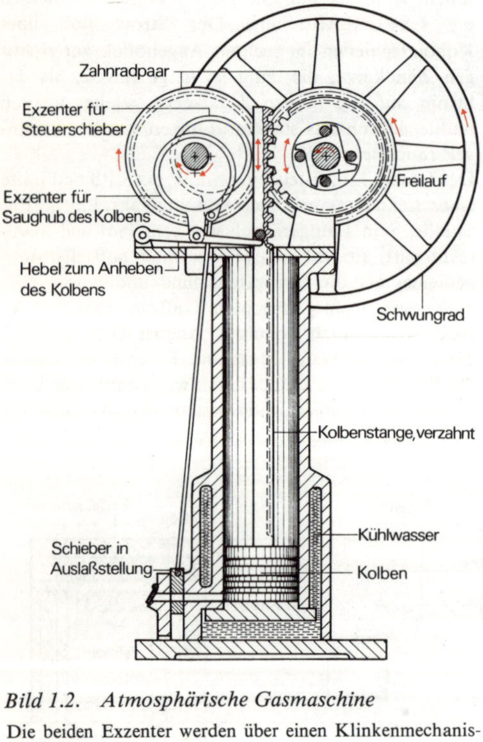

Bild 1.2. Atmosphärische Gasmaschine

Die beiden Exzenter werden über einen Klinkenmechanismus bei jedem Arbeitsspiel einmal eine Zahnradumdrehung mitgenommen. Dabei hebt der eine Exzenter den Kolben ein wenig an (Saughub), und der andere betätigt den Schieber. Danach stehen beide Exzenter still, bis ein neues Arbeitsspiel beginnt.

einem Viertel seines Hubs frische Ladung angesaugt hatte. Durch diesen Unterdruck wurde der Kolben wieder „zurückgesaugt“. So kam Otto auf die Idee, eine **atmosphärische Gasmaschine** zu bauen.

Diese Maschine ist in Bild 1.2 schematisch dargestellt. Sie arbeitete wie der Lenoir-Motor mit Leuchtgas als Kraftstoff. Der Kolben saugte auf einem Zehntel seines Aufwärtshubs ein Gas-Luft-Gemisch an, das dann mit einer Gasflamme gezündet wurde. Das brennende Arbeitsmittel warf den Kolben in die Höhe. Bei dieser Aufwärtsbewegung war der Kolben durch einen Freilauf von der Arbeitswelle entkuppelt. Dadurch konnten keine Stöße auf das Triebwerk übertragen werden. Gegen Hubende entstand im Zylinder ein Unterdruck. Beim Abwärtshub kuppelte der Freilauf den Kolben wieder mit der Arbeitswelle, und das sinkende Kolbengewicht, verstärkt durch die Druckkraft, leistete mechanische Arbeit. Für die Zündung hatte Otto nicht die Zündkerze von Lenoir übernommen, da diese wegen des ständigen Funkens sehr viel Strom verbrauchte. An ihrer Stelle verwendete Otto eine von ihm konstruierte Flammenzündung (Bild 1.3). Auslaß, Einlaß und auch die Zündung steuerte ein Schieber, der über einen Exzenter angetrieben wurde.

Ottos atmosphärische Gasmaschine lief zwar immer noch sehr laut, aber die harten Verbrennungsstöße wirkten sich nicht mehr auf das Triebwerk aus. Der Leuchtgasverbrauch war viel kleiner als beim Lenoir-Motor, denn die Gasenergie wurde durch den langen Expansionshub besser ausgenutzt.

An der Konstruktion dieser Maschine war der Ingenieur **Eugen Langen** (1833 – 1895) beteiligt. Otto, der seinen Kaufmannsberuf aufgegeben hatte, um sich ganz seinen Erfindungen widmen zu können, gründete zusammen mit Langen 1864 die Firma Otto & Cie. Diese wurde später in die Gasmotorenfabrik Deutz umbenannt, aus der dann die heutige Firma Klöckner-Humboldt-Deutz AG hervorging.

Otto und Langen zeigten ihre atmosphärische Gasmaschine 1867 auf der Pariser Weltausstellung. Der niedrige Gasverbrauch erregte großes Aufsehen, und sie wurde mit dem Grand Prix ausgezeichnet.

Die Leistung der ersten atmosphärischen Gasmaschine betrug nicht ganz 1 PS, bei einer Bauhöhe von fast 2 m. Im Laufe der Jahre erreichte diese Maschine mit 3 PS ihre Leistungsgrenze. Motoren mit noch größerer Leistung hätten sich wegen ihrer Bauhöhe in Werkstätten nicht mehr aufstellen lassen. Auch wäre das Laufgeräusch der ohnehin nicht leisen Maschine dann unerträglich geworden.

Da die Motorenkäufer aber größere Leistungen forderten, mußte eine neue Maschine entwickelt werden. Diesen neuen Motor entwarf Otto mit direkter Ver-

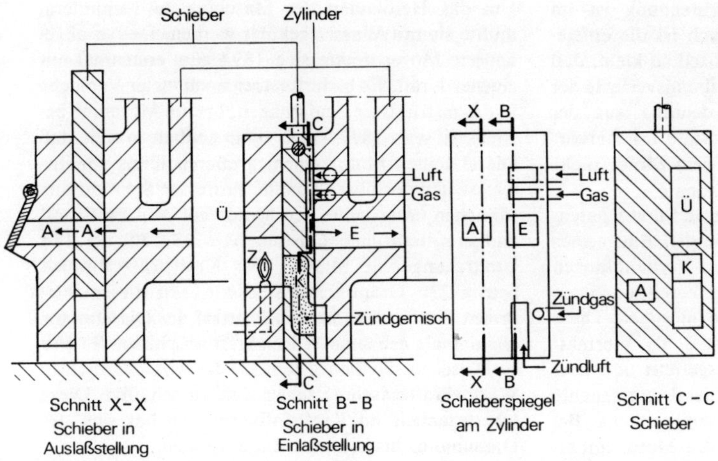

Bild 1.3. Flammenzündung

A = Auslaßkanal
Z = Zündflamme
K = Zündkanal
E = Einlaßkanal
Ü = Überströmkanal

Steht der Schieber in Einlaßstellung, so saugt der Kolben das aus Gas und Luft im Überströmkanal gebildete Gemisch in den Zylinder. Gleichzeitig entsteht im Zündkanal das Zündgemisch. Dieses wird durch die ständig brennende Zündflamme gezündet und von dem aufwärts gehenden Schieber vor den Einlaßkanal gebracht, wo es das Gemisch im Zylinder entflammt.

bindung zwischen Kolben und Kurbelwelle. Er glaubte nämlich, einen Weg gefunden zu haben, um die harten Stöße bei der Verbrennung zu verhindern. Die Gas-Luft-Mischung sollte im Zylinder vor der Verbrennung so geschichtet vorliegen, daß von der Zündstelle zum Kolben hin das Gemisch immer ärmer an Leuchtgas wurde. Dadurch wollte er eine weiche Verbrennung erzielen. Bei diesem Motor wendete Otto zum erstenmal das Viertakt-Arbeitsverfahren an. Das **Viertakt-Arbeitsverfahren** besteht aus:

1. Ansaugen des Gas-Luft-Gemischs,
2. Verdichten dieses Gemischs,
3. Verbrennung mit anschließender Ausdehnung des Gases,
4. Ausschieben des Gases.

Otto glaubte damals, daß die große Erfindung bei seinem neuen Motor die geschichtete Ladung sei; das eigentlich Geniale aber war das Viertakt-Arbeitsverfahren. Zum erstenmal nämlich wurde ein Motor gebaut, bei dem vor der Verbrennung die Ladung verdichtet wurde. Dieser erste Viertaktmotor, der 1876 entstand, leistete 3 PS bei 180 Umdrehungen je Minute. Er ist das Urbild aller unserer heutigen Viertaktmotoren.

Einige Jahre später wurde wieder eine neue Maschine erfunden, der **Dieselmotor.** Sein Erfinder **Rudolf Diesel** (1858–1913) hatte am Polytechnikum in München sein Ingenieurexamen mit Auszeichnung bestanden. Danach trat er in die Fa. Lindes Eismaschinen ein und baute Kältemaschinen. Er befaßte sich sehr eingehend mit dem Studium von Kreisprozessen der Kälte- und Wärmetechnik und entwickelte eine Ammoniak-Dampfmaschine. Das Arbeiten mit überhitzten Dämpfen brachte ihn auf die Idee, eine Maschine zu bauen, in der hochverdichtete Luft bei hoher Temperatur arbeiten sollte. Diese Wärmekraftmaschine sollte alle bisher bekannten an Wirtschaftlichkeit weit übertreffen. Diesel hatte bei seinem Lehrer in München, Professor Karl von Linde, den Carnot-Prozeß kennengelernt und erfahren, daß für einen guten Wirkungsgrad hohe Arbeitstemperaturen nötig seien. Die großen Temperaturen wollte Diesel durch eine Verdichtung des Arbeitsmittels auf 250 at erreichen. Um dabei eine vorzeitige Zündung zu verhindern, sollte der Kraftstoff erst am Ende der Verdichtung in die Luft eingespritzt werden.

Bei der Auswahl des Arbeitsprozesses unterlief Diesel allerdings zunächst ein Fehler. Er wählte nämlich den **Carnot-Prozeß** (Bild 1.4). Dieser besteht aus zwei isentropen und zwei isothermen Zustandsänderungen und hat den besten thermischen Wirkungsgrad aller Kreisprozesse. Der Carnot-Prozeß eignet sich aber nicht als Arbeitsprozeß für einen Verbren-

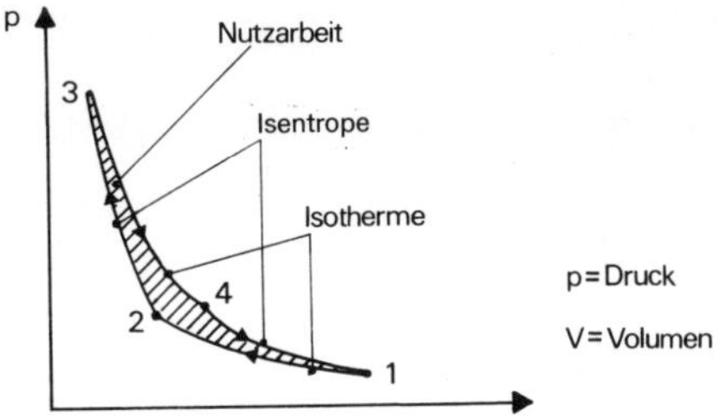

Bild 1.4. Carnot-Prozeß

nungsmotor. Eine isotherme Verbrennung ist im Motor nämlich nicht möglich. Auch ist die entstehende Nutzarbeit beim Carnot-Prozeß so klein, daß sie gerade nur zur Deckung der Reibungsverluste der Maschine ausreicht. Dies geht deutlich aus der schmalen Kreisprozeßfläche in Bild 1.4 hervor. Schon bald erkannte Diesel, daß sein Motor nicht nach dem Carnot-Prozeß arbeiten konnte.
Diesel ließ sich sein neues Arbeitsverfahren patentieren und suchte eine Firma, die den Bau seines Motors übernähme. Nach längeren Verhandlungen erklärte sich die MAN in Augsburg bereit, nach den Entwürfen Diesels einen Motor anzufertigen. Diese erste Versuchsmaschine wurde 1893 als Viertaktmotor zunächst ohne Kühlung ausgeführt und über eine Transmission angetrieben. Diesel untersuchte zuerst die Verbrennung bei Benzineinspritzung. Bei diesen Versuchen gelang es nicht, den Motor mit eigener Kraft zum Laufen zu bringen. Da die Kühlung fehlte, war immer nur eine kurze Betriebszeit möglich. Das unmittelbare Einspritzen des Kraftstoffs bereitete Schwierigkeiten, denn die Werkstätten waren damals nicht in der Lage, die Pumpe mit der erforderlichen Genauigkeit und Oberflächengüte herzustellen. Deshalb änderte Diesel das Einspritzverfahren. Es wurde nun mittels Druckluft Petroleum im Zündzeitpunkt in den Zylinder eingeblasen. Um das Heißlaufen der Maschine zu verhindern, mußte sie mit Wasser gekühlt werden. Der so abgeänderte Motor drehte sich 1894 zum erstenmal mit eigener Kraft. Es bedurfte aber noch vieler Versuche und konstruktiver Änderungen, bis die Maschine betriebsreif war. 1897 war es dann endlich so weit, daß Diesel seinen Motor einem größeren Kreis von Interessenten vorführen konnte. Professor Schröter aus München untersuchte den Motor auf dem Prüfstand und ermittelte eine Leistung von 17,8 PS bei 154 Umdrehungen je Minute. Der Kraftstoffverbrauch betrug 238 Gramm je PS-Stunde. Mit diesem niedrigen Kraftstoffverbrauch übertraf der Dieselmotor alle damals gebauten Wärmekraftmaschinen. So war es Diesel tatsächlich gelungen, die wirtschaftlichste Wärmekraftmaschine seiner Zeit zu schaffen. Diese Überlegenheit im Kraftstoffverbrauch hat sich der Dieselmotor bis in unsere Tage erhalten.

Heute bezeichnet man einen Motor mit Fremdzündung als Ottomotor und einen Motor mit Selbstzündung als Dieselmotor. So wird den beiden großen Erfindern aus den Anfängen des Motorenbaus

Nicolaus August Otto
und
Rudolf Diesel

ein ehrendes Andenken bewahrt.

2. Mechanische Grundlagen

Die Mechanik liefert die Daten, die der Konstrukteur zum Entwurf eines Maschinenteils benötigt. In diesem Kapitel sollen daher einige grundlegende Betrachtungen über die Kinematik (Lehre von der Bewegung) und die Dynamik (Lehre von den bewegenden Kräften) von Verbrennungsmotoren angestellt werden.

Otto- und Dieselmotoren werden als **Hubkolben-** und neuerdings auch als **Kreiskolbenmaschinen** ausgeführt. Beide Begriffe kennzeichnen die Kolbenbewegung. Bei der Hubkolbenmaschine (Bild 2.1) bewegt sich der Kolben zwischen zwei Endpunkten, den **Totpunkten,** hin und her. Der Weg zwischen den Totpunkten ist der **Hub.** In Bild 2.2 ist eine Kreiskolbenmaschine schematisch dargestellt. Ihr Kolben dreht sich um seine eigene Schwerachse, und diese **kreist** gleichzeitig um den Mittelpunkt der Maschine.

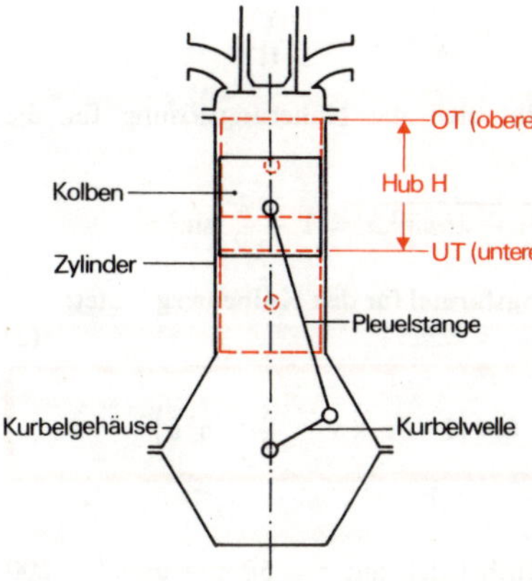

Bild 2.1. Hubkolbenmaschine

Das Triebwerk der Hubkolbenmaschine besteht aus dem **Kolben,** der **Pleuelstange** und der **Kurbelwelle.** Die Führungsbahn des Kolbens ist der Zylinder. Die Kurbelwelle ist im Kurbelgehäuse gelagert. Die Umwandlung der Druckenergie in mechanische Arbeit vollzieht sich an der Kolbenoberseite. Die dabei entstehende Kraft wird über die Pleuelstange zur Kurbelwelle geleitet und dort in ein Drehmoment verwandelt. Der Kurbelwelle fällt die Aufgabe zu, die hin- und hergehende (oszillierende) Bewegung in eine drehende (rotierende) umzuformen.

Das Triebwerk der Kreiskolbenmaschine wird von **Kolben** und **Exzenterwelle** gebildet. Der Kolben wird von dem Exzenter und den beiden Zahnrädern auf seiner Bahnkurve geführt. Die Exzenterwelle ist im Gehäuse gelagert. An den drei Kolbenstirnflächen vollzieht sich die Umwandlung von Druckenergie in mechanische Arbeit. Die dabei auftretende Kraft drückt auf den Exzenter und bewirkt ein Drehmoment an der Exzenterwelle. Totpunkte gibt es bei der Kreiskolbenmaschine nicht, denn die Bewegung kommt nicht zum Stillstand. Die Kreiskolbenmaschine besitzt gegenüber der Hubkolbenmaschine folgende **mechanische Vorteile:**

1. Es ist keine Bewegungsumformung notwendig.

2. Es treten keine freien Massenkräfte auf.

Natürlich taucht jetzt die Frage auf: Warum gibt es diese Kreiskolbenmaschine erst seit einigen Jahren, wenn sie solche Vorteile bietet? Die Antwort darauf lautet: Maschinen mit drehenden Kolben werden

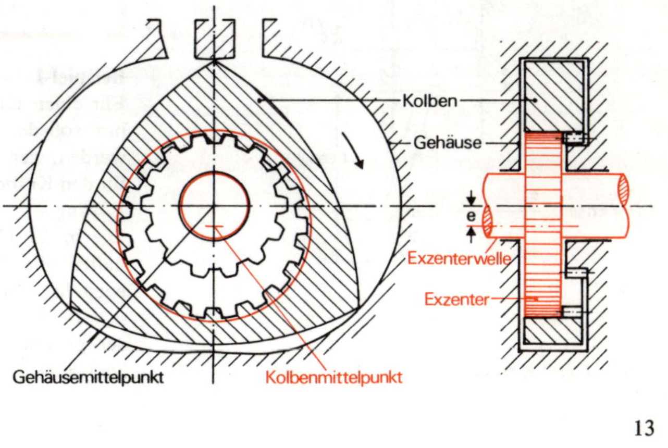

Bild 2.2. Kreiskolbenmaschine

schon sehr lange gebaut. Aber alle diese Maschinen wurden bisher nicht als Verbrennungsmotoren ausgeführt, da die zuverlässige Abdichtung des Kolbens gegen die heißen, unter hohem Druck stehenden Gase unmöglich erschien. Erstmals im Jahr 1954 gelang es **Felix Wankel** eine Verbrennungskraftmaschine mit rotierendem Kolben zu konstruieren und auch das Abdichtproblem zu lösen. Dieser Motor wurde bei NSU in Neckarsulm gebaut und lief zum erstenmal im Jahr 1957. Nach einigen weiteren Jahren intensiver Forschungs- und Entwicklungsarbeit war der **Kreiskolbenmotor,** der zu Ehren seines Erfinders als **Wankelmotor** bezeichnet wird, betriebsreif und wird heute sowohl in der Industrie eingesetzt als auch zum Antrieb von Land-, Wasser- und Luftfahrzeugen verwendet.

2.1. Kinematik des Hubkolbenmotors

Der **Kolben** führt zwischen den Totpunkten eine **ungleichförmige,** d. h. beschleunigte und verzögerte **Bewegung** aus. Die **Kurbelwelle** dagegen **rotiert mit konstanter Winkelgeschwindigkeit.** Die Bewegung der Pleuelstange setzt sich aus der von Kolben und Kurbelwelle zusammen. Die augenblickliche Entfernung des Kolbens von seiner Lage im oberen Totpunkt (Abkürzung OT) nennt man Kolbenweg. Dieser **Kolbenweg** s soll nun als Funktion des **Kurbelwinkels** α ausgedrückt werden (Bild 2.1.1).

$$s = l + r - (l \cos\beta + r \cos\alpha)$$

Der Pleuelwinkel β wird mit Hilfe der Beziehung

$$l \sin\beta = r \sin\alpha$$

durch α ersetzt. Führt man das **Pleuelverhältnis** $\lambda = r/l$ ein, so ist

$$\sin\beta = \lambda \sin\alpha \quad \text{und} \quad \cos\beta = \sqrt{1 - \lambda^2 \sin^2\alpha}.$$

Damit erhält man die **Formel für den Kolbenweg** in der gewünschten Fassung:

(1)

$$s = r(1 - \cos\alpha) + l\left(1 - \sqrt{1 - \lambda^2 \sin^2\alpha}\right)$$

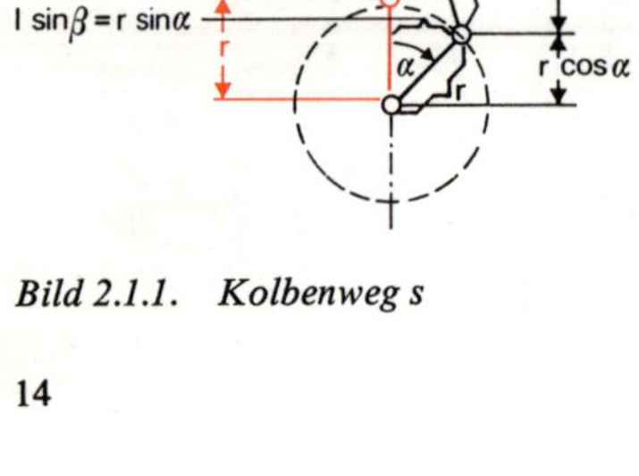

Bild 2.1.1. Kolbenweg s

Das Rechnen mit dieser Formel ist durch den Wurzelausdruck unbequem. Deshalb arbeitet man lieber mit einer Näherungsgleichung, deren Genauigkeit für die meisten Anwendungsfälle ausreicht. Die Näherungsformel entsteht dadurch, daß die Wurzel nach einer Potenzreihe (MacLaurinsche Reihe) entwickelt und diese nach dem 2. Glied abgebrochen wird.

MacLaurinsche Reihe: $y(x) = y(0) + y'(0)\frac{x}{1!} + \cdots$

Mit $\lambda^2 \sin^2\alpha = x$ und $\sqrt{1 - \lambda^2 \sin^2\alpha} = y$ wird: $y = \sqrt{1 - x}$.

Befolgt man nun die Rechenvorschrift der MacLaurinschen Reihe, so ist:

$$y = 1 - \frac{1}{2}\frac{x}{1!}.$$

Daraus ergibt sich die Näherungslösung für die Wurzel:

$$\sqrt{1 - \lambda^2 \sin^2\alpha} = 1 - \frac{\lambda^2}{2}\sin^2\alpha.$$

Die **Näherungsformel für den Kolbenweg** lautet:

(2)

$$s = r\left(1 - \cos\alpha + \frac{\lambda}{2}\sin^2\alpha\right)$$

Beispiel 1

Für einen Kurbeltrieb mit $r = 50$ mm und $l = 200$ mm soll der maximale prozentuale Fehler bestimmt werden, der bei Anwendung der Näherungsformel für den Kolbenweg entsteht.

Lösung

Die in der Näherungsformel fehlenden Glieder enthalten alle Potenzen von $\sin\alpha$. Der größte Fehler entsteht deshalb für $\alpha = 90°$, während er für $\alpha = 0°$ Null ist. Nach dieser Vorüberlegung wird der **genaue Wert des Kolbenwegs** mit Formel (1) berechnet:

$$s = r(1 - \cos\alpha) + l\left(1 - \sqrt{1 - \lambda^2 \sin^2\alpha}\right)$$

$$s = 50\ \text{mm}\,(1 - 0) + 200\ \text{mm}\left(1 - \sqrt{1 - \frac{1}{16} \cdot 1}\right)$$

$$\underline{s = 56{,}35\ \text{mm}}$$

Nach Formel (2) ergibt sich für den **Näherungswert:**

$$s = r\left(1 - \cos\alpha + \frac{\lambda}{2}\ \sin^2\alpha\right)$$

$$s = 50\ \text{mm}\left(1 - 0 + \frac{1}{8} \cdot 1\right)$$

$$\underline{s = 56{,}25\ \text{mm}}$$

Der Fehler beträgt $-0{,}1$ mm und der **maximale prozentuale Fehler:**

$$\underline{f_{\text{max}}} = \frac{-0{,}1}{56{,}35} \cdot 100 = \underline{-0{,}178\%}$$

Eine weitere wichtige Größe ist die **Kolbengeschwindigkeit.** Im Motorenbau kennt man zwei Kolbengeschwindigkeiten:

Die mittlere und die augenblickliche Kolbengeschwindigkeit.
Am einfachsten ist die mittlere Kolbengeschwindigkeit zu berechnen, und sie dient daher sehr häufig als Vergleichsgröße. Die mittlere Kolbengeschwindigkeit wird nach der Beziehung

$$\text{Geschwindigkeit} = \frac{\text{Weg}}{\text{Zeit}}$$

bestimmt. Als Weg wählt man hierbei den doppelten Kolbenhub $2\,H$. Zu diesem Weg gehört eine Umdrehung der Kurbelwelle, d. h. die Zeit $1/n$. Die Größe n ist die Zahl der Umdrehungen je Zeiteinheit.
Die Formel für die **mittlere Kolbengeschwindigkeit** lautet:

(3)

$$c_{\text{m}} = 2\,H\,n$$

Formel (3) ist eine **Größengleichung.** Der Praktiker verwendet häufig eine **Zahlenwertgleichung** zur Berechnung der mittleren Kolbengeschwindigkeit:

(4)

$$c_{\text{m}} = \frac{H\,n}{30}$$

In dieser **Zahlenwertgleichung** müssen folgende **Einheiten** verwendet werden:

$$[H] = \text{m}; \quad [n] = \frac{1}{\text{min}}; \quad [c_{\text{m}}] = \text{m/s}.$$

In manchen Fällen interessiert auch die augenblickliche, d. h. die **wirkliche Kolbengeschwindigkeit.** Diese erhält man aus den Formeln für den Kolbenweg nach der Beziehung:

$$c = \frac{\text{d}s}{\text{d}t} \quad \text{mit } t = \text{Zeit}.$$

Da der Kolbenweg nur als Funktion des Kurbelwinkels vorliegt, wird nach der Kettenregel differenziert:

$$c = \frac{\text{d}s}{\text{d}\alpha}\,\frac{\text{d}\alpha}{\text{d}t}$$

Der Ausdruck $\frac{\text{d}\alpha}{\text{d}t}$ ist die **Winkelgeschwindigkeit** ω der Kurbelwelle. Geht man von Formel (2) aus, so entsteht ebenfalls wieder eine **Näherungsgleichung für die Kolbengeschwindigkeit.** Ihre Genauigkeit genügt für die meisten Anwendungsfälle.

Mit $\frac{\text{d}s}{\text{d}\alpha} = r(\sin\alpha + \lambda\ \sin\alpha\ \cos\alpha)$

$$\frac{\text{d}s}{\text{d}\alpha} = r\left(\sin\alpha + \frac{\lambda}{2}\ \sin 2\,\alpha\right) \quad \text{wird:}$$

(5)

$$c = \omega r\left(\sin\alpha + \frac{\lambda}{2}\ \sin 2\,\alpha\right)$$

Die **Kolbenbeschleunigung** läßt sich auf die gleiche Weise aus der Kolbengeschwindigkeit ableiten.

$$a = \frac{\text{d}c}{\text{d}t} = \frac{\text{d}c}{\text{d}\alpha}\,\frac{\text{d}\alpha}{\text{d}t}$$

(6)

$$a = \omega^2\,r\,(\cos\alpha + \lambda\ \cos 2\,\alpha)$$

Bei Motoren mit großer Drehzahl, z. B. Rennmotoren, wird die Genauigkeit vorstehender Gleichung nicht ausreichen. Dann muß man beim Differenzieren entweder von der exakten Kolbenwegformel (1) ausgehen oder die Wurzelentwicklung in einer Potenzreihe mit mehr als 2 Gliedern durchführen.
Die **Kolbenbeschleunigung** wird oftmals auch als **Funktion** des **Kolbenwegs** benötigt. Die rechnerische Lösung dieser Aufgabe ist umständlich. Hier bietet ein grafisches Näherungsverfahren Vorteile. Die **Kolbenbeschleunigung** wird durch eine **Parabel** angenähert. Die Genauigkeit dieses Verfahrens genügt für Werte $\lambda \leqq 0{,}26$. Zur Erläuterung der Methode dient Bild 2.1.2. Zuerst wählt man geeignete Maßstäbe für die Achsen. Dann trägt man in OT

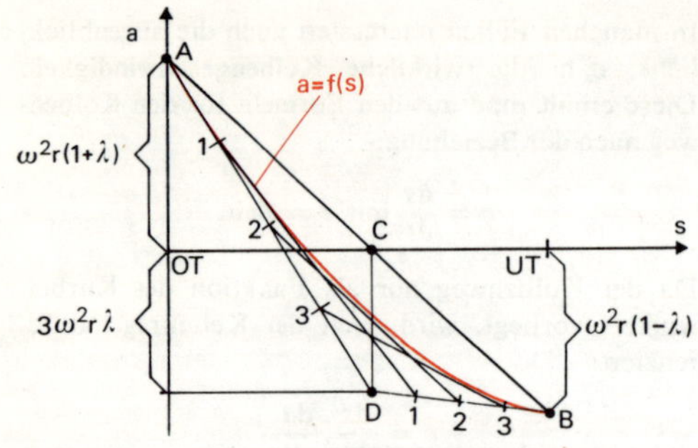

Bild 2.1.2. Kolbenbeschleunigung a

$a = \omega^2\, r\,(1 + \lambda)$ nach oben und in UT $a = \omega^2\, r\,(1 - \lambda)$ nach unten ab. Die beiden Punkte A und B verbindet man und findet dabei Punkt C. Dort trägt man die Strecke $3\,\omega^2\, r\,\lambda$ nach unten auf und erhält Punkt D. Nun unterteilt man die beiden Strecken AD und DB in gleichviele, unter sich gleichlange Abschnitte und numeriert die Punkte. Durch Verbinden der gleichbezifferten Punkte entsteht die **Beschleunigungskurve** als **Hüllkurve.**

Beispiel 2

Für einen Motor mit $r = 35$ mm, $\lambda = 0{,}28$, $n = 6000$ 1/min sind für Kurbelstellung $\alpha = 30°$ Kolbenweg, Kolbengeschwindigkeit und Kolbenbeschleunigung zu berechnen.

Lösung

1. Kolbenweg

$$s = r\left(1 - \cos\alpha + \frac{\lambda}{2}\,\sin^2\alpha\right)$$

$$s = 35\text{ mm}\,(1 - 0{,}866 + 0{,}14 \cdot 0{,}25)$$

$$\underline{\underline{s = 5{,}9\text{ mm}}}$$

2. Kolbengeschwindigkeit

$$c = \omega\, r\left(\sin\alpha + \frac{\lambda}{2}\,\sin 2\,\alpha\right)$$

Die **Winkelgeschwindigkeit** ω errechnet man entweder nach der Größengleichung

$$\underline{\omega = 2\,\pi\, n}$$

oder nach der Zahlenwertgleichung

$$\omega = \frac{\pi\, n}{30} \quad \text{mit } [n] = 1/\text{min und } [\omega] = 1/\text{s}.$$

$$c = \frac{\pi \cdot 6000}{30}\,\frac{1}{\text{s}}\;0{,}035\text{ m}\;(0{,}5 + 0{,}14 \cdot 0{,}866)$$

$$\underline{\underline{c = 13{,}7\text{ m/s}}}$$

3. Kolbenbeschleunigung

$$a = \omega^2\, r\,(\cos\alpha + \lambda\,\cos 2\,\alpha)$$

$$a = 3{,}95 \cdot 10^5 \frac{1}{\text{s}^2}\;\; 0{,}035\text{ m}\;(0{,}866 + 0{,}28 \cdot 0{,}5)$$

$$\underline{\underline{a = 13\,850\text{ m/s}^2}}$$

2.2. Kinematik des Kreiskolbenmotors

Der Kolben des Kreiskolbenmotors ist drehbar auf dem Exzenter gelagert (Bild 2.2). Das große innenverzahnte Kolbenzahnrad kämmt mit dem kleinen feststehenden Gehäusezahnrad. Der Exzenter bewirkt, daß der Kolbenmittelpunkt immer den Abstand *e* (Exzentrizität) vom Gehäusemittelpunkt hat. Durch die beiden Zahnräder wird eine Abrollbewegung erzwungen. Das Zusammenspielen von Exzenter und Verzahnung führt zu einer Kolbenbewegung, bei der die Kolbenstirnkanten eine **Peritrochoide** beschreiben.

Eine Peritrochoide (Umradlinie) läßt sich geometrisch konstruieren (Bild 2.2.1). Dabei geht man von zwei Kreisen aus, einem Grundkreis und einem diesen umschließenden Rollkreis. Läßt man nun den Rollkreis auf dem Grundkreis abrollen, so beschreibt ein mit dem Rollkreis fest verbundener Punkt eine Peritrochoide.

Die streng geometrische Konstruktion der Peritrochoide ist zeitraubend. Schneller kommt man zur Gehäuseform des Kreiskolbenmotors, wenn man das in Bild 2.2.2 dargestellte Verfahren anwendet. Man benötigt dazu ein weißes und ein transparentes Blatt Papier vom Format DIN A 4. Auf das weiße Blatt

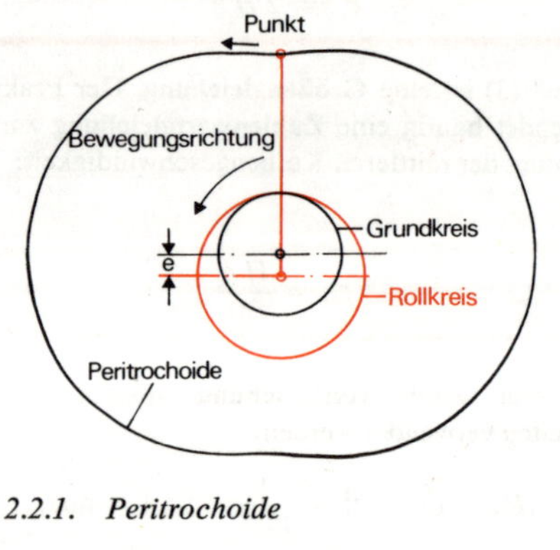

Bild 2.2.1. Peritrochoide

Bild 2.2.2. Konstruktion der Peritrochoide

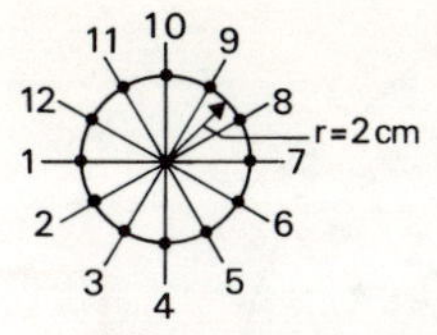

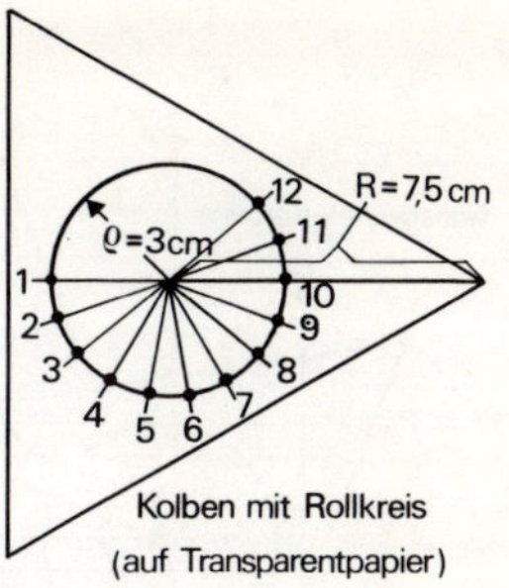

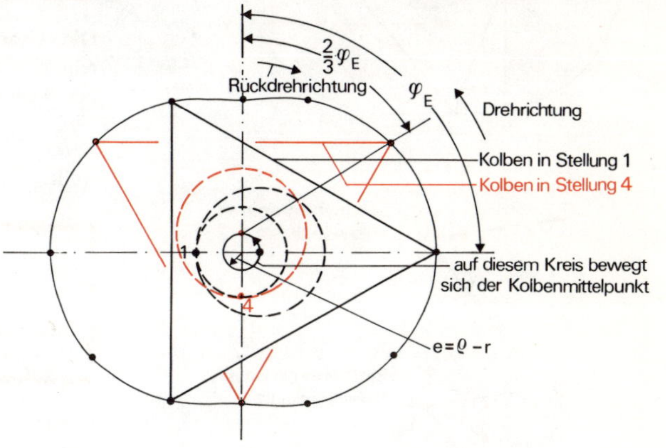

Papier wird der Grundkreis mit Radius $r = 2$ cm und auf das transparente der Rollkreis mit Radius $\rho = 3$ cm gezeichnet. Zur Ausführung der Abrollbewegung werden beide Kreise in gleich große Bogenstücke unterteilt und die Schnittpunkte der Radien mit dem Kreisumfang von 1 bis 12 durchnumeriert. Um den Rollkreismittelpunkt wird ein gleichseitiges Dreieck mit einem Eckenabstand von 7,5 cm gezeichnet. Dieses Dreieck stellt den Kolben dar. Nun kann die Konstruktion des Gehäuses, d. h. der Peritrochoide, beginnen. Dazu läßt man den Rollkreis so auf dem Grundkreis abrollen, daß gleichbezifferte Punkte zusammenfallen und die Radien der Kreise sich decken. Die Eckpunkte des gleichseitigen Dreiecks werden in jeder Stellung des Transparentpapiers auf das weiße Papier durchgestochen. Die Kurve durch die durchgestochenen Punkte ist die gesuchte Peritrochoide. Die wirkliche Gehäusekontur weicht allerdings ein wenig von der Peritrochoide ab. Dies kommt daher, daß der Kolben keine scharfen Stirnkanten hat, sondern abgerundete Dichtleisten dafür sorgen, daß die Gase nicht von einer Kolbenseite auf die andere strömen können. Die Einhüllende aller Kreisbögen mit Radius der Dichtleisten ist die wirkliche Gehäusekontur (Bild 2.2.3). Für die weitere Betrachtung wird der Unterschied der beiden Kurven vernachlässigt und die Peritrochoide zugrunde gelegt.

Aus der Konstruktion nach Bild 2.2.2 lassen sich folgende Erkenntnisse über die **Bewegungsverhältnisse der Kreiskolbenmaschine** gewinnen:

1. Bei der Abrollbewegung bleibt der Abstand zwischen Gehäuse- und Kolbenmittelpunkt immer gleich der **Exzentrizität** $e = \rho - r$.

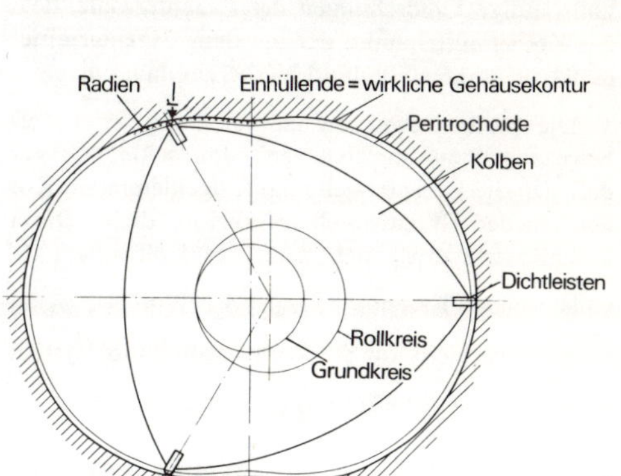

Bild 2.2.3. Wirkliche Gehäusekontur des Kreiskolbenmotors

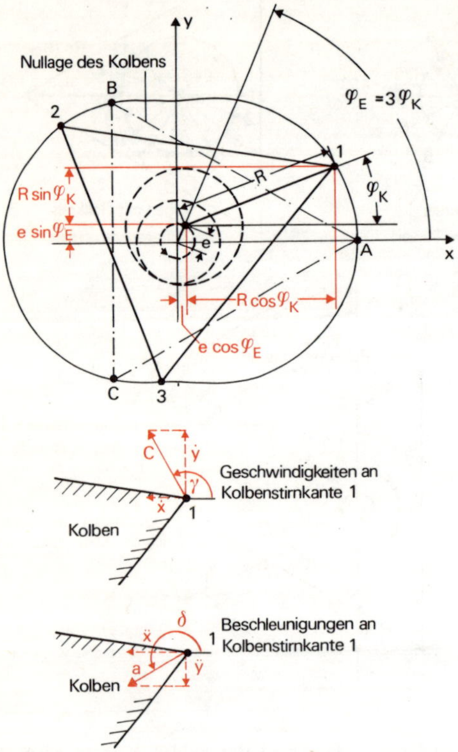

Bild 2.2.4. Ableitung der Formeln für die Peritrochoide

2. Zu **einer** ganzen **Kolbenumdrehung** gehören **drei** vollständige **Umdrehungen der Exzenterwelle,** denn der Kolbenmittelpunkt, der mit dem Exzentermittelpunkt zusammenfällt, läuft hierbei dreimal um.

3. Die Kolbenbewegung läßt sich aus zwei Teilbewegungen zusammensetzen. Man stelle sich vor, daß sich die Exzenterwelle mit festgeklemmtem Kolben um den Exzenterwellenwinkel φ_E dreht. Daran anschließend dreht sich dann der Kolben auf der stillstehenden Exzenterwelle um den Winkel $\frac{2}{3}\varphi_E$ zurück. So verbleibt für die Vorwärtsdrehung des Kolbens nur noch der Winkel $\frac{1}{3}\varphi_E$ übrig.

Für die Beschreibung der **Augenblickslage der Kolbenstirnkante 1** im x,y-Koordinatensystem lassen sich mit Hilfe von Bild 2.2.4 folgende Gleichungen ableiten:

$$x = e\cos\varphi_E + R\cos\varphi_k$$
$$y = e\sin\varphi_E + R\sin\varphi_k$$

Mit $\varphi_k = \frac{1}{3}\varphi_E$ wird:

(7)

$$x = e\cos\varphi_E + R\cos\frac{\varphi_E}{3}$$
$$y = e\sin\varphi_E + R\sin\frac{\varphi_E}{3}$$

Die **Geschwindigkeit der Kolbenstirnkante** erhält man durch Differenzieren der Gleichungen (7). Hierbei wendet man auch wieder die Kettenregel an. $\frac{d\varphi_E}{dt} = \omega$ = Winkelgeschwindigkeit der Exzenterwelle.

(8)

$$\dot{x} = -\omega\left(e\sin\varphi_E + \frac{R}{3}\sin\frac{\varphi_E}{3}\right)$$
$$\dot{y} = \omega\left(e\cos\varphi_E + \frac{R}{3}\cos\frac{\varphi_E}{3}\right)$$

Die in den Gleichungen (8) errechneten Geschwindigkeiten werden zum **Geschwindigkeitsvektor** $\vec{c} = \vec{x} + \vec{y}$ zusammengesetzt. Der **Betrag der Geschwindigkeit** ist:

$$c = \sqrt{\dot{x}^2 + \dot{y}^2}.$$

Die Richtung der Geschwindigkeit gibt der Winkel γ an (Bild 2.2.4). Dieser Winkel ergibt sich aus der Gleichung:

$$\tan\gamma = \dot{y}/\dot{x}.$$

Differenziert man die Gleichungen (8) nach der Kettenregel, so findet man die Gleichungen für die **Beschleunigung der Kolbenstirnkante:**

(9)

$$\ddot{x} = -\omega^2\left(e\cos\varphi_E + \frac{R}{9}\cos\frac{\varphi_E}{3}\right)$$
$$\ddot{y} = -\omega^2\left(e\sin\varphi_E + \frac{R}{9}\sin\frac{\varphi_E}{3}\right)$$

Der **Beschleunigungsvektor** $\vec{a}$ setzt sich vektoriell aus $\vec{\ddot{x}}$ und $\vec{\ddot{y}}$ zusammen (Bild 2.2.4). Sein **Betrag** ist: $a = \sqrt{\ddot{x}^2 + \ddot{y}^2}$, und seine **Richtung** erhält man mit Hilfe der Formel:

$$\tan\delta = \ddot{y}/\ddot{x}.$$

2.3. Gaskräfte

Gaskräfte entstehen durch den Druck eines Gases auf eine Fläche. Auf den Kolben wirkt von oben der Druck des Arbeitsmediums und von unten der Atmosphärendruck (Bild 2.3.1). Die **Gaskraft** errechnet sich nach der Formel:

(10)

$$F_G = A\, p_{ü}$$

A = Projektion der Kolbenfläche auf eine Fläche, die auf der Kolbenachse senkrecht steht.

$p_{ü}$ = Überdruck des Arbeitsmittels

Verfolgt man den Kraftfluß, der durch die Gaskraft in der Maschine erzeugt wird, so zeigt sich, daß keine nach außen wirkende Kraft auftritt, sondern daß sich alle Kräfte innerhalb der Maschine ausgleichen (Bild 2.3.2).

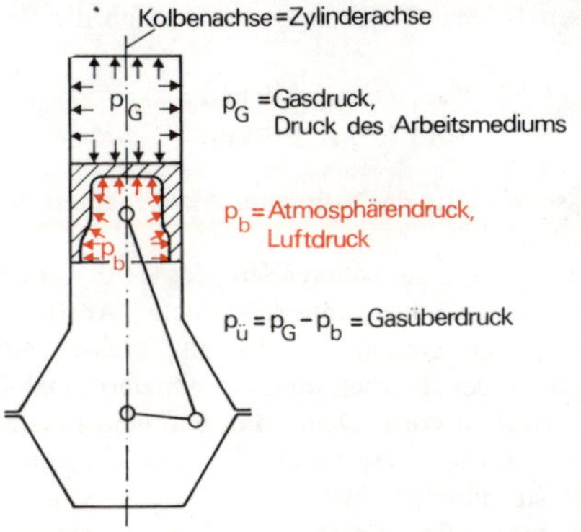

Bild 2.3.1. Gasdrücke am Kolben

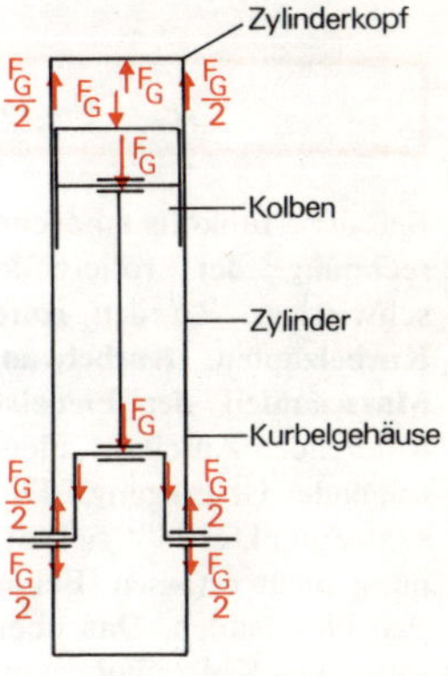

Bild 2.3.2. Kraftfluß der Gaskräfte

2.4. Massenkräfte

Bei ungleichförmiger Bewegung von Massen entstehen Massenkräfte. Sowohl bei der Hubkolbenmaschine als auch bei der Kreiskolbenmaschine treten Massenkräfte auf. Diese Massenkräfte lassen sich bei der Kreiskolbenmaschine vollständig ausgleichen, bei der Hubkolbenmaschine nur zum Teil. Der Ausgleich der Massenkräfte erfolgt durch Gegenkräfte, so daß sich die Massenkräfte nach außen hin nicht auswirken können. Da die Massenkräfte periodisch veränderlich sind, wirken nicht ausgeglichene Massenkräfte auf ihre Umgebung als Schwingungserreger. Deshalb sollte der Konstrukteur immer danach trachten, einen vollständigen Ausgleich der Massenkräfte herbeizuführen.

Die Massenkräfte haben aber nicht nur nachteilige Wirkungen. So entlasten die am Kolben der Gaskraft entgegenwirkenden Massenkräfte das Triebwerk.

Die Massenkräfte lassen sich in **rotierende** und **oszillierende Massenkräfte** einteilen. Die rotierenden Massenkräfte sind auch unter dem Namen Zentrifugal- oder Fliehkräfte bekannt. Sie entstehen bei einer gleichförmigen Kreisbewegung von Massen. Zur Berechnung der **rotierenden Massenkräfte** bedient man sich der Formel:

(11)

$$F_r = m_r\, r\, \omega^2$$

m_r = rotierende Masse

r = Abstand des Massenschwerpunktes vom Drehpunkt

ω = Winkelgeschwindigkeit

Die **oszillierenden Massenkräfte** werden durch die ungleichförmige Kolbenbewegung hervorgerufen. Sie werden nach der Formel errechnet:

$$F_{os} = m_{os}\, a$$

m_{os} = oszillierende Masse

a = Kolbenbeschleunigung

Setzt man die Kolbenbeschleunigung nach Formel (6) ein, so erhält man für die **oszillierende Massenkraft** die Formel:

(12)

$$F_{os} = m_{os}\, r\, \omega^2 (\cos \alpha + \lambda \cos 2\alpha)$$

Bei der Kreiskolbenmaschine treten nur rotierende Massenkräfte auf. Diese entstehen durch die Masse des Kolbens m_K und die Exzentermasse m_E. Beide Massen rotieren mit Exzenterwellendrehzahl im Abstand der Exzentrizität e um den Gehäusemittelpunkt. Die Formel für die **rotierende Massenkraft** speziell für die **Kreiskolbenmaschine** lautet:

(13)

$$F_r = (m_K + m_E)\, e\, \omega^2$$

Bei der Hubkolbenmaschine gestaltet sich die Berechnung der rotierenden Massenkräfte etwas schwieriger. Zu den **rotierenden Massen** gehören **Kurbelzapfen, Kurbelwangen** und der **rotierende Massenanteil der Pleuelstange** (Bild 2.3.3). Den rotierenden Anteil der Pleuelstange findet man durch folgende Überlegung. Die Bewegung des Pleuelschwerpunktes läßt sich durch eine einfache Berechnung nicht erfassen. Bekannt sind die Bewegungen der Pleuelenden. Das obere Ende der Pleuelstange, durch den Kolbenbolzen mit dem Kolben verbunden, führt eine oszillierende Bewegung aus. Das untere Ende der Pleuelstange rotiert mit dem Kurbelzapfen um die Kurbelwellenmitte. **Die Pleuelstangenmasse wird auf zwei Punkte reduziert.** Der eine Punkt bewegt sich mit dem Kolben hin und her, und der andere rotiert mit dem Kurbelzapfen. Damit das mechanische Verhalten dieser **Ersatzpleuelstange** angenähert dasselbe ist wie das der wirklichen Pleuelstange, müssen folgende Gleichungen erfüllt sein:

$$m_{Pl} = m_{Pl\,1} + m_{Pl\,2}$$
$$m_{Pl\,1}\, a = m_{Pl\,2}\, b$$

Siehe dazu Bild 2.3.3.

Aus diesen beiden Gleichungen erhält man die Beziehung:

$$m_{Pl\,1} = m_{Pl}\, b/l \text{ und}$$
$$m_{Pl\,2} = m_{Pl} - m_{Pl\,1}$$

Die Masse $m_{Pl\,1}$ ist der rotierende Massenanteil der Pleuelstange.

Die Schwerpunkte der rotierenden Massen der Hubkolbenmaschine haben unterschiedliche Abstände zum Drehpunkt. Deshalb werden alle Massen auf den Abstand des Kurbelradius r reduziert. Dabei wird die wirklich vorhandene Masse in eine **Ersatzmasse** verwandelt. Diese Ersatzmasse muß so groß sein, daß sie dieselbe Fliehkraft hervorruft wie die wirkliche Masse. Die Formel für die **Massenreduktion** lautet:

$$m_E = m_x\, x/r$$

m_E = Ersatzmasse
m_x = wirkliche Masse
x = Abstand der wirklichen Masse vom Drehpunkt
r = Abstand der Ersatzmasse vom Drehpunkt

Von den rotierenden Massen haben der Kurbelzapfen und der rotierende Anteil der Pleuelstange den Abstand r vom Drehpunkt und müssen daher nicht reduziert werden. Die Wangenmasse hingegen muß reduziert werden.

$$m_{WE} = m_W\, x/r$$

Die Formel für die **rotierende Massenkraft der Hubkolbenmaschine** lautet:

(14)

$$F_r = \left(m_Z + m_{Pl\,1} + 2\, m_W \frac{x}{r}\right) r\, \omega^2$$

m_Z = Kurbelzapfenmasse
$m_{Pl\,1}$ = rotierender Anteil der Pleuelmasse
$2\, m_W$ = Kurbelwangenmasse (zwei Kurbelwangen)
r = Kurbelradius

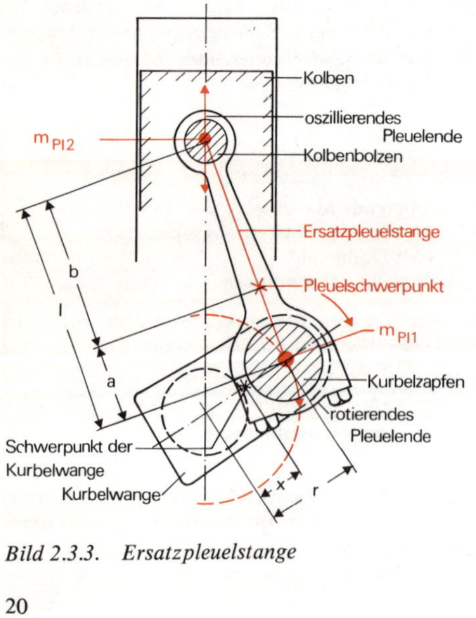

Bild 2.3.3. Ersatzpleuelstange

Die oszillierenden Massen bestehen aus der gesamten Kolbenmasse (Kolben, Kolbenringe, Kolbenbolzen) und dem oszillierenden Anteil der Pleuelmasse $m_{Pl\,2}$. Die **oszillierende Massenkraft** errechnet sich nach der Formel:

(15)

$$F_{os} = (m_K + m_{Pl\,2})\, r\, \omega^2 \,(\cos \alpha + \lambda \cos 2\alpha)$$

m_K = Gesamtmasse des Kolbens
$m_{Pl\,2}$ = oszillierender Anteil der Pleuelmasse

2.5. Kräfte im Triebwerk

2.5.1. Kräfte im Triebwerk der Hubkolbenmaschine

Am Kolben wirkt eine Kraft F, die sich aus Gas- und Massenkraft vektoriell zusammensetzt. Diese Kraft wird in die **Normalkraft** N und die **Pleuelstangenkraft** S zerlegt (Bild 2.5.1).

(16)

$$N = F \tan \beta$$

(17)

$$S = \frac{F}{\cos \beta}$$

Die Normalkraft muß von der Zylinderwand aufgenommen werden. Dabei ist darauf zu achten, daß die zulässige Flächenpressung zwischen Kolben und Wand nicht überschritten wird.

Die Pleuelstangenkraft belastet die Pleuelstange und läßt sich am Kurbelzapfen in die **Radialkraft** R und die **Tangentialkraft** T zerlegen (Bild 2.5.1).

(18)

$$R = S \cos(\alpha + \beta)$$

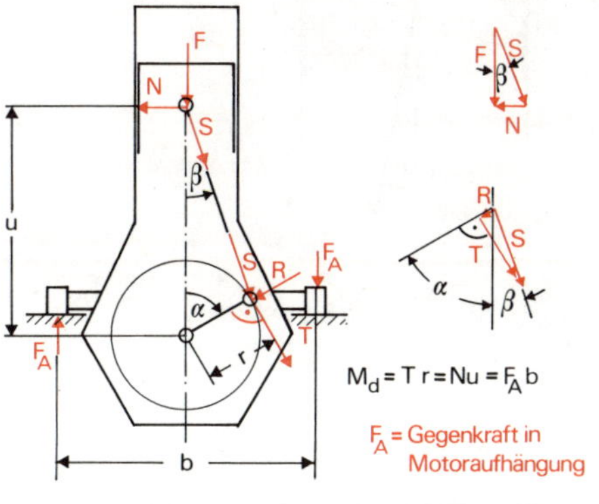

Bild 2.5.1. Kräfte bei der Hubkolbenmaschine

(19)

$$T = S \sin(\alpha + \beta)$$

Die Radialkraft und die Tangentialkraft beanspruchen die Kurbelwelle und die Lager. Durch die **Tangentialkraft** entsteht an der Kurbelwelle das **Drehmoment:**

(20)

$$M_d = T\, r$$

Dieses Drehmoment ist das Nutzdrehmoment des Motors. Sein Reaktions- oder Abstützmoment wird durch die Normalkraft N erzeugt (Bild 2.5.1).

2.5.2. Kräfte im Triebwerk der Kreiskolbenmaschine

Der Kolben der Kreiskolbenmaschine besitzt drei Arbeitsflächen. Es treten daher **gleichzeitig drei Gaskräfte** auf (Bild 2.5.2). Diese Gaskräfte lassen sich in Tangential- und Radialkräfte zerlegen. Dabei entstehen drei Radialkräfte und drei Tangentialkräfte. Alle sechs Kräfte belasten das Kolbenlager auf dem Exzenter. Die drei Tangentialkräfte bewirken außerdem das Drehmoment an der Exzenterwelle. Die Formeln für die Berechnung der **Tangential- und Radialkräfte** lauten:

(21)

$$T = -F_G \sin\left(\frac{2}{3}\,\varphi_E\right)$$

(22)

$$R = -F_G \cos\left(\frac{2}{3}\,\varphi_E\right)$$

φ_E = Exzenterwellenwinkel; seine Zählung beginnt in der in Bild 2.5.2 dargestellten Kolbenlage. Für die Kolbenfläche 1 ist also $\varphi_E = 0$. Damit die Kolbenfläche 1 in die Lage der Kolbenfläche 2 kommt, muß sich der Kolben um 120° drehen. Dies bedeutet aber, daß sich die Exzenterwelle um $3 \cdot 120° = 360°$

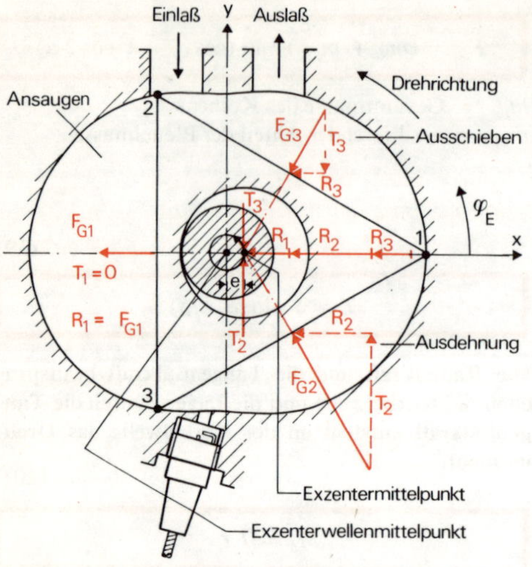

F_{Gi} = Gaskraft; eine positive Gaskraft zeigt auf die Kolbenfläche hin.

T_i = Tangentialkraft; eine positive Tangentialkraft dreht den Kolben im Drehsinn.

R_i = Radialkraft; eine positive Radialkraft zeigt vom Exzentermittelpunkt nach dem Exzenterwellenmittelpunkt.

Gleichbezifferte Kolbenkanten und Kolbenflächen liegen einander gegenüber.

Die Exzenterwellenwinkel für die gezeichnete Kolbenlage sind:

für Kolbenkante 1 $\varphi_{E1} = 0°$
für Kolbenkante 2 $\varphi_{E2} = 360°$
für Kolbenkante 3 $\varphi_{E3} = 720°$

Bild 2.5.2. Kräfte bei der Kreiskolbenmaschine

drehen muß. Deshalb ist in Bild 2.5.2 der Winkel φ_E für die Kolbenfläche 2 mit 360° einzusetzen. Nach derselben Überlegung findet man für die Kolbenfläche 3 einen Winkel $\varphi_E = 3 \cdot 240° = 720°$.

Das auf die Exzenterwelle ausgeübte **Drehmoment** ergibt sich nach der Formel:

$$M_d = (T_1 + T_2 + T_3)\, e \tag{23}$$

Die Tangentialkräfte T_i sind hierbei mit ihrem richtigen Vorzeichen einzusetzen. Ein positives Vorzeichen bedeutet: Die Tangentialkraft fördert die Bewegung. Ist das Vorzeichen negativ, so wirkt die Tangentialkraft der Drehrichtung der Exzenterwelle entgegen: sie hemmt die Bewegung.

An Kolben und Exzenter treten **Massenkräfte** auf. Diese sind aber reine **Zentrifugalkräfte.** Ihre Wirkungslinie geht durch den Exzenterwellenmittelpunkt, so daß sie kein Drehmoment hervorrufen.

Die beiden zur Abrollbewegung notwendigen Zahnräder müssen nur Reibungskräfte und bei Änderung der Kolbendrehzahl zusätzlich Beschleunigungskräfte übertragen. Von den Gas- und Massenkräften ist die Verzahnung entlastet.

Beispiel 3

Es ist die Flächenpressung im Kurbelzapfenlager bei $\alpha = 30°$ Kurbelwinkel zu bestimmen (Bild 2.5.3).

Gegeben sind:

Zylinderdurchmesser $D = 80$ mm
Kolbenhub $H = 65$ mm
Gasüberdruck im Zylinder $p_ü = 20$ bar
Gesamte Kolbenmasse $m_K = 0{,}5$ kg
Pleuelmasse $m_{Pl} = 0{,}9$ kg
Pleuellänge $l = 120$ mm
Lage des Pleuelschwerpunktes $a = 40$ mm
Kurbelzapfendurchmesser $d = 50$ mm
Kurbelzapfenlagerbreite $b = 25$ mm
Motordrehzahl $n = 5000 \dfrac{1}{\text{min}}$

Lösung

In dieser Aufgabe werden nur Einheiten des **Internationalen Einheitensystems** verwendet.

Gaskraft:

$$F_G = \frac{D^2 \cdot \pi}{4}\, p_ü$$

$$F_G = 50\ \text{cm}^2\ 20 \cdot 10^5\ \frac{\text{N}}{\text{m}^2}\ \frac{1}{10\,000}\ \frac{\text{m}^2}{\text{cm}^2}$$

$$\underline{F_G = 10\,000\ \text{N}}$$

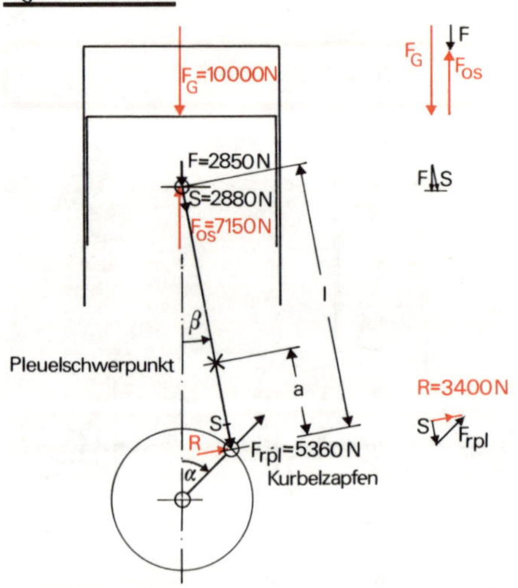

Bild 2.5.3. Erläuterungen zu Beispiel 3

Massenkraft:

$F_{os} = (m_K + m_{Pl\,2})\, r\,\omega^2\ (\cos\alpha + \lambda\ \cos 2\,\alpha)$

$m_{Pl\,2} = m_{Pl}\ a/l$

$m_{Pl\,2} = 0{,}9$ kg 40 mm/120 mm

$m_{Pl\,2}$ 0,3 kg

$\omega = \pi\ n/30 = \pi\ 5000/30 = 524$ 1/s

$$F_{os} = (0{,}5\ \text{kg} + 0{,}3\ \text{kg})\ 0{,}0325\ \text{m}\ 275\,000 \frac{1}{\text{s}^2} \times \left(\cos 30^\circ + \frac{32{,}5}{120}\ \cos 60^\circ\right)$$

$$F_{os} = 0{,}8\ \text{kg}\ 0{,}0325\ \text{m}\ 275\,000\ \frac{1}{\text{s}^2} \times (0{,}866 + 0{,}271 \cdot 0{,}5)$$

$$F_{os} = 0{,}8\ \text{kg}\ 0{,}0325\ \text{m}\ 275\,000\ \frac{1}{\text{s}^2}\ 1{,}002$$

$\underline{F_{os} = 7150\ \text{N}}$

Aus der Gas- und Massenkraft wird die **resultierende Kolbenkraft** gebildet:

$\underline{F} = F_G - F_{os} = 10\,000\ \text{N} - 7150\ \text{N} = \underline{2850\ \text{N}}$

Das Kurbelzapfenlager wird durch die Pleuelstangenkraft und die Zentrifugalkraft des rotierenden Anteils der Pleuelstange belastet.

Pleuelstangenkraft:

$S = F/\cos\beta$

$\sin\beta = \lambda\ \sin\alpha = 0{,}271\ \sin 30^\circ$

$\sin\beta = 0{,}271 \cdot 0{,}5 = 0{,}136$

$\cos\beta = \sqrt{1 - \sin^2\beta} = 0{,}9907$

$\underline{S} = 2850\ \text{N}/0{,}9907 = \underline{2880\ \text{N}}$

Zentrifugalkraft des rotierenden Anteils der Pleuelstange:

$$F_{rPl} = m_{Pl\,1}\ r\,\omega^2 = 0{,}6\ \text{kg}\ 0{,}0325\ \text{m}\ 275\,000\ \frac{1}{\text{s}^2}$$

$\underline{F_{rPl} = 5360\ \text{N}}$

Die Pleuelstangenkraft S und die Zentrifugalkraft F_{rPl} werden nun vektoriell zur **Resultierenden** R zusammengesetzt (Bild 2.5.3). Der Winkel für die Pleuelstangenkraft errechnet sich aus $\sin\beta = 0{,}136$; dann ist $\beta = 7{,}8^\circ$.

Die Vektoraddition aus Bild 2.5.3 ergibt:

$\underline{R = 3400\ \text{N}}$

Damit wird die **Flächenpressung** im Kurbelzapfenlager:

$$\underline{p} = \frac{R}{b\ d} = \frac{3400\ \text{N}}{25\ \text{mm}\ 50\ \text{mm}} = \underline{2{,}72\ \text{N/mm}^2}$$

2.6. Drehkraftdiagramm

In diesem Kapitel soll das Drehkraftdiagramm für eine Hubkolbenmaschine entwickelt werden. Die **Drehkraft, auch Tangentialkraft** genannt, wurde bereits in Kapitel 2.5.1. behandelt. Im Drehkraftdiagramm wird dic Tangentialkraft über dem Kurbelwinkel oder über dem Weg des Kurbelzapfens aufgetragen. Man könnte sie nach Formel (19) berechnen. Einfacher ist es aber, die Drehkraft mittels eines **grafischen Verfahrens** zu bestimmen. Diese Methode soll hier gezeigt werden.

Da die Drehkraft von der Gas- und Massenkraft am Kolben abhängt, müssen diese zuerst ermittelt werden. Die Gaskraft erhält man mit Hilfe des Indikatordiagramms. Die ausführliche Behandlung des Indikatordiagramms bleibt einem späteren Kapitel vorbehalten. Für jetzt genügt es zu wissen, daß im **Indikatordiagramm** der Gasdruck im Zylinder über dem Kolbenweg oder der Zeit aufgetragen ist (Bild 2.6.1). Das Indikatordiagramm verwandelt man durch Änderung des Ordinatenmaßstabs in ein **Gaskraft-Weg-Diagramm.** Es ist nämlich die Gaskraft das Produkt aus Gasüberdruck $p_ü$ und Kolbenfläche A. Für den Fall, daß im Indikatordiagramm der Druck absolut aufgezeichnet ist, muß die Abszissenachse bis auf die Höhe des Atmosphärendrucks angehoben werden (Bild 2.6.1).

Ist der **Druckmaßstab** z. B. 1 cm $\hat{=}$ 5 kp/cm², so wird bei einer Kolbenfläche von 50 cm² der **Kraftmaßstab** 1 cm $\hat{=}$ 250 kp.

In das Gaskraft-Weg-Diagramm wird die **oszillierende Massenkraft** mit umgekehrtem Vorzeichen eingezeichnet. Dabei wird die Parabelkonstruktion aus Bild 2.1.2 angewandt. Man muß hierbei nur die aufgetragenen Beschleunigungswerte mit der oszillierenden Masse multiplizieren, d. h. anstelle von $r\,\omega^2\,(1 + \lambda)$ wird dann $m_{os}\, r\,\omega^2\,(1 + \lambda)$ in OT nach oben abgetragen usf.

Die oszillierende Massenkraft wird deshalb mit umgekehrtem Vorzeichen eingetragen, damit man die Resultierende aus Gas- und Massenkraft direkt als Differenzstrecke zwischen der Gaskraft- und Massenkraftkurve abgreifen kann. Es wird dabei folgende Formel zugrunde gelegt:

$$\vec{F} = \vec{F_G} + \vec{F_{os}} = \vec{F_G} - (\overrightarrow{-F_{os}})$$

Als nächstes zeichnet man den **Kurbelkreis** im Abstand der Pleuellänge unter Einhaltung des Kolbenwegmaßstabs neben das Kraft-Weg-Diagramm

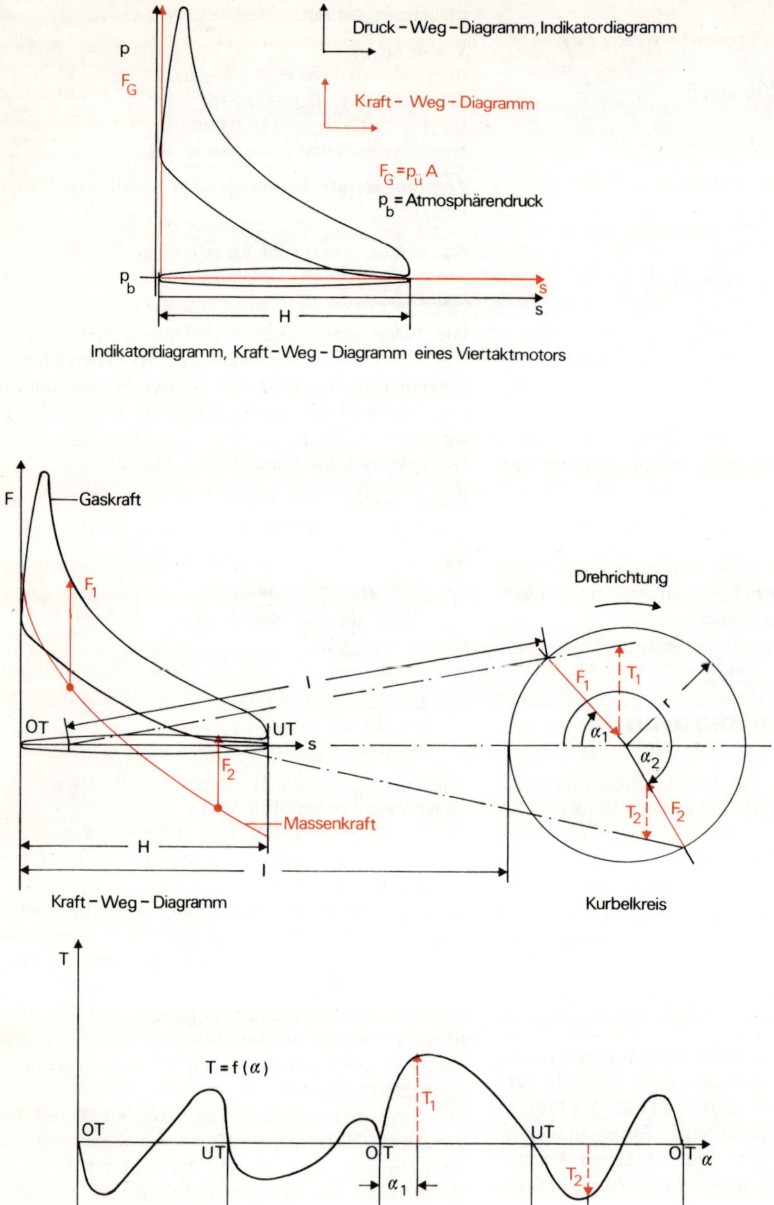

Bild 2.6.1. Konstruktion des Drehkraftdiagramms

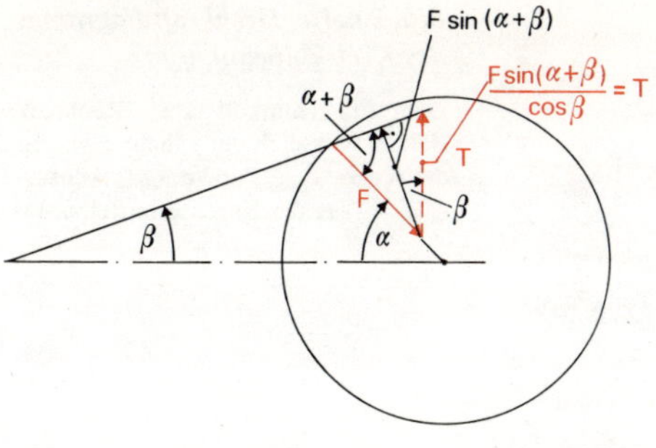

Bild 2.6.2. Beweis zu „Ermittlung der Drehkraft“

(Bild 2.6.1). Die **Tangentialkraft** findet man nun zu jedem Kurbelwinkel nach folgendem **Verfahren:**

1. Eintragen des gewünschten Kurbelwinkels im Kurbelkreis.
2. Bestimmung der Kolbenstellung zu diesem Kurbelwinkel. Dazu wird um den zu dem Kurbelwinkel gehörenden Punkt des Kurbelkreises ein Kreisbogen mit der Pleuellänge als Radius geschlagen und mit der Abszissenachse zum Schnitt gebracht.
3. An diesem Schnittpunkt wird die Resultierende aus Gas- und Massenkraft abgegriffen. Die Differenzstrecke zwischen den beiden Kurven wird als Pfeil abgenommen, dessen **Fußpunkt immer auf der Massenkraftkurve** liegt.
4. Dieser Pfeil wird am Kurbelkreis eingetragen. Zeigt die **Pfeilspitze nach oben,** so wird der Pfeil **vom Kurbelkreis nach innen** eingezeichnet. Bei Pfeilrichtung im Kraft-Weg-Diagramm nach unten wird der Pfeil vom Kurbelkreis nach außen aufgetragen (Bild 2.6.1).
5. Im Kurbelkreisbild wird durch die Pfeilspitze eine **Senkrechte** bis zum Schnitt mit der verlängerten **Pleuelstange** bzw. Pleuelstange gezogen. Diese Senkrechte ist die gesuchte **Tangential- oder Drehkraft.** Die Senkrechte wird auch wieder als Pfeil dargestellt. Seine **Spitze liegt immer auf der** verlängerten **Pleuelstange** bzw. Pleuelstange. Ist der **Pfeil nach oben** gerichtet, so bedeutet dies eine **positive,** d. h. in Drehrichtung wirkende **Drehkraft.**
6. Die Drehkraft wird jetzt im **Drehkraftdiagramm** über dem zugehörigen Kurbelwinkel aufgetragen. Übernimmt man dabei direkt die Pfeillänge aus dem Kurbelkreisbild, dann ist der Kraftmaßstab des Drehkraftdiagramms derselbe wie der des Kraft-Weg-Diagramms. Man kann aber das Drehkraftdiagramm auch in einem anderen Maßstab zeichnen. Für die Abszissenachse des Drehkraftdiagramms muß natürlich ein neuer Maßstab festgelegt werden.

Der Beweis, daß die grafische Methode zur Bestimmung der Drehkraft richtig ist, ist in Bild 2.6.2 erbracht.

Das nach vorstehendem grafischen Verfahren ermittelte Diagramm stellt den Verlauf der Drehkraft **eines** Zylinders dar. Bei **Mehrzylindermotoren** verfährt man genauso wie beschrieben. Da die Diagramme aller Zylinder gleich, aber im Kurbelwinkel gegeneinander verschoben sind, zeichnet man zunächst alle Diagramme und **überlagert** sie dann zum **Gesamtdrehkraftdiagramm** des Motors.

Das grafische Verfahren zur Bestimmung des Drehkraftdiagramms der Hubkolbenmaschine läßt sich nicht in allen Punkten auf die Kreiskolbenmaschine anwenden. Deshalb soll für die **Kreiskolbenmaschine** der **rechnerische Lösungsweg** kurz skizziert werden.

Zunächst wird das Indikatordiagramm gezeichnet. Allerdings wird der Gasdruck nicht über dem Kolbenweg, sondern über dem Exzenterwellenwinkel, der dem Kurbelwinkel entspricht, aufgetragen (Bild 2.6.3). Die Umwandlung des Indikatordiagramms in ein Gaskraft-Exzenterwellenwinkel-Diagramm verläuft wie bei der Hubkolbenmaschine. Da die Wirkungslinie der Massenkraft durch den Exzenterwellenmittelpunkt geht, ist die Tangentialkraft von ihr nicht abhängig. Maßgebend für die Tangentialkraft ist also allein die Gaskraft. Die Gaskraft ent-

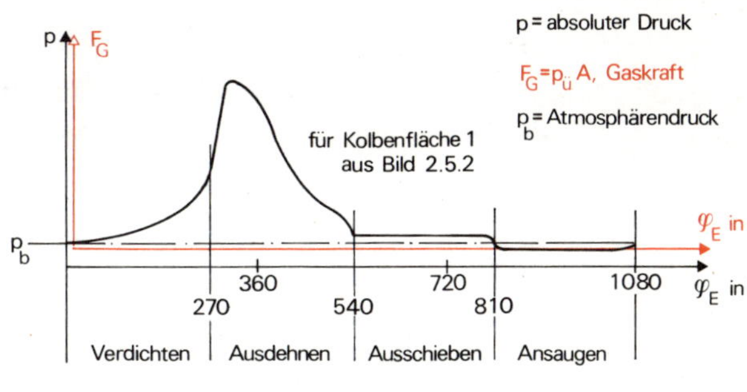

Bild 2.6.3. Indikatordiagramm, Kraft-Exzenterwellenwinkel-Schaubild eines Kreiskolbenmotors

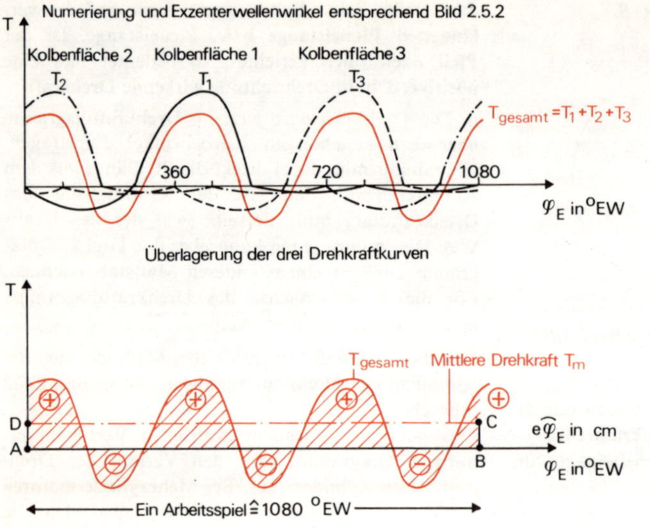

Bild 2.6.4. Drehkraftdiagramm des Kreiskolbenmotors

Der Flächeninhalt des Rechtecks *ABCD* ist gleich der Fläche zwischen der Kurve T_{gesamt} und der φ_E-Achse. $e\varphi_E$ = Weg des Exzentermittelpunkts

nimmt man dem Diagramm und rechnet die Tangentialkraft nach Formel (21) aus. Trägt man nun die Tangentialkraft über dem Exzenterwellenwinkel auf, so erhält man das Drehkraftdiagramm für eine Kolbenfläche. Die Drehkraftkurven der beiden anderen Kolbenflächen zeigen den gleichen Verlauf, sind aber um 360° bzw. 720° Exzenterwellenwinkel versetzt einzuzeichnen. Durch Überlagerung dieser drei Kurven erhält man das Drehkraftdiagramm des Kreiskolbenmotors (Bild 2.6.4).

Ändert man den Abszissenmaßstab des Drehkraftdiagramms von Grad Kurbelwinkel bzw. Grad Exzenterwellenwinkel in Kurbelzapfenweg bzw. Weg des Exzentermittelpunkts, so entsteht ein **Drehkraft-Weg-Diagramm.** In einem Kraft-Weg-Diagramm stellen die Flächen zwischen Kurvenzug und Abszissenachse Arbeiten dar. Liegt eine Fläche oberhalb der Abszissenachse, so ist die Arbeit positiv, d. h., die Maschine gibt mechanische Energie ab. Die Flächen unterhalb der Abszissenachse bedeuten, daß die Maschine Arbeit aufnimmt. Bei einem Motor, der zu den Kraftmaschinen zählt, muß die Summe der Flächen für ein Arbeitsspiel positiv sein. Verwandelt man diese positive Flächensumme in ein **flächengleiches Rechteck** (Bild 2.6.4), so ist die Höhe des Rechtecks gleich der mittleren Drehkraft T_m. Die **mittlere Drehkraft** ist nur eine gedachte, eine reine Rechengröße. Multipliziert man die mittlere Drehkraft mit dem Kurbelradius bzw. der Exzentrizität, so erhält man nach Gleichung (20) bzw. (23) das **mittlere Drehmoment** des Motors. Das mittlere Drehmoment ist um das Reibungsmoment größer als das Nutzdrehmoment, das an der Kurbelwelle abgenommen werden kann.

2.7. Ungleichförmigkeitsgrad und Schwungrad

Das Drehmoment eines Kolbenmotors ist nicht konstant, sondern es ändert ständig seinen Wert. Die von einem Motor angetriebene Maschine benötigt aber ein konstantes Drehmoment; z. B. würde ein veränderliches Drehmoment bei einem Gleichstromgenerator Drehzahl- und damit Spannungsschwankungen verursachen. Das Glätten der Drehmomentkurve gelingt durch den Anbau eines **Schwungrads.** Dieses arbeitet als **Energiespeicher** und hält so die Drehzahl angenähert konstant. Ist das Motordrehmoment größer als das mittlere Drehmoment, dann steigt die Drehzahl ein wenig, und das Schwungrad nimmt Energie auf. Sobald das Motordrehmoment unter das mittlere Drehmoment abgesunken ist, fällt die Drehzahl, und das Schwungrad gibt Energie ab. Damit das Schwungrad überhaupt als Energiespeicher wirksam werden kann, müssen Drehzahlschwankungen zulässig sein. Die Größe der Drehzahlschwankung ist ein Erfahrungswert und von der angetriebenen Maschine abhängig. Da bei kleiner Drehzahl die gleiche Drehzahlschwankung sich nachteiliger auswirkt als bei großer, wird der Erfahrungswert als das Verhältnis von Drehzahlschwankung zu der mittleren Drehzahl angegeben. Dieses Verhältnis wird als **Ungleichförmigkeitsgrad** δ bezeichnet.

Bei der formelmäßigen Definition des **Ungleichförmigkeitsgrads** wird meist anstelle der Drehzahl die Winkelgeschwindigkeit ω verwendet.

(24)

$$\delta = \frac{\omega_{\max} - \omega_{\min}}{\omega_m}$$

$\omega_{\max}$ = größte Winkelgeschwindigkeit während eines Arbeitsspiels

$\omega_{\min}$ = kleinste Winkelgeschwindigkeit während eines Arbeitsspiels

$\omega_m = \frac{\omega_{\max} + \omega_{\min}}{2}$ (arithmetischer Mittelwert)

Den **Wert für** ω_m errechnet man aus der Maschinendrehzahl nach der **Formel**

$$\omega_m = 2\,\pi\,n$$

Für den zulässigen **Ungleichförmigkeitsgrad** δ werden folgende **Erfahrungswerte** eingesetzt:

Drehstromgenerator	1/300
Fahrzeugmotor	1/200
Gleichstromgenerator	1/150
Spinnmaschine	1/90
Papiermaschine	1/45
Pumpen und Gebläse	1/25

Die im Schwungrad gespeicherte **kinetische Energie** E läßt sich durch die **Formel** darstellen:

$$E = \frac{\Theta}{2}\,(\omega_{\max}^2 - \omega_{\min}^2)$$

Θ = Massenträgheitsmoment des Schwungrads

Diese Formel wird mit Hilfe des Ungleichförmigkeitsgrads für die Schwungradberechnung etwas abgeändert. Mit

$$E = \Theta\,\frac{\omega_{\max} + \omega_{\min}}{2}\,(\omega_{\max} - \omega_{\min})$$

wird nach Einführung des Ungleichförmigkeitsgrads

$$E = \Theta\,\omega_m\,\delta\,\omega_m$$

(25)

$$E = \Theta\,\omega_m^2\,\delta$$

Nach dieser Formel läßt sich das **Massenträgheitsmoment des Schwungrads** berechnen. Dabei bleibt das Massenträgheitsmoment der Kurbelwelle meist unberücksichtigt.

Die im **Schwungrad zu speichernde Energie** E ermittelt man nach folgendem **Verfahren:**

In das Drehkraftdiagramm wird die mittlere Drehkraft T_m eingetragen. Da im Drehkraftdiagramm die Drehkraft als Funktion des Wegs aufgetragen ist, stellen die Flächen Arbeiten dar. Alle Flächen oberhalb und unterhalb der Waagerechten, der mittleren Drehkraft, werden ausgezählt, d. h. ihr Flächeninhalt wird bestimmt. Nun werden die Flächeninhalte nach Festlegung eines Maßstabs als Pfeile aneinandergesetzt. Dabei zeigen die Pfeile der oberhalb der Linie der mittleren Drehkraft liegenden Flächen nach oben. Der Abstand der äußersten Enden dieses Pfeilzugs entspricht dann der im Schwungrad zu speichernden Energie (Bild 2.7.1).

Diesem Verfahren liegt folgende Überlegung zugrunde: Die angetriebene Maschine benötigt eine

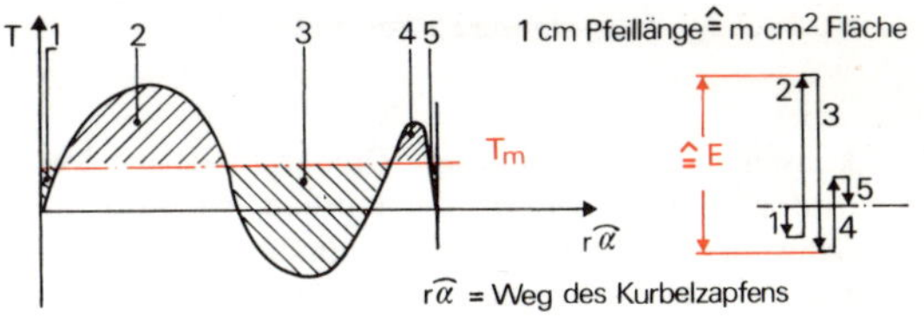

Bild 2.7.1. Ermittlung der Speicherenergie E

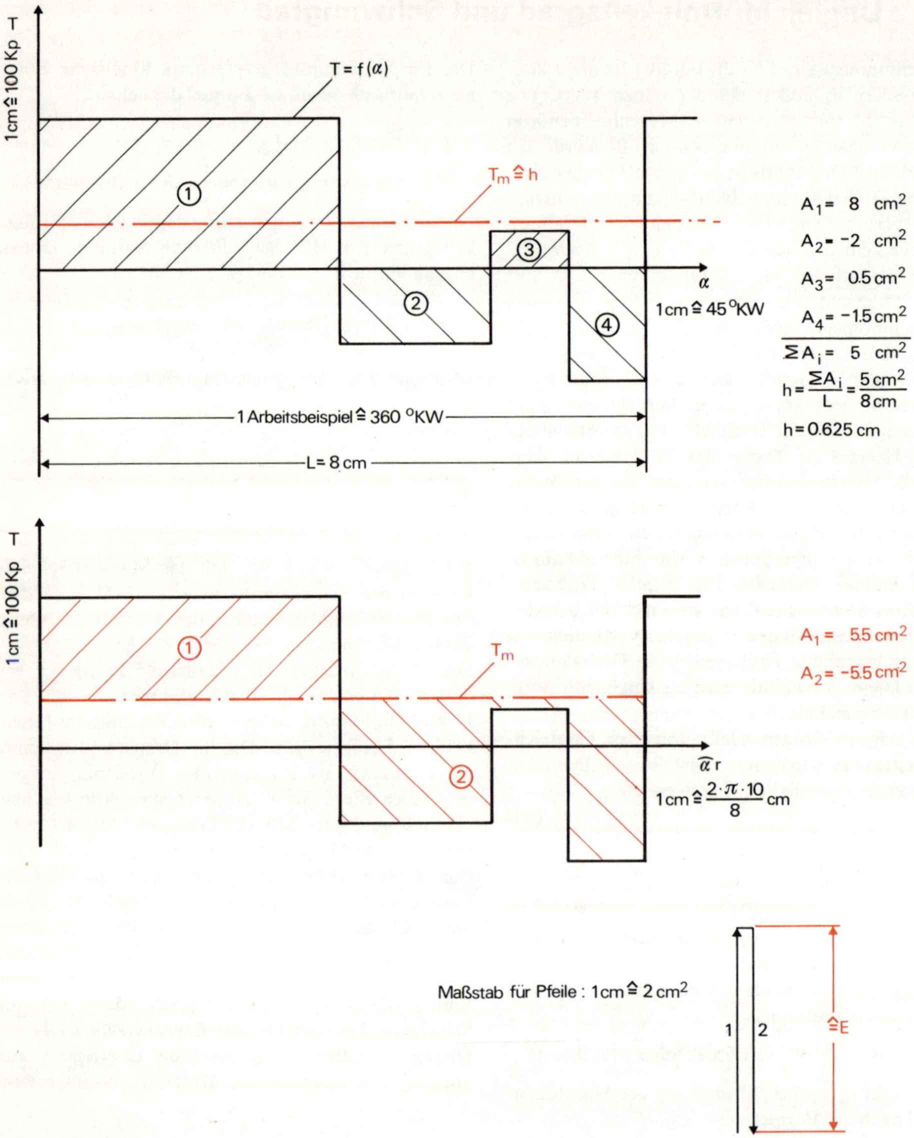

Bild 2.7.2. Diagramme zu Beispiel 4

konstante, d. h. die mittlere Drehkraft. Ist die Motordrehkraft größer als die mittlere, so wird das Schwungrad beschleunigt, es nimmt Energie auf. Durch das vorstehend beschriebene Verfahren findet man gerade die Energie, die das Schwungrad zwischen ω_{min} und ω_{max} speichern muß.

Beispiel 4

Für das in Bild 2.7.2 stilisiert dargestellte Drehkraftdiagramm ist die für die Schwungradberechnung benötigte Energie E zu bestimmen.

Gegeben: Drehkraftdiagramm
Kurbelradius $r = 10$ cm

Lösung

Zuerst wird in das gegebene Drehkraftdiagramm die mittlere Drehkraft T_m eingezeichnet. Dazu werden die Flächeninhalte der Flächen 1, 2, 3, 4 ausgezählt und unter Berücksichtigung ihrer Vorzeichen addiert. Die Summe der Flächen ΣA_i beträgt nach Bild 2.7.2 5 cm². Die Länge L des Arbeitsspiels ist 8 cm. Damit erhält man für die **Höhe** des flächengleichen Rechtecks $h = \mathbf{0{,}625\ cm.}$ Nun kann man die mittlere Drehkraft T_m im Abstand von 0,625 cm von der Abszissenachse eintragen.

Der Abszissenmaßstab wird mit Hilfe des gegebenen Kurbelradius $r = 10$ cm von Grad Kurbelwinkel in Kurbelzapfenweg umgewandelt.

Mit T_m als Bezugslinie werden die Flächen 1 und 2 ausgezählt. Wenn T_m richtig bestimmt wurde, muß die Summe dieser Flächen Null sein. Nach Festlegung des Maßstabs werden die beiden Flächen als Pfeile in einem Linienzug dargestellt. Der größte Abstand in diesem Linienzug entspricht der gesuchten Speicherenergie E. Unter Beachtung der Maßstäbe erhält man die **Speicherenergie:**

$$\underline{E} = 5{,}5\ \text{cm}^2\ \frac{100\ \text{kp}}{\text{cm}}\ \frac{62{,}8\ \text{cm}}{8\ \text{cm}} = \underline{\underline{4320\ \text{kpcm.}}}$$

2.8. Massenausgleich

In Kapitel 2.4. wurden die Massenkräfte behandelt. Dabei wurde bereits darauf hingewiesen, daß die Massenkräfte Schwingungen erregen können, da sie periodisch veränderlich sind. Diese Schwingungen wirken sich nachteilig auf die Aufhängung und Umgebung des Motors aus. Deshalb sollte der Konstrukteur auf guten Massenausgleich bedacht sein.

Bei **Mehrzylindermotoren** treten neben den **Massenkräften** auch noch Massenmomente auf. Unter **Massenausgleich** versteht man daher die Maßnahme, durch geschickte Anordnung der Kurbelkröpfungen und Anbau von Gegengewichten an die Kurbelwelle die Massenkräfte und Massenmomente auf ein Minimum zu reduzieren.

2.8.1. Ausgleich der Massenkräfte bei der Einzylindermaschine

Bei der Einzylindermaschine entstehen nur rotierende und oszillierende Massenkräfte und keine Massenmomente.

Die **rotierende Massenkraft** wird, wie in Bild 2.8.1 gezeigt, durch Anbau zweier Gegengewichte an die Kurbelwelle ausgeglichen. Die Größe dieser Gegengewichte läßt sich mit Hilfe der Gleichung errechnen:

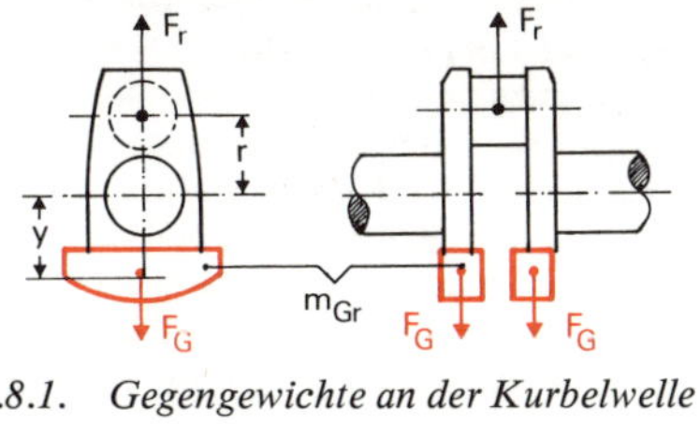

Bild 2.8.1. Gegengewichte an der Kurbelwelle

$$F_r = m_r\ r\,\omega^2 = 2\ m_{Gr}\,y\,\omega^2$$

(26)

$$m_{Gr} = m_r \frac{r}{2\,y}$$

m_{Gr} = Gegengewichtsmasse zum Ausgleich der rotierenden Massenkraft
m_r = rotierende Masse
r = Kurbelradius
y = Abstand des Gegengewichtsschwerpunkts vom Kurbelwellenmittelpunkt

Die **oszillierende Massenkraft** wird nach Formel (12) bestimmt:

$$F_{os} = m_{os}\ r\,\omega^2\,(\cos\alpha + \lambda\ \cos 2\,\alpha)$$

Diese Massenkraft wird in die **Massenkräfte 1.** und **2. Ordnung** zerlegt:

(27)

$$F_I = m_{os}\ r\,\omega^2\ \cos\alpha$$

und

(28)

$$F_{II} = m_{os}\ r\,\omega^2\,\lambda\ \cos 2\,\alpha$$

Die **Massenkraft 1. Ordnung** ändert sich im Rhythmus der Kurbelwellenumdrehung, d. h. mit cos α. Die **Massenkraft 2. Ordnung** hingegen hängt vom doppelten Kurbelwinkel ab. Daher läßt sich durch Gegengewichte an der Kurbelwelle nur die Massenkraft 1. Ordnung ausgleichen.

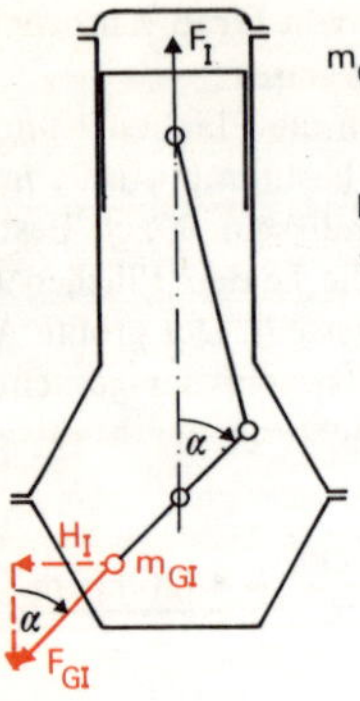

Bild 2.8.2. Zerlegung der Gegengewichtskraft in eine vertikale und eine horizontale Komponente

Da die oszillierenden Massenkräfte in Richtung der Zylinderachse wirken, die zum Ausgleich angehängten Gegengewichte aber mit der Kurbelwelle umlaufen, dient nur die **senkrechte Komponente der Gegengewichtskraft** zum **Massenausgleich.** Die Horizontalkomponente ist eine unerwünschte störende Zusatzkraft (Bild 2.8.2). Damit die Horizontalkomponente nicht zu groß wird, gleicht man durch Gegengewichte meistens nur 50% der Massenkraft 1. Ordnung aus. Die **Formel** zur Berechnung der **Gegengewichte** gewinnt man aus folgender Gleichung:

$$\varphi F_\text{I} = \varphi\, m_\text{os}\, r\, \omega^2 \cos\alpha = 2\, m_\text{GI}\, y\, \omega^2 \cos\alpha \tag{29}$$

$$m_\text{GI} = \varphi\, m_\text{os} \frac{r}{2\,y}$$

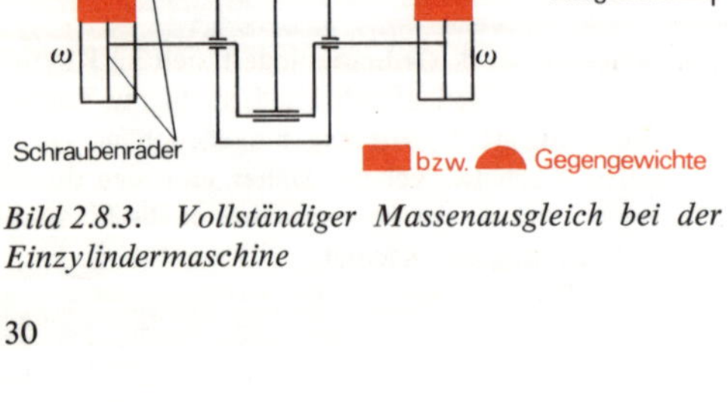

Bild 2.8.3. Vollständiger Massenausgleich bei der Einzylindermaschine

m_GI = Gegengewichtsmasse zum Ausgleich der Massenkraft 1. Ordnung

φ = Anteil der auszugleichenden Massenkraft 1. Ordnung (meist $\varphi = 0{,}5$)

Bei der Einzylindermaschine läßt sich auch die Massenkraft 2. Ordnung ausgleichen. Allerdings muß man hierzu einen erheblichen Bauaufwand treiben. In Bild 2.8.3 ist eine Maschine dargestellt, bei der die rotierenden und die oszillierenden Massenkräfte 1. und 2. Ordnung ausgeglichen sind. Die Zusatzwellen mit den Gegengewichten sind gegenläufig, so daß die horizontalen Kraftkomponenten einander entgegengerichtet sind und nicht nach außen in Erscheinung treten. Die Wellen mit den Gegengewichten zum Ausgleich der Massenkraft 2. Ordnung laufen mit doppelter Kurbelwellendrehzahl.

2.8.2. Ausgleich der Massenkräfte und Massenmomente bei Reihenmotoren

In diesem Kapitel soll nur der Ausgleich der Massenkräfte und Massenmomente bei Reihenmotoren behandelt werden.

Die Massenkräfte, die in den einzelnen Zylindern auftreten, werden nach den Formeln aus Kapitel 2.8.1. berechnet. Diese **Einzelkräfte** werden dann zu einer **Resultierenden** zusammengesetzt. Bei gutem Massenausgleich sollte die Resultierende Null oder möglichst klein sein.

Da die Einzelkräfte nicht im Massenschwerpunkt der Maschine angreifen, treten zusätzliche **Massenmomente** auf, die ebenfalls zu Resultierenden zusammengefaßt werden.

Die Größen aller dieser Resultierenden hängen sehr stark von der Form der Kurbelwelle ab. Deshalb muß diese so gestaltet werden, daß sich die Einzelkräfte ausgleichen. Bei der Lösung dieser Aufgabe müssen für die verschiedenen Kurbelwellenformen jeweils die Resultierenden bestimmt werden. Dies geschieht am schnellsten auf grafischem Wege.

2.8.2.1. Resultierende der rotierenden Massenkräfte

Zuerst zeichnet man die **Kurbelwelle** schematisch im **Quer- und Längsschnitt** (Bild 2.8.4). Der Querschnitt, der links von dem Längsschnitt liegen soll, heißt wegen seines Aussehens auch **Kurbelstern. Die Numerierung der Kurbelkröpfungen erfolgt im Längsschnitt der Kurbelwelle.** Diese Nummern werden in den Kurbelstern übertragen. Die rotierenden Massenkräfte der einzelnen Zylinder berechnet man nach Formel (11). Für die **Vektoraddition**

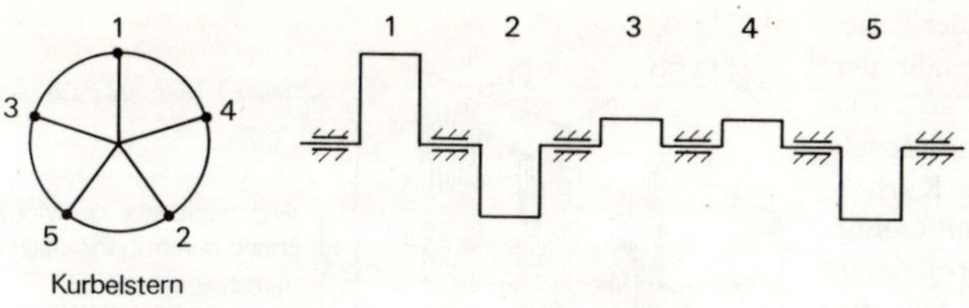

Bild 2.8.4. Kurbelstern und schematischer Längsschnitt einer Fünfzylinderkurbelwelle

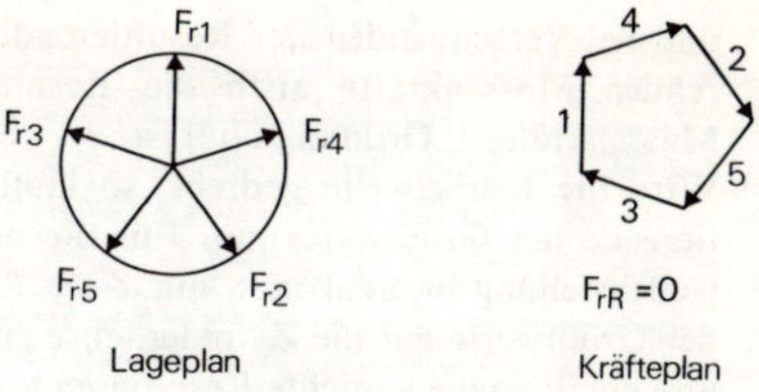

Bild 2.8.5. Grafische Ermittlung der Resultierenden der rotierenden Massenkräfte F_{rR} bei einer Fünfzylinderkurbelwelle

werden alle Kräfte nach Festlegung eines geeigneten Maßstabes parallel zu sich in eine **gemeinsame Querschnittsebene** verschoben (Bild 2.8.5). Der so entstehende Lageplan hat dasselbe Aussehen wie der Kurbelstern. Im Kräfteplan werden die Einzelkräfte zur Resultierenden F_{rR} zusammengefügt und diese in den Lageplan übertragen.

Bei einer Drehung der Kurbelwelle dreht sich die Resultierende mit konstanter Länge mit. Für eine andere Kurbelwellenstellung muß man daher die Resultierende nicht neu bestimmen, sondern es genügt, sie um den entsprechenden Kurbelwinkel zu drehen.

Bei Reihenmotoren mit gleichmäßiger Zündfolge und mehr als zwei Zylindern ist die Resultierende Null.

2.8.2.2. Resultierende der Massenkräfte 1. Ordnung

Die Massenkraft 1. Ordnung wird nach Formel (27) berechnet. Ihr Größtwert beträgt:

$$F_{\mathrm{I\,max}} = m_{\mathrm{os}}\, r\, \omega^2$$

Den Augenblickswert erhält man grafisch, indem man den Größtwert in Richtung des Kurbelarms im Kurbelstern aufzeichnet und auf die Zylinderachse projiziert (Bild 2.8.6). Bei der Bestimmung der Resultierenden müßte man auf die beschriebene Weise alle Augenblickswerte der Massenkräfte 1. Ordnung bilden und dann vektoriell addieren. Dies wäre ein umständliches Verfahren.

Die gleiche Resultierende erhält man einfacher, wenn man zunächst alle **Größtwerte in Richtung der Kurbelarme** aufträgt und diese Kräfte im Kräfteplan addiert (Bild 2.8.7). Die sich hierbei ergebende Resultierende, d. h. **die Resultierende der Größtwerte $F_{\mathrm{I\,max\,R}}$, wird auf die Zylinderachse projiziert.** Diese Projektion ist die gesuchte **Resultierende der Massenkräfte 1. Ordnung $F_{\mathrm{I\,R}}$.**

Da die Kräftepläne der rotierenden Massenkräfte und der Massenkräfte 1. Ordnung sich bis auf die Länge der Vektoren gleichen, ist es einleuchtend,

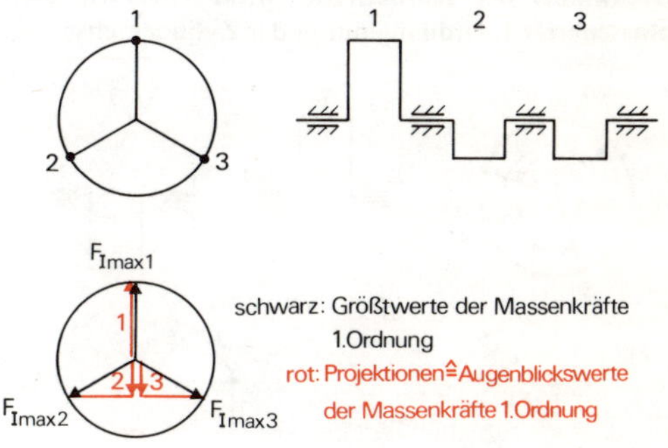

Bild 2.8.6. Grafische Bestimmung der Augenblickswerte der Massenkräfte 1. Ordnung

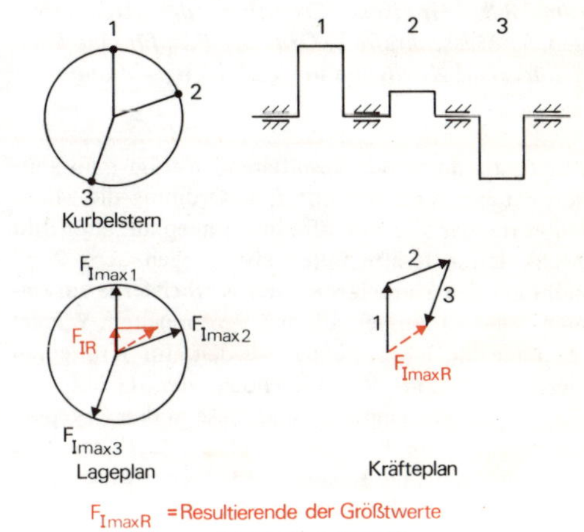

Bild 2.8.7. Grafische Ermittlung der Resultierenden der Massenkräfte 1. Ordnung $F_{\mathrm{I\,R}}$ für eine Dreizylinderkurbelwelle mit ungleichmäßiger Zündfolge

daß bei Verschwinden der Resultierenden der rotierenden Massenkräfte auch die Resultierende der Massenkräfte 1. Ordnung Null ist.
Wird die Kurbelwelle gedreht, so läuft die Resultierende der Größtwerte mit. Für die neue Kurbelwellenstellung braucht man nur diese Resultierende der Größtwerte auf die Zylinderachse zu projizieren und erhält so die gesuchte Resultierende der Massenkräfte 1. Ordnung.

2.8.2.3. Resultierende der Massenkräfte 2. Ordnung

Die Massenkraft 2. Ordnung wird nach Formel (28) berechnet. **Sie ändert ihren Wert mit dem doppelten Drehwinkel der Kurbelwelle,** wirkt aber wie die Massenkraft 1. Ordnung nur in der Zylinderachse.

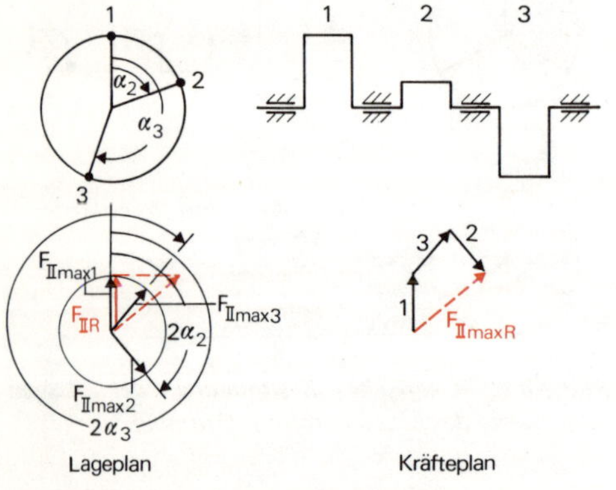

Bild 2.8.8. Grafische Ermittlung der Resultierenden der Massenkräfte 2. Ordnung $F_{II\,R}$ für eine Dreizylinderkurbelwelle mit ungleichmäßiger Zündfolge

Zur Bestimmung der Resultierenden trägt man ähnlich wie bei der Massenkraft 1. Ordnung die Maximalwerte der Einzelkräfte im Lageplan ein (Bild 2.8.8). Diese **Kräfte fallen** aber wegen „cos 2 α" **nicht mit den Kurbelarmen des Kurbelsterns zusammen,** sondern müssen alle mit verdoppeltem Winkel im Lageplan eingezeichnet werden. Im Kräfteplan werden sie zur Resultierenden der Größtwerte $F_{II\,max\,R}$ zusammengesetzt und diese in den Lageplan übertragen. Ihre Projektion auf die Zylinderachse stellt die gesuchte **Resultierende der Massenkräfte 2. Ordnung $F_{II\,R}$** dar.
Bei einer Drehung der Kurbelwelle um den Winkel α ist die Resultierende der Größtwerte im Lageplan um den Winkel 2 α zu drehen. Die neue gesuchte Resultierende ist dann ihre Projektion auf die Zylinderachse.

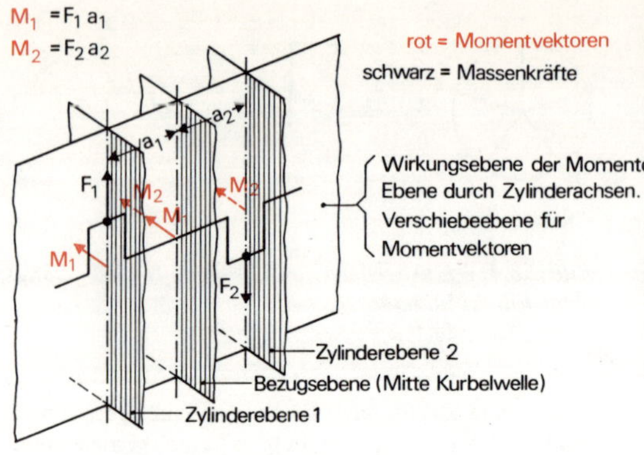

Bild 2.8.9. Momentvektoren

2.8.2.4. Resultierendes rotierendes Massenmoment

Da die Massenkräfte zum Motorschwerpunkt einen Hebelarm besitzen, entstehen **Massenmomente.** Diese Momente errechnen sich aus Kraft mal Abstand vom Schwerpunkt. Zu ihrer exakten Bestimmung müßte demnach die Lage des Motorschwerpunkts zuerst einmal festgestellt werden. Meist erspart man sich diese zeitraubende Arbeit und nimmt an, daß der Motorschwerpunkt in der Mitte der Kurbelwelle liegt. Der hierdurch in die Rechnung eingehende Fehler ist für die meisten Fälle vernachlässigbar. **Bezugspunkt zur Berechnung der Massenmomente ist also die Mitte der Kurbelwelle im Längsschnitt.**
Genau wie eine Kraft läßt sich auch ein Moment als Vektor darstellen. **Die Größe des Moments erscheint als Länge des Vektors. Der Vektor steht senkrecht auf der Wirkungsebene des Moments und zeigt mit seiner Spitze in die Richtung, in die sich eine Rechtsschraube bewegen würde, wenn sie im Drehsinn des Moments gedreht würde.**
Da ein Momentvektor auf seiner Wirkungsebene parallel zu sich verschoben werden darf, werden alle Vektoren in der durch die Mitte der Kurbelwelle gehenden Querschnittsebene eingetragen (Bild 2.8.9). Der so entstehende Lageplan läßt sich auch mit Hilfe des Kurbelsterns gewinnen. Dabei werden alle Momentvektoren wie die entsprechenden Kurbelarme, aber um 90° im Uhrzeigersinn gedreht, aufgezeichnet. **Die Pfeilspitzen der Vektoren, die sich aus Kräften links vom Bezugspunkt ergeben, zeigen vom Mittelpunkt des Kurbelsterns nach außen.** Alle Vektoren, die aus Kräften rechts vom Bezugspunkt entstehen, zielen mit ihrer Spitze zum Mittelpunkt des Kurbelsterns hin.

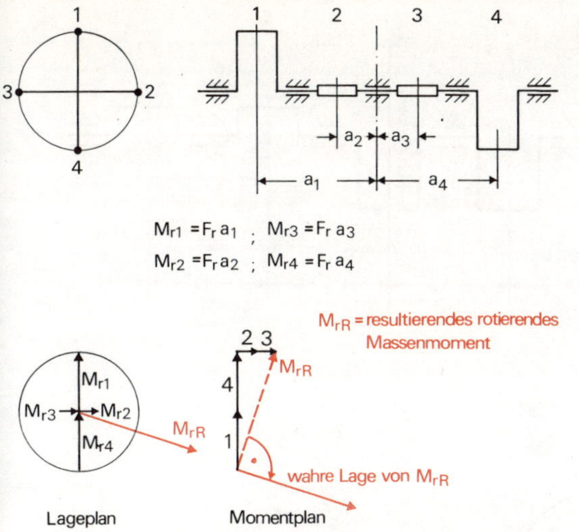

Bild 2.8.10. Grafische Ermittlung des resultierenden rotierenden Massenmoments M_{rR} für eine Vierzylinderkurbelwelle

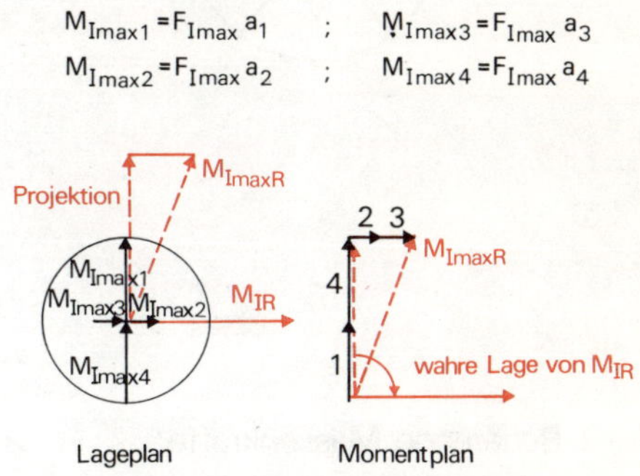

Bild 2.8.11. Grafische Ermittlung des resultierenden Massenmoments 1. Ordnung $M_{I\,R}$ für die Kurbelwelle nach Bild 2.8.10

Das **resultierende Massenmoment** läßt sich noch einfacher bestimmen, wenn man die **Einzelvektoren** nicht um 90° im Uhrzeigersinn gedreht zeichnet, sondern sie genau **wie die Kurbelarme** aufträgt. Nachdem diese Vektoren im Momentplan zur Resultierenden M_{rR} zusammengesetzt worden sind, erhält man den **Momentvektor in seiner richtigen Lage,** wenn man ihn jetzt **um 90° im Uhrzeigersinn dreht** (Bild 2.8.10).

2.8.2.5. Resultierendes Massenmoment 1. Ordnung

Die oszillierenden Massenkräfte wirken nur in der Zylinderachse. Daher stehen alle Momentvektoren senkrecht auf der Ebene der Zylinderachsen.

Bei der Bestimmung des resultierenden Moments geht man ähnlich wie bei der Bildung der Resultierenden der Massenkräfte 1. Ordnung von den Größtwerten aus. Zunächst berechnet man für alle Zylinder die **Maximalwerte der Momente.** Diese trägt man unter Beachtung des in Kapitel 2.8.2.4. beschriebenen Verfahrens im Lageplan ein (Bild 2.8.11). Nachdem man im Momentplan die **Resultierende** $M_{I\,max\,R}$ gebildet hat, überträgt man diese **in den Lageplan** und **projiziert** sie **auf die Zylinderachse.** Die um 90° im Uhrzeigersinn gedrehte Projektion stellt dann das wahre resultierende Massenmoment 1. Ordnung $M_{I\,R}$ dar.

2.8.2.6. Resultierendes Massenmoment 2. Ordnung

Die Vektoren der **Massenmomente 2. Ordnung** stehen senkrecht auf der Ebene der Zylinderachsen und ihre **Größe ändert sich mit dem doppelten Kurbelwinkel.** Nach Berechnung der Größtwerte der Massenmomente 2. Ordnung trägt man ihre Vektoren mit verdoppeltem Kurbelwinkel im Lageplan ein (Bild 2.8.12). Die im Momentplan gefundene Resultierende $M_{II\,max\,R}$ wird in den Lageplan verschoben und auf die Zylinderachse projiziert. Den wahren Vektor des resultierenden Massenmoments 2. Ordnung $M_{II\,R}$ erhält man dann durch Drehung der Projektion um 90° im Uhrzeigersinn.

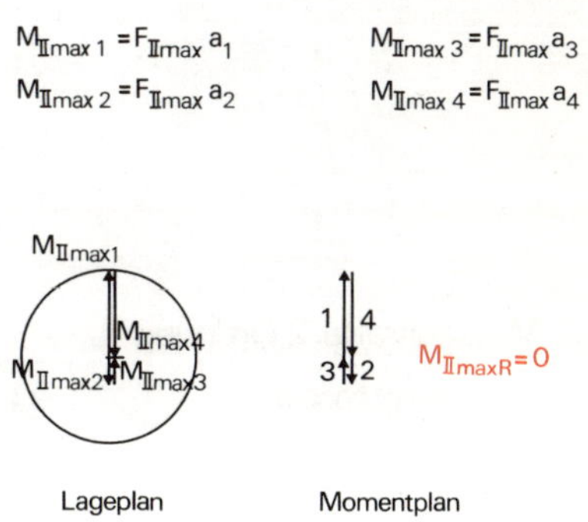

Bild 2.8.12. Grafische Ermittlung des resultierenden Massenmoments 2. Ordnung $M_{II\,R}$ für die Kurbelwelle nach Bild 2.8.10

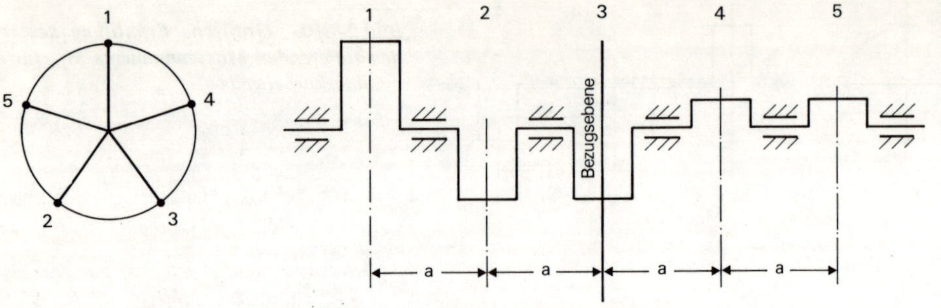

1. Rotierende Massenkräfte

1 cm ≙ 10 000 N

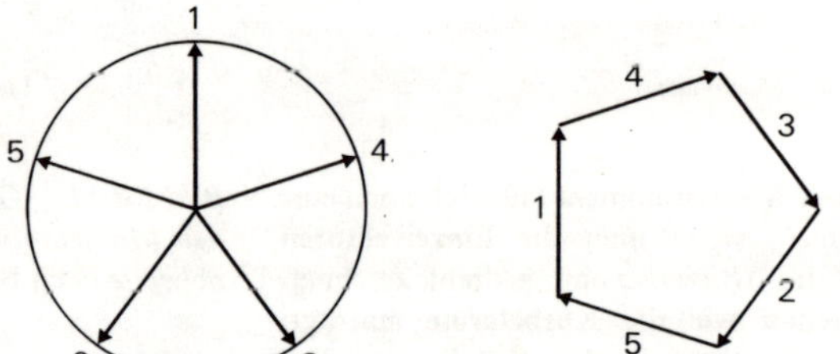

Lageplan   Kräfteplan

$F_{rR} = 0$

2. Massenkräfte 1. Ordnung

1 cm ≙ 10 000 N

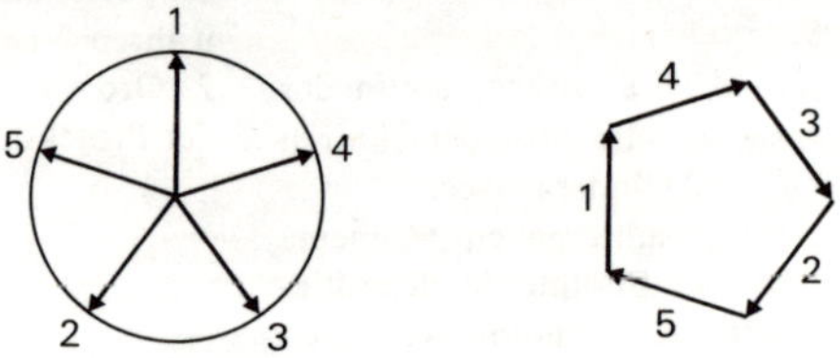

Lageplan   Kräfteplan

$F_{I\,max\,R} = 0$

3. Massenkräfte 2. Ordnung

1 cm ≙ 2000 N

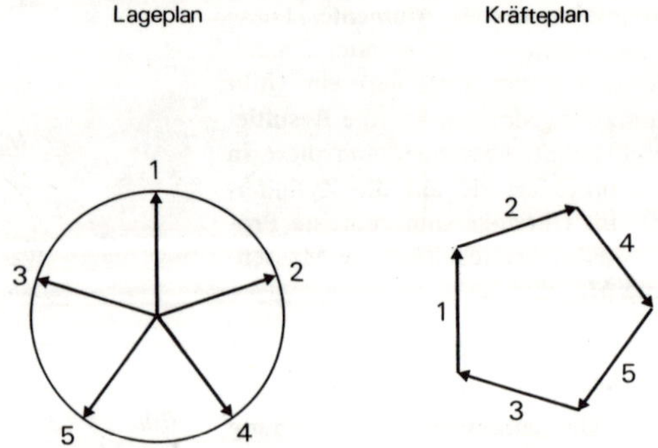

Lageplan   Kräfteplan

$F_{II\,max\,R} = 0$

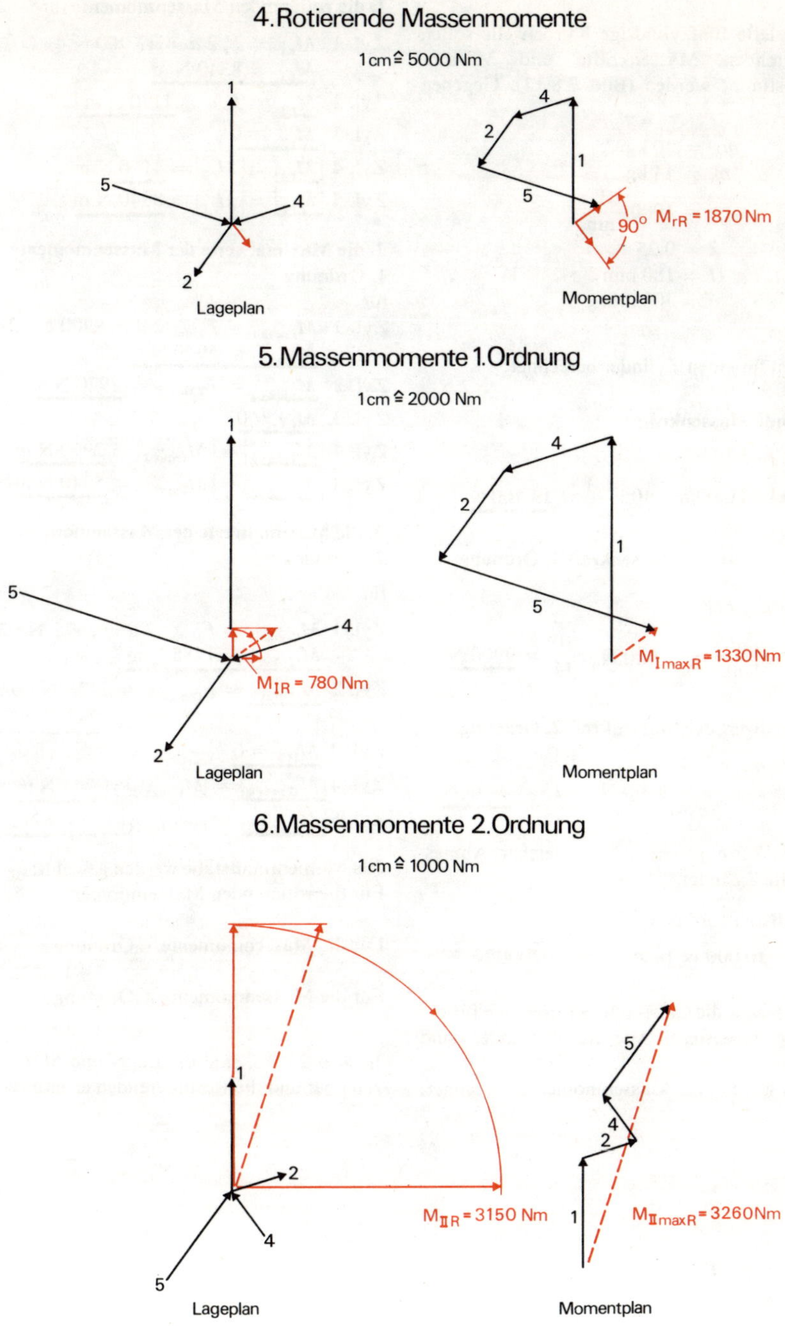

Bild 2.8.13. Massenkräfte und Massenmomente einer fünfzylindrigen Kurbelwelle (Beispiel 5)

Beispiel 5

Für die skizzierte fünfzylindrige Kurbelwelle sollen die resultierenden Massenkräfte und Massenmomente bestimmt werden (Bild 2.8.13). Gegeben sind:

$$m_{os} = 10\text{ kg}$$
$$m_r = 14\text{ kg}$$
$$n = 1000\,\frac{1}{\text{min}}$$
$$\lambda = 0{,}25$$
$$H = 180\text{ mm}$$
$$a = 300\text{ mm}$$

Lösung

Zuerst werden für einen Zylinder berechnet:

1. die rotierende Massenkraft

$$F_r = m_r\, r\, \omega^2$$
$$\underline{F_r} = 14\text{ kg} \cdot 0{,}09\text{ m} \cdot 105^2\,\frac{1}{s^2} = \underline{13\,900\text{ N}}$$

2. der Maximalwert der Massenkraft 1. Ordnung

$$F_{\text{I max}} = m_{os}\, r\, \omega^2$$
$$\underline{F_{\text{I max}}} = F_r\,\frac{m_{os}}{m_r} = 13\,900\text{ N} \cdot \frac{10}{14} = \underline{9900\text{ N}}$$

3. der Maximalwert der Massenkraft 2. Ordnung

$$F_{\text{II max}} = m_{os}\, r\, \omega^2\, \lambda$$
$$\underline{F_{\text{II max}}} = F_{\text{I max}}\, \lambda = 9900\text{ N} \cdot 0{,}25 = \underline{2475\text{ N}}$$

Vorstehende Werte gelten wegen gleicher Abmessungen für alle Zylinder.

Als **Kraftmaßstab** wird gewählt:

1 cm ≙ 10 000 N bzw. 1 cm ≙ 2000 N

In Bild 2.8.13 sind die Lage- und Kräftepläne für die Massenkräfte dargestellt. Alle Resultierenden sind Null.

Als nächstes werden die Massenmomente berechnet:

1. die rotierenden Massenmomente für

Zyl. 1 $M_{r1} = F_r\, 2\, a = 13\,900\text{ N} \cdot 2 \cdot 0{,}3\text{ m}$

$\underline{M_{r1} = 8340\text{ N m}}$

Zyl. 2 $\underline{M_{r2}} = F_r\, a = \underline{4170\text{ N m}}$

Zyl. 3 $\underline{M_{r3} = 0}$

Zyl. 4 $\underline{|M_{r4}|} = |M_{r2}| = \underline{4170\text{ N m}}$

Zyl. 5 $\underline{|M_{r5}|} = |M_{r1}| = \underline{8340\text{ N m}}$

2. die Maximalwerte der Massenmomente 1. Ordnung

für

Zyl. 1 $M_{\text{I max 1}} = F_{\text{I max}}\, 2\, a = 9900\text{ N} \cdot 2 \cdot 0{,}3\text{ m}$

$\underline{M_{\text{I max 1}} = 5940\text{ N m}}$

Zyl. 2 $\underline{M_{\text{I max 2}}} = F_{\text{I max}}\, a = \underline{2970\text{ N m}}$

Zyl. 3 $\underline{M_{\text{I 3}} = 0}$

Zyl. 4 $\underline{|M_{\text{I max 4}}|} = |M_{\text{I max 2}}| = \underline{2970\text{ N m}}$

Zyl. 5 $\underline{|M_{\text{I max 5}}|} = |M_{\text{I max 1}}| = \underline{5940\text{ N m}}$

3. die Maximalwerte der Massenmomente 2. Ordnung

für

Zyl. 1 $M_{\text{II max 1}} = F_{\text{II max}}\, 2\, \text{a} = 2475\text{ N} \cdot 2 \cdot 0{,}3\text{ m}$

$\underline{M_{\text{II max 1}} = 1485\text{ N m}}$

Zyl. 2 $\underline{M_{\text{II max 2}}} = F_{\text{II max}}\, a = 2475\text{ N} \cdot 0{,}3\text{ m} = \underline{743\text{ N m}}$

Zyl. 3 $\underline{M_{\text{II 3}} = 0}$

Zyl. 4 $\underline{|M_{\text{II max 4}}|} = |M_{\text{II max 2}}| = \underline{743\text{ N m}}$

Zyl. 5 $\underline{|M_{\text{II max 5}}|} = |M_{\text{II max 1}}| = \underline{1485\text{ N m}}$

Als **Momentmaßstäbe** werden gewählt:

Für die rotierenden Massenmomente

1 cm ≙ 5000 N m

Für die Massenmomente 1. Ordnung

1 cm ≙ 2000 N m

Für die Massenmomente 2. Ordnung

1 cm ≙ 1000 N m

In Bild 2.8.13. sind die Lage- und Momentpläne gezeichnet und die Resultierenden ermittelt.

2.9. Torsionsschwingungen

Kurbelwellen sind schwingungsfähige Gebilde. Sie bestehen nämlich aus Massen, die elastisch miteinander verbunden sind. Wirkt auf ein solches mechanisches System eine periodisch veränderliche Kraft ein, so entstehen **fremderregte** oder **erzwungene Schwingungen.** Sobald dabei die **Erregerfrequenz** der Kraft gleich der **Eigenfrequenz** der Kurbelwelle wird, tritt **Resonanz** ein, und die Schwingungsausschläge werden sehr groß. Die durch die Schwingung vergrößerte Beanspruchung darf die Dauerfestigkeit nicht überschreiten, sonst geht die Welle zu Bruch.

An der Kurbelwelle können **drei Arten von Schwingungen** auftreten:

Längsschwingungen — die Welle schwingt in ihrer Längsachse,
Biegeschwingungen — die Welle schwingt senkrecht zu ihrer Längsachse,
Torsionsschwingungen — die Welle schwingt um ihre Längsachse.

Die Torsionsschwingungen sind am gefährlichsten, denn sie sind an manchen Kurbelwellenbrüchen schuld. In diesem Kapitel sollen nur die Torsionsschwingungen behandelt werden, und zwar in der Form, daß der Konstrukteur einen Einblick in die Arbeit des Schwingungsfachmanns erhält.

Zur Vermeidung von Resonanzen — selbst wenn die Welle dabei nicht zu Bruch geht, bilden sich unangenehme Betriebszustände aus, wie gestörter Massenausgleich, erhöhter Zahnräderverschleiß und Brummgeräusche — muß bei der Konstruktion der Kurbelwelle eine Schwingungsrechnung durchgeführt werden. Diese Aufgabe erledigt meist nicht der Konstrukteur, sondern der Schwingungsfachmann. Folgende Probleme sind hierbei zu klären:

1. Eigenschwingungsformen und Eigenfrequenzen der Kurbelwelle.
2. Resonanzstellen, kritische Drehzahlen.
3. Schwingungsamplituden und Torsionsspannungen.
4. Abhilfemaßnahmen, falls die Torsionsschwingungen unzulässig groß werden.

Zur Erklärung einiger wichtiger Begriffe soll zunächst der **einfache Torsionsschwinger,** der aus einer einseitig fest eingespannten Welle und einer Schwungscheibe besteht, betrachtet werden (Bild 2.9.1). Man stelle sich vor, die Welle sei masselos und die Gesamtmasse bzw. das gesamte **Massenträgheitsmoment** Θ sei in der Schwungscheibe vereinigt. Die **Drehelastizität** oder **Drehsteifigkeit** wird von der Welle aufgebracht. Sie besitzt die **Drehfederzahl** oder **Drehfederkonstante:**

$$c = \frac{I_p G}{l}$$

I_p = polares Flächenträgheitsmoment der Welle
G = Schubmodul
l = Länge der Welle

Die Drehfederkonstante ist gleich dem Drehmoment, das die Welle um den Winkel arc $\varphi = 1$ verdreht.

Wenn die Scheibe aus ihrer Ruhelage herausgedreht und dann losgelassen wird, schwingt das ganze System um seine Längsachse. Die Welle schlägt dabei am Scheibenende um den Winkel φ nach beiden Seiten aus. Der **maximale Schwingungsausschlag** heißt **Schwingungsamplitude** A. Er wird meist als Umfangsweg

$$A = \widehat{\varphi}\, r$$

angegeben. Die Schwingungsamplituden sind am Scheibenende der Welle am größten und nehmen zur Einspannstelle hin bis auf Null ab. Hier liegt ein **Schwingungsknoten** vor. Trägt man die Schwingungsamplituden über der Achse auf, so erhält man ein Bild der **Schwingungsform.**

Ein nach einmaligem Anstoß frei schwingendes System führt **freie oder Eigenschwingungen** aus. Die Anzahl Schwingungen je Sekunde wird als **Frequenz,** im Falle der Eigenschwingung als **Eigenfrequenz** ν_e bezeichnet. Daneben arbeitet der Schwingungsfachmann gern mit der **Eigenkreisfrequenz** ω_e. Es ist

$$\omega_e = 2\,\pi\,\nu_e$$

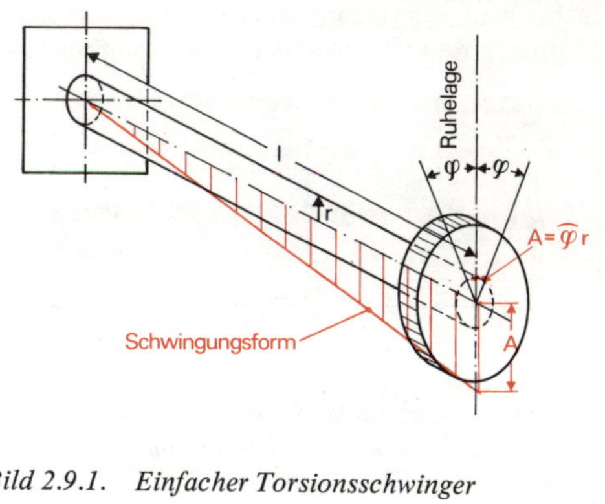

Bild 2.9.1. Einfacher Torsionsschwinger

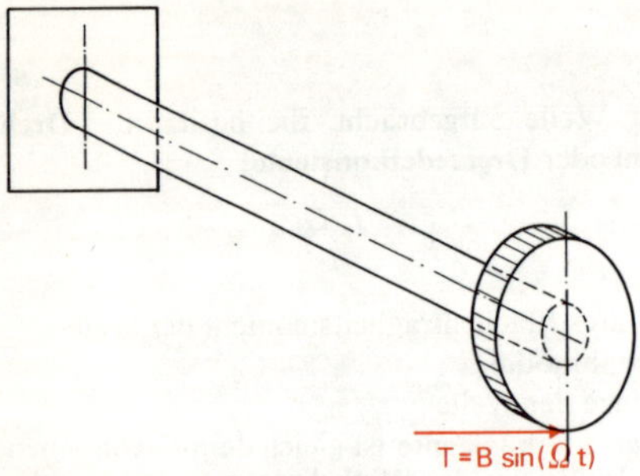

Bild 2.9.2. Fremderregung durch die periodisch veränderliche Tangentialkraft T

Die **Eigenkreisfrequenz des einfachen Torsionsschwingers** errechnet man nach der Formel (ohne Ableitung):

$$\omega_e = \sqrt{\frac{c}{\Theta}}$$

Außer der Eigenschwingung gibt es noch die **fremderregte oder erzwungene Schwingung.** Hierbei greift eine periodisch veränderliche Tangentialkraft T ständig an dem schwingenden System an (Bild 2.9.2). Die Anzahl der Schwingungen je Sekunde ist dann nicht mehr gleich der Eigenfrequenz, sondern das System schwingt mit der **Erregerfrequenz** ν_{err} der Tangentialkraft. Die **Schwingungsamplitude,** die bei der freien Schwingung von der Anfangsauslenkung der Scheibe abhängig ist, wird bei der fremderregten Schwingung durch die Tangentialkraftamplitude B und das Kreisfrequenzverhältnis Ω/ω_e ($\Omega = 2\,\pi\,\nu_{err}$) bestimmt. Für $\Omega = \omega_e$ entsteht Resonanz, und die Schwingungsamplitude A wird theoretisch unendlich groß (Bild 2.9.3).

In Wirklichkeit bleibt die Amplitude endlich, weil in jedem schwingenden System Dämpfung auftritt. Dabei wird Schwingungsenergie durch Reibung in Wärme verwandelt und so der Schwingung entzogen.

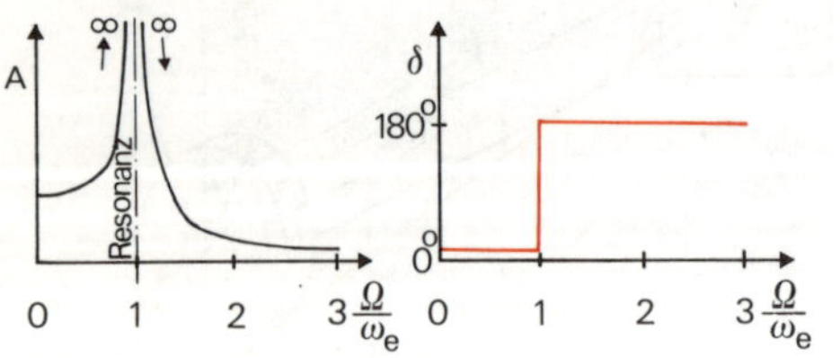

Bild 2.9.3. Amplitude A der fremderregten, ungedämpften Schwingung und Phasenwinkel δ zwischen Erregerkraft und Schwingung

Bei der **fremderregten, gedämpften Schwingung** hängt die Schwingungsamplitude außer von der Tangentialkraftamplitude und dem Kreisfrequenzverhältnis noch von der Größe der Dämpfung ab. In Bild 2.9.4 sind die Schwingungsamplituden für starke und schwache Dämpfung aufgetragen. Die Schwingungsamplitude wächst so lange, bis die durch die Erregerkraft zugeführte Energie gleich der durch die Dämpfung aus dem System herausgeholten ist.

Bei der **fremderregten, ungedämpften Schwingung** sind Kraft und Schwingungsausschlag phasengleich, solange das Kreisfrequenzverhältnis $\Omega/\omega_e < 1$ ist. Für $\Omega/\omega_e > 1$ schwingen Kraft und Ausschlag um 180° phasenverschoben. Dadurch wird mit wachsendem Ω/ω_e der Schwingungsausschlag immer kleiner.

Die **Phasenverschiebung** läßt sich am besten im **Zeigerdiagramm** erklären (Bild 2.9.5). Mit Hilfe eines mit der Frequenz der Schwingung umlaufenden Zeigers kann man eine Schwingung leicht aufzeichnen. Die Kreisfrequenz der Schwingung ist gleich der Winkelgeschwindigkeit des Zeigers. Der Winkel zwischen dem Zeiger B der Tangentialkraft und dem Zeiger A des Schwingungsausschlags ist der Phasenwinkel δ.

Bei der fremderregten, gedämpften Schwingung ist die Phasenverschiebung zwischen Tangentialkraft und Schwingungsausschlag vom Kreisfrequenzverhältnis und der Größe der Dämpfung abhängig (Bild 2.9.4). Ist die Dämpfung nur gering, so entsteht der Größtausschlag der Schwingung wie bei der ungedämpften Schwingung bei Resonanz, d. h. $\frac{\Omega}{\omega_e} = 1$. Die Erregerkraft läuft dabei dem Schwingungsausschlag um 90° voraus, d. h., sie ist phasengleich mit der Schwinggeschwindigkeit. In diesem Zustand wird dem schwingenden System durch die Erregerkraft ein Maximum an Energie zugeführt.

Nach dieser Vorbetrachtung soll nun das schwingende System der Kurbelwelle behandelt werden. Als erstes müssen die **Eigenschwingungsformen** und die **Eigenfrequenzen** bestimmt werden. Da die Kurbelwelle in ihrer verwickelten Gestalt einer direkten Schwingungsrechnung nicht zugänglich ist, muß ein schwingungstechnisch gleichwertiges **Ersatzsystem** geschaffen werden. Eine Hauptaufgabe des Schwingungsfachmanns besteht darin, dieses Ersatzsystem aus den Abmessungen der Kurbelwelle und den mit ihr schwingungstechnisch gekoppelten Bauteilen zu ermitteln.

Das Ersatzsystem setzt sich zusammen aus Scheiben und Verbindungswellenstücken. Jede Kurbelkröpfung besitzt sowohl Masse (Massenträgheits-

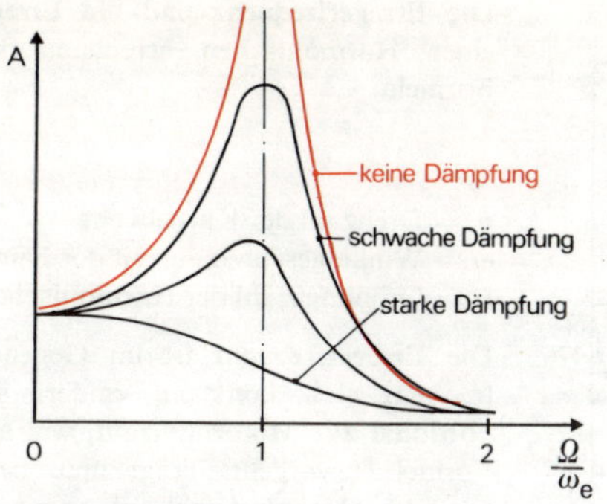

Bild 2.9.4. Amplitude A der fremderregten, gedämpften Schwingung

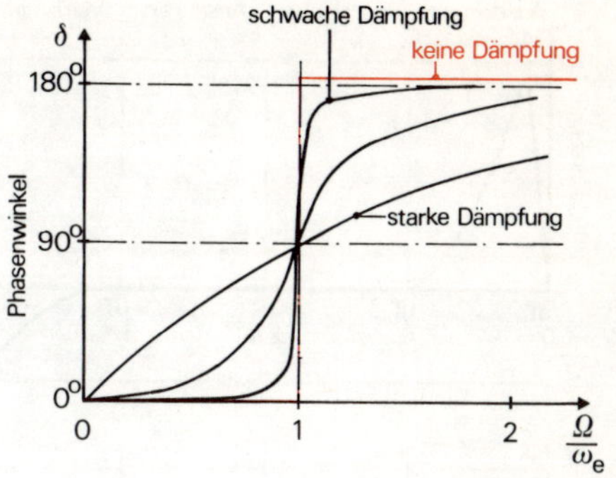

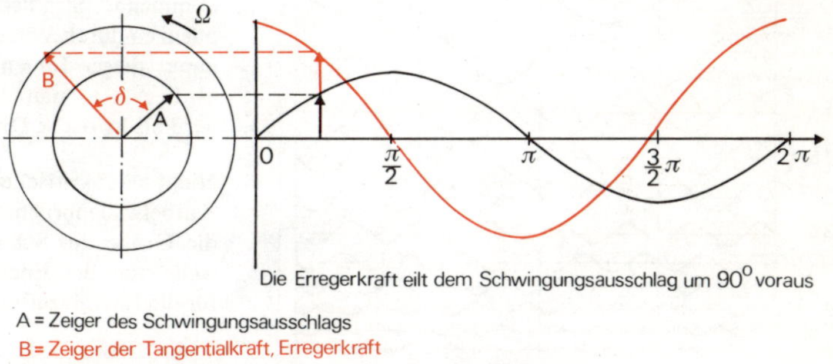

Bild 2.9.5. Zeigerdiagramm

moment) als auch Drehsteifigkeit (Bild 2.9.6). Das Massenträgheitsmoment wird durch die Scheibe und die Drehsteifigkeit durch das Wellenstück verkörpert. Zu den Massen der Kröpfung kommt noch die halbe oszillierende Masse hinzu. Das Schwungrad wird ebenfalls als Scheibe abgebildet. Die Berechnung der Ersatzwellenstücke geschieht durch teilweise empirisch gefundene Formeln.

Nach Abbildung der Kurbelwelle auf ihr Ersatzsystem werden dafür die Eigenschwingungsformen und Eigenfrequenzen bestimmt. **Ein System mit n Scheiben kann nach $n-1$ Eigenschwingungsformen schwingen.** Zu jeder Eigenschwingungsform gehört dabei eine Eigenfrequenz, d. h., es treten $n-1$ **Eigenfrequenzen auf. Eigenschwingungsform und Eigenfrequenz werden mit der Bezeichnung Grad versehen.** Die Eigenfrequenz 1. Grades gehört zur Grundschwingung, die Eigenfrequenz 2. Grades zur 1. Oberschwingung usw. Meist genügt es, die Eigenfrequenzen 1. und 2. Grades zu kennen, da für die höheren Oberschwingungen normalerweise keine Resonanzgefahr mehr besteht.

Nachdem Eigenschwingungsformen und Eigenfrequenzen bestimmt sind, müssen die **Resonanzstellen** gesucht werden. **Als Erregerkräfte treten die aus den Gas- und Massenkräften herrührenden Tangentialkräfte auf.** Diese lassen sich in **harmonische Teilkräfte** zerlegen, von denen jede schwingungserregend wirkt. Eine harmonische Kraft wird durch eine Sinus- oder Cosinusfunktion dargestellt. **Die Harmonische** (Abk. für harmonische Teilkraft) **wird mit 1. Ordnung, 2. Ordnung usw. bezeichnet. Die Ordnungszahl gibt dabei an, wieviel mal die Harmonische je Kurbelwellenumdrehung schwingt.**

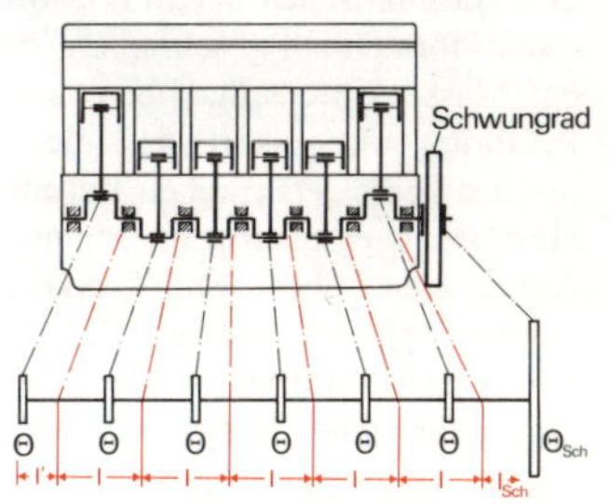

Bild 2.9.6. Ersatzsystem

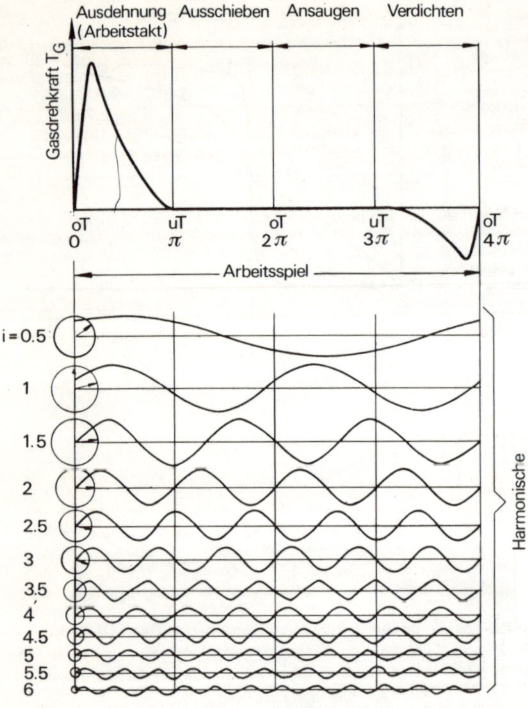

Bild 2.9.7. Harmonische Analyse (Fourier-Analyse) für einen Viertaktmotor

Die Zerlegung der Gasdrehkraft in Harmonische geschieht mittels **Fourieranalyse** (Bild 2.9.7). Da beim Viertaktmotor die Periode des Arbeitsspiels über zwei Umdrehungen der Kurbelwelle geht, treten Harmonische 0,5. Ordnung, 1. Ordnung, 1,5. Ordnung usw. auf. Beim Zweitaktmotor gibt es nur Harmonische 1. Ordnung, 2. Ordnung, 3. Ordnung usw.

Die Harmonischen der Massendrehkraft lassen sich direkt formelmäßig schreiben, denn die Gleichung der Massenkraft enthält bereits Cosinusglieder. Die Erfahrung hat gelehrt, daß die Massenkraftharmonischen keine gefährlichen Resonanzen anregen. Die Harmonischen niedriger Ordnung haben zwar große Amplituden, aber ihre Erregerschwingungszahlen reichen nicht an die Eigenfrequenz 1. Grades heran. Die höheren Harmonischen sind nicht stark genug, um gefährliche Resonanzschwingungen herbeizuführen. **So genügt es, bei der Bestimmung der Resonanzstellen die Harmonischen der Gasdrehkraft zugrunde zu legen.**

Die **Erregerfrequenz** und die **Erregerkreisfrequenz** einer Harmonischen errechnen sich nach den Formeln:

$$\nu_{err} = i\, n$$
$$\Omega_i = i\, \omega$$

n = Drehzahl der Kurbelwelle
ω = Winkelgeschwindigkeit der Kurbelwelle
i = Ordnungszahl der Harmonischen

Die **Erregerfrequenz** ist im Gegensatz zur Eigenfrequenz nicht konstant, sondern **ändert sich proportional zur Motordrehzahl,** wie aus vorstehender Formel hervorgeht. Trägt man beide Frequenzen über der Motordrehzahl auf, so werden die Erregerfrequenzen durch aus dem Koordinatenursprung kommende Strahlen dargestellt und die Eigenfrequenzen durch Waagerechte (Bild 2.9.8). Im Schnittpunkt dieser Linien sind beide Frequenzen gleich; es liegt Resonanz vor. Die zugehörige Drehzahl wird als **kritische Drehzahl** bezeichnet.

Nicht alle kritischen Drehzahlen führen zu einem Kurbelwellenbruch. Es wurde bereits erwähnt, daß die Größe des Schwingungsausschlags der Kurbelwelle von der Energiezufuhr abhängt. Maßgebend für die **Energiezufuhr** ist:

1. die Stärke der Erregerharmonischen,
2. die Größe des Schwingungsausschlags der Kurbelwelle,
3. der Phasenwinkel zwischen der Harmonischen und dem Schwingungsausschlag.

Da nicht immer eine große Erregerkraft mit einem großen Schwingungsausschlag unter dem für die

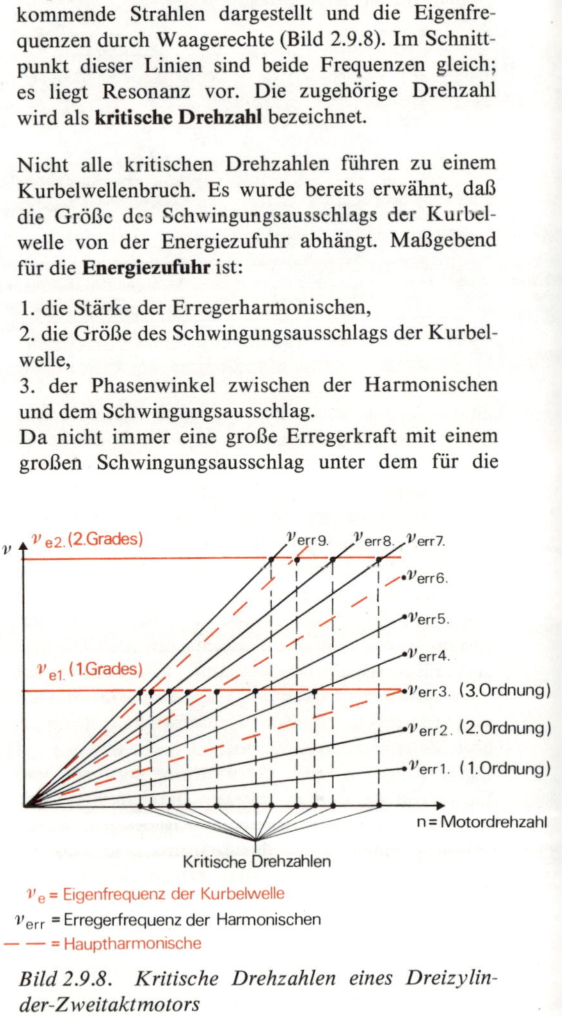

Bild 2.9.8. Kritische Drehzahlen eines Dreizylinder-Zweitaktmotors

Energiezufuhr günstigsten Phasenwinkel zusammenkommen, gibt es durchaus Resonanzzustände, die nicht zum Bruch der Kurbelwelle führen. **Der günstigste Phasenwinkel liegt dann vor, wenn die Harmonische in ihrer Schwingung dem Schwingungsausschlag um 90° voreilt.**

Die Schwingungsausschläge der Kurbelwelle an den Kröpfungen sind bei der Eigenschwingungsform 1. Grades alle in Phase und bei der Eigenschwingungsform 2. Grades in Phase und in Gegenphase (Phasenverschiebung 180°), Bild 2.9.9.

Der Phasenwinkel zwischen den Harmonischen der einzelnen Zylinder ist:

$$\Delta\psi = i\,\zeta$$

ζ = Zündabstand,
bei Viertaktmotor: $\zeta = 720°/z$
bei Zweitaktmotor: $\zeta = 360°/z$
z = Zylinderzahl

Ist der Phasenwinkel $\Delta\psi$ ein ganzzahliges Vielfaches von 360°, so sind die Harmonischen wieder phasengleich. Dafür gilt die Gleichung:

$$\Delta\psi = i\,\zeta = m\,360° \quad \text{mit} \quad m = 1, 2, \ldots$$

Diese **phasengleichen Harmonischen** regen die Kurbelwelle natürlich zu stärkeren Schwingungen an, als wenn sie gegeneinander phasenverschoben sind. Sie heißen **Hauptharmonische** und **ihre Ordnungszahl** erhält man aus der Formel:

$$i = \frac{m\,360°}{\zeta}$$

Ersetzt man den Zündabstand ζ nach vorstehenden Gleichungen, so wird für den

Viertaktmotor: $i = m\,z/2$ und für den
Zweitaktmotor: $i = m\,z$.

Alle anderen Harmonischen nennt man **Nebenharmonische.** Es kann allerdings eine Nebenharmonische niedriger Ordnung gefährlicher sein als eine Hauptharmonische höherer Ordnung, weil es bei der Schwingungserregung auch auf die Stärke der Harmonischen ankommt.

Zum Berechnen der durch die Schwingungen hervorgerufenen Torsionsspannung muß man die Schwingungsamplituden der Kurbelwelle kennen. Da bei schwacher Dämpfung im Resonanzfall die Schwingungsform nur wenig von der bekannten Eigenschwingungsform abweicht, legt man diese zur Bestimmung der Schwingungsamplituden zugrunde. Kennt man außerdem die Harmonischen, ihre gegenseitige Phasenlage und die Stärke der Dämpfung, so kann man die Schwingungsamplituden ermitteln.

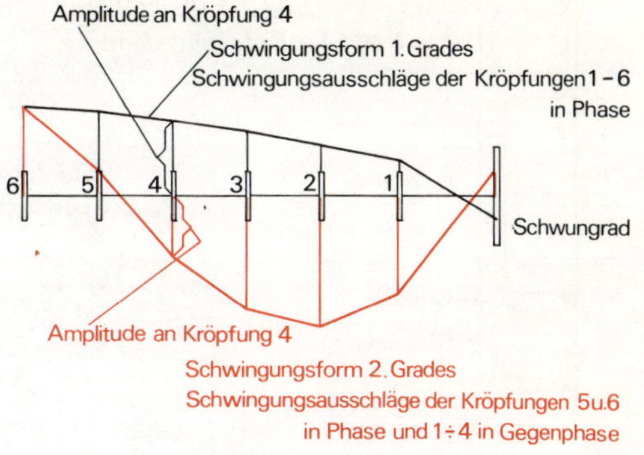

Bild 2.9.9. Schwingungsformen 1. und 2. Grades für einen Sechszylindermotor

Die Torsionsspannung ist in dem Wellenstück am größten, in dem die Differenz der Schwingungsamplituden zweier benachbarter Scheiben einen Größtwert hat. Dieser Größtwert tritt dort auf, wo der Schwingungsknoten liegt. Die Torsionsspannung, die durch die Schwingung entsteht, überlagert sich der Torsionsspannung, die infolge des Drehmoments auftritt. Für die Schwingung errechnet man die Torsionsspannung nach der Formel:

$$\tau_{Sch} = M_{Sch}/W_p \quad \text{mit} \quad M_{Sch} = c\,\Delta\varphi$$

M_{Sch} = Drehmoment infolge Schwingung
$\Delta\varphi$ = Verdrehwinkeldifferenz zweier benachbarter Scheiben (Kurbelkröpfungen)
W_p = polares Widerstandsmoment des Kurbelzapfens; der Kurbelzapfen ist die schwächste Stelle der Welle

Die vorstehende Berechnung der Torsionsspannung beruht auf der Annahme, daß der Schwingungsausschlag nur durch die Harmonische erzeugt wird, mit der die Welle gerade in Resonanz schwingt. Die in diesem Fall durch alle anderen Harmonischen hervorgerufene Torsionsspannung ist nämlich vernachlässigbar klein.

Da die Welle auch noch durch das Nutzdrehmoment belastet ist, findet man die Stelle der größten Beanspruchung dadurch, daß man beide Torsionsspannungen über der Längsachse der Kurbelwelle aufzeichnet und überlagert. Für die Größe der zulässigen Torsionsspannung ist die Dauerfestigkeit maßgebend. Wird diese infolge von Resonanz überschritten, so müssen Konstrukteur und Schwingungsfachmann gemeinsam für Abhilfe sorgen. Dafür bieten sich folgende Möglichkeiten an:

1. **Erhöhung der Eigenfrequenz** der Kurbelwelle, damit die gefährlichen kritischen Drehzahlen nicht

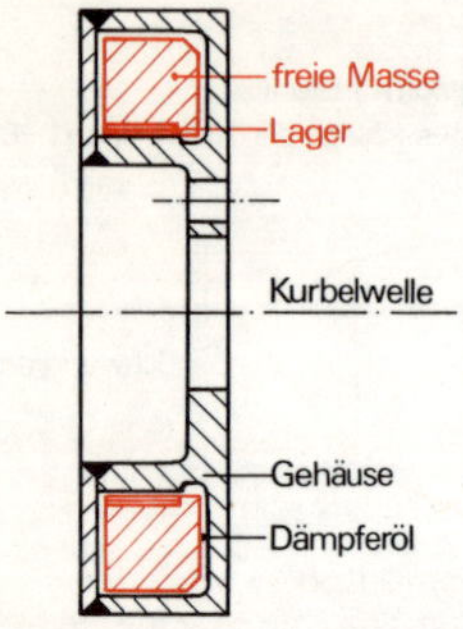

Bild 2.9.10. Öl-Drehschwingungsdämpfer

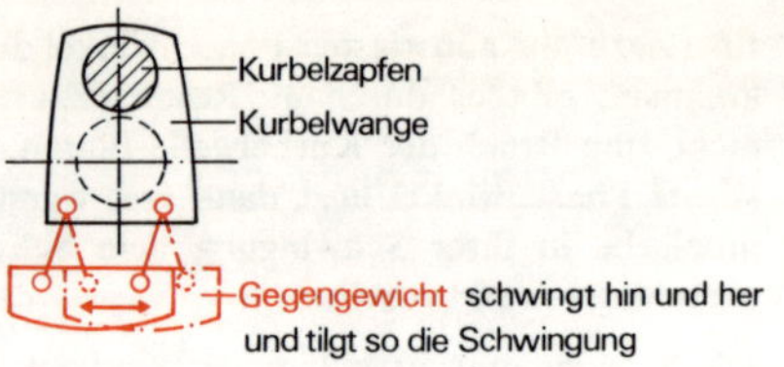

Bild 2.9.11. Schwingungstilger

mehr im Betriebsdrehzahlbereich liegen. Die Eigenfrequenz wächst, wenn die Kurbelwelle steifer gebaut wird (dickere Zapfen und kürzere Lager).

2. Falls eine Nebenharmonische die gefährliche Resonanz erzeugt, hilft eine **Änderung der Zündfolge.** Bei Resonanzen durch Hauptharmonische ist diese Maßnahme unwirksam.

3. Anbau eines **Schwingungsdämpfers** an die Kurbelwelle (Bild 2.9.10).

4. Anbau eines **Schwingungstilgers** (Bild 2.9.11). Dieser sorgt dafür, daß eine Harmonische, für die er ausgelegt ist, keine gefährlichen Schwingungen anregen kann. Im Resonanzfall führt dann zwar der Tilger kleine Schwingungen aus, aber die Welle bleibt vollkommen ruhig. Im Gegensatz zum Schwingungsdämpfer, der mechanische Energie über Reibung in Wärme verwandelt, arbeitet der Tilger verlustlos. Nachteilig ist nur, daß man für jede Harmonische, die ausgelöscht werden soll, einen Tilger braucht. Der Tilger wird als bewegliches Gegengewicht ausgebildet.

5. **Sperren bestimmter Drehzahlbereiche.** Damit keine gefährlichen Resonanzen auftreten, dürfen diese Drehzahlbereiche zwar schnell durchfahren werden, aber der Motor darf im Sperrbereich nicht für längere Zeit betrieben werden.

3. Wärmetechnische Grundlagen

In diesem Kapitel werden die wärmetechnischen Grundlagen behandelt, die mit dem Verbrennungsmotor eng verknüpft sind. Im übrigen werden die Grundkenntnisse der Wärmetechnik vorausgesetzt.

3.1. Arbeitsverfahren

Das Arbeitsverfahren ist der Vorgang, nach dem sich im Motor die Umwandlung der im Kraftstoff zugeführten Energie in mechanische Arbeit vollzieht. Man unterscheidet zwei Arbeitsverfahren:

Zweitakt- und Viertaktverfahren.

Nach diesen beiden Verfahren arbeiten sowohl Diesel- als auch Ottomotoren. Fast alle Motoren werden heute einfachwirkend ausgeführt, d. h., nur eine Kolbenseite kommt mit den Verbrennungsgasen in Berührung.

3.1.1. Viertaktverfahren

Der Begriff Takt bedeutet beim Motor soviel wie Hub. **Das Viertaktverfahren erstreckt sich über 4 Hübe oder 2 Kurbelwellenumdrehungen.** In den einzelnen Takten laufen im Motor folgende Vorgänge ab:

1. Takt, Ansaugen

Der Kolben bewegt sich bei offenem Einlaß- und geschlossenem Auslaßventil von OT nach UT und saugt dabei frische Ladung in den Zylinder. In diesem herrscht ein Unterdruck von wenigen Zehntel Atmosphären.

2. Takt, Verdichten

Bei geschlossenen Ventilen läuft der Kolben von UT nach OT und verdichtet die Ladung. Druck und Temperatur steigen. Ihre Endwerte betragen:

Dieselmotor etwa 30 bis 50 bar und 550 bis 700 °C
Ottomotor etwa 10 bis 16 bar und 350 bis 450 °C

3. Takt, Arbeitstakt

Die Ventile sind geschlossen. Die Verbrennung des Kraftstoffs beginnt etwa in Kolbenstellung OT. Als Folge davon steigen Temperatur und Druck und erreichen folgende Höchstwerte:

Dieselmotor etwa 2000 °C und 60 bis 100 bar
Ottomotor etwa 2500 °C und 40 bis 70 bar

Nach der Verbrennung dehnt sich das Gas aus. Nur während dieses Taktes wird vom Gas Arbeit auf den Kolben übertragen; während der drei anderen Takte muß der Kolben Arbeit am Gas leisten.

4. Takt, Ausschieben

Bei geöffnetem Auslaß- und geschlossenem Einlaßventil schiebt der Kolben die verbrauchte Ladung aus dem Zylinder hinaus. Dabei herrscht im Zylinder ein geringer Überdruck.

Im Bild 3.1.1 sind die vier Takte und das zugehörige *p,V*-Diagramm dargestellt.

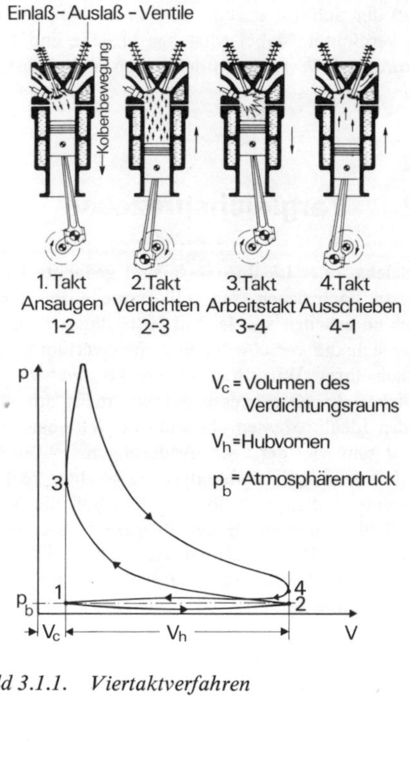

Bild 3.1.1. Viertaktverfahren

3.1.2. Zweitaktverfahren

Beim Zweitaktverfahren dauert das Arbeitsspiel nur 2 Hübe oder 1 Kurbelwellenumdrehung. Es ist aber nicht so, daß die beiden Takte Ansaugen und Aus-

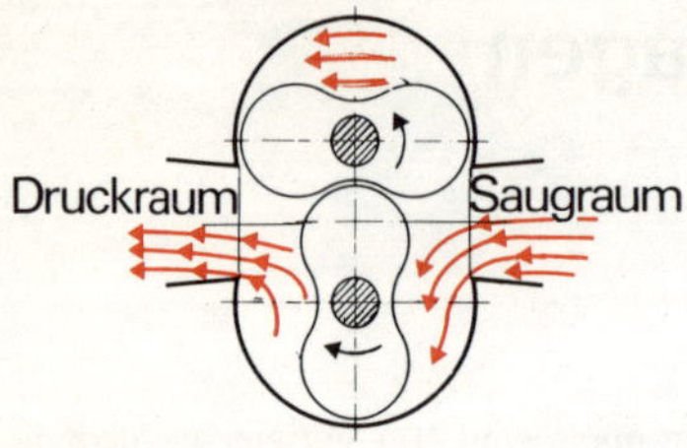

Bild 3.1.2. Spülgebläse (Drehkolbengebläse)

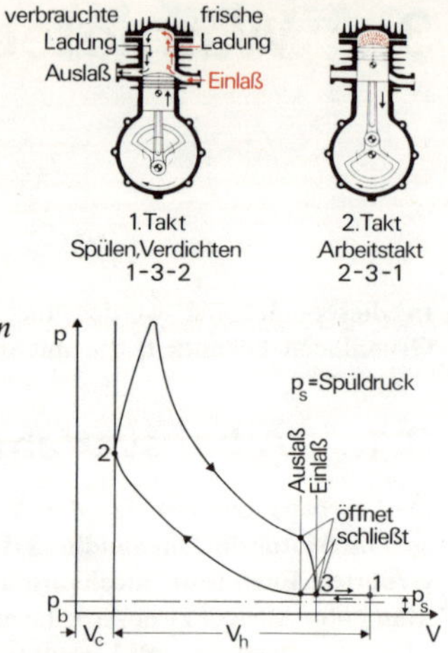

Bild 3.1.3. Zweitaktverfahren

schieben vollständig eingespart würden, sondern sie laufen in einer anderen Maschine, nämlich im Spülgebläse, ab. Beim Zweitakt-Ottomotor arbeitet die Kolbenunterseite als Spülgebläse. Da der Dieselmotor mehr Luft benötigt als die Kolbenunterseite liefern kann, baut man bei ihm ein besonderes Gebläse an (Bild 3.1.2).

Das Arbeitsspiel des Zweitaktmotors läuft wie folgt ab:

1. Takt, Spülen und Verdichten

Der Kolben bewegt sich von UT nach OT. Solange der Kolben die Einlaß- und Auslaßschlitze noch nicht verdeckt, spült die frische Ladung die verbrauchte aus dem Zylinder hinaus. Zu diesem Zweck wird sie im Spülgebläse auf einen Druck verdichtet, der etwas größer ist als der Abgasdruck. Nach Abschluß der Schlitze durch den Kolben wird die Ladung verdichtet. Dabei entstehen Drücke und Temperaturen mit Werten, ähnlich denen beim Viertaktmotor.

2. Takt, Arbeitstakt

Die Verbrennung beginnt wie beim Viertaktmotor etwa in der OT-Stellung des Kolbens. Temperatur und Druck erreichen ungefähr dieselben Werte wie beim Viertaktmotor. Danach dehnt sich das Gas aus. Sobald der Kolben die Auslaßschlitze freigibt, pufft das verbrannte Gas in die Abgasanlage. Kurz danach öffnen sich auch die Einlaßschlitze, und die einströmende frische Ladung spült das Abgas aus dem Zylinder hinaus. In Bild 3.1.3 sind die beiden Takte und das p,V-Diagramm dargestellt.

3.2. Vergleichsprozesse

Vergleichs- oder Idealprozesse sind gedachte Kreisprozesse, nach denen eine vollkommene oder ideale Maschine arbeiten würde. Mit Hilfe dieser Prozesse lassen sich die verschiedenen Arbeitsverfahren hinsichtlich ihrer Wirtschaftlichkeit vergleichen. Die wirklichen Arbeitsprozesse weichen meist erheblich von den Idealprozessen ab, und ihre Wirtschaftlichkeit ist sehr viel geringer. Änderungen im Prozeßablauf lassen sich im Idealprozeß leichter rechnerisch untersuchen und ihr Einfluß auf die Wirtschaftlichkeit des wirklichen Prozesses abschätzen. So stellen die Vergleichsprozesse wichtige Hilfsmittel bei der Wahl des Arbeitsablaufes in der wirklichen Maschine dar.

Für den Ottomotor wurde als Vergleichsprozeß der Gleichraumprozeß und für den Dieselmotor der gemischte Vergleichsprozeß oder Seiligerprozeß gewählt (Bild 3.2.1).

An einen **vollkommenen oder idealen Motor** werden folgende Anforderungen gestellt:

1. Alle Abmessungen sind die gleichen wie beim wirklichen Motor.
2. Im Zylinder befindet sich nur reine Ladung, kein Restgas vom vorangegangenen Arbeitsspiel.
3. Das Luftverhältnis λ ist das gleiche wie beim wirklichen Motor.
4. Der Kraftstoff verbrennt vollständig (bei $\lambda \geqq 1$).
5. Die Verbrennung läuft nach genau vorgegebener thermodynamischer Gesetzmäßigkeit ab:
Dieselmotor – gemischte Verbrennung,
Ottomotor – Gleichraumverbrennung.
6. Zwischen dem Arbeitsgas und den umgebenden Wänden findet kein Wärmeaustausch statt.

Bild 3.2.1. Vergleichsprozesse

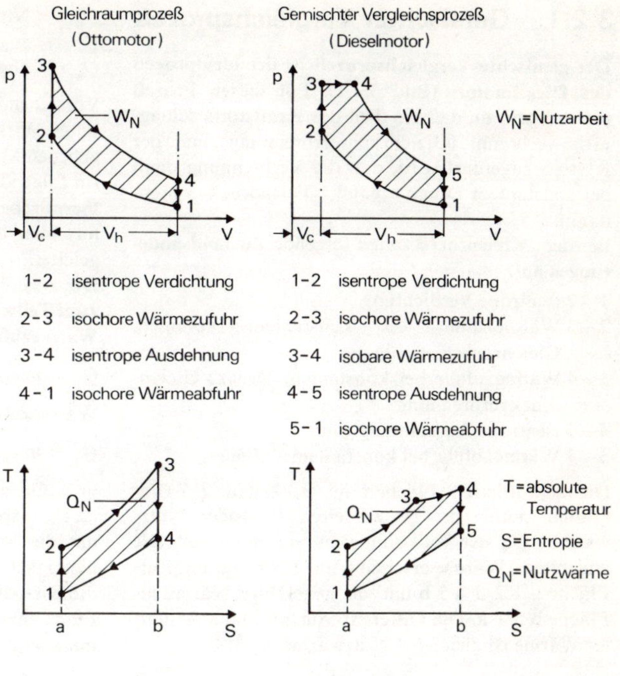

7. Beim Ein- und Ausströmen der Gase treten keine Strömungsverluste auf.

8. Während des Arbeitsspiels entstehen keine Gasverluste durch Undichtigkeiten.

9. Das Arbeitsgas ist kein ideales, sondern ein reales Gas. Das bedeutet, die spezifische Wärmekapazität ändert sich mit der Temperatur, und bei hohen Temperaturen tritt Dissoziation (Zerfall der Moleküle in ihre Atome) auf.

Die Durchrechnung des Kreisprozesses einer vollkommenen Maschine, die alle vorstehenden Anforderungen erfüllt, bringt gute Vergleichswerte, ist aber besonders wegen Punkt 9 recht kompliziert. Eine wesentliche Vereinfachung der Rechnung erzielt man, wenn man den Kreisprozeß im Gegensatz zu Punkt 9 mit idealem Gas durchrechnet. Dann wird zwar der Wirkungsgrad zu groß, aber man erkennt trotzdem, wie er auf Änderungen im Kreisprozeß reagiert. Die Abhängigkeit des Wirkungsgrads vom Luftverhältnis läßt sich so allerdings nicht nachweisen. In Bild 3.2.2 sind Wirkungsgradkurven dargestellt, die nach beiden Rechnungsarten bestimmt wurden.

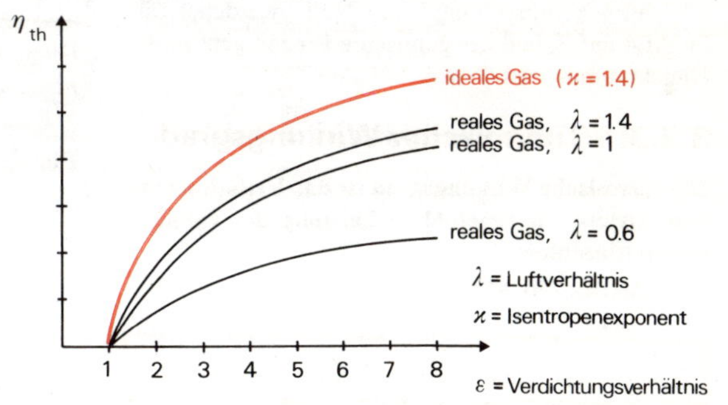

Bild 3.2.2. Wirkungsgradkurven für den idealen Ottomotor (Gleichraumprozeß)

3.2.1. Gemischter Vergleichsprozeß

Der gemischte Vergleichsprozeß ist der Idealprozeß des Dieselmotors (Bild 3.2.1). Für diesen Prozeß nimmt man an, daß ein Teil des Kraftstoffs schlagartig verbrennt (Gleichraumverbrennung) und der Rest so zugeführt wird, daß die Verbrennung dann bei konstantem Druck abläuft (Gleichdruckverbrennung).

Bei dem **Kreisprozeß** treten folgende **Zustandsänderungen** auf:

1 – 2 isentrope Verdichtung
2 – 3 Wärmezufuhr bei konstantem Volumen, Gleichraumverbrennung
3 – 4 Wärmezufuhr bei konstantem Druck, Gleichdruckverbrennung
4 – 5 isentrope Ausdehnung
5 – 1 Wärmeabfuhr bei konstantem Volumen

Die schraffierten Flächen im p,V- und T,S-Diagramm stellen die Nutzarbeiten W_N oder Nutzwärmen Q_N der vollkommenen Maschine dar. Die zugeführte Wärme erscheint im T,S-Diagramm als Fläche a 1 2 3 4 5 b und die abgeführte Wärme als Fläche b 5 1 a. Die Differenz von zu- und abgeführter Wärme ist gleich der Nutzwärme.

3.2.2. Gleichraumprozeß

Der Gleichraumprozeß ist der Idealprozeß des Ottomotors (Bild 3.2.1). Bei diesem Prozeß verbrennt der gesamte Kraftstoff schlagartig, d. h. bei konstantem Volumen.

Der **Kreisprozeß** besteht aus folgenden **Zustandsänderungen:**

1 – 2 isentrope Verdichtung
2 – 3 Wärmezufuhr bei konstantem Volumen, Gleichraumverbrennung
3 – 4 isentrope Ausdehnung
4 – 1 Wärmeabfuhr bei konstantem Volumen

Vergleicht man die beiden Prozesse, so erkennt man, daß der **Gleichraumprozeß ein Sonderfall des gemischten Vergleichsprozesses** ist. Läßt man die Gleichdruckverbrennung zu Null werden, fällt Punkt 4 auf 3, und der gemischte Prozeß geht in den Gleichraumprozeß über.

3.2.3. Thermischer Wirkungsgrad

Der thermische Wirkungsgrad ist das Verhältnis von Nutzleistung zu zugeführter Leistung der vollkommenen Maschine:

$\eta_{th} = \dot{Q}_n/\dot{Q}_z$ mit $\dot{Q}_n = \dot{Q}_z - \dot{Q}_a$ wird

$$\eta_{th} = 1 - \dot{Q}_a/\dot{Q}_z \qquad (30)$$

$\dot{Q}_n$ = Nutzwärme je Zeiteinheit
$\dot{Q}_z$ = zugeführte Wärme je Zeiteinheit
$\dot{Q}_a$ = abgeführte Wärme je Zeiteinheit

Vorstehende Formel dient zur Definition des thermischen Wirkungsgrads, zu seiner Berechnung aus gegebenen Motordaten ist sie nicht geeignet.

Im folgenden wird eine **Formel zur Bestimmung des thermischen Wirkungsgrads** zunächst für den gemischten und dann für den Gleichraumprozeß abgeleitet.

Die zugeführte Wärme je Arbeitsspiel setzt sich aus **zwei Teilwärmen** zusammen:

Wärmezufuhr bei V = konst

$$Q_1 = m\,c_v\,(T_3 - T_2) = m\,c_v\,T_2\left(\frac{T_3}{T_2} - 1\right)$$

Wärmezufuhr bei p = konst

$$Q_2 = m\,c_p\,(T_4 - T_3) = m\,c_p\,T_3\left(\frac{T_4}{T_3} - 1\right)$$

m = Gasmasse je Arbeitsspiel
c_v, c_p = spezifische Wärmekapazitäten;
um die Rechnung zu vereinfachen, wird ihre Abhängigkeit von der Temperatur vernachlässigt, und die Dissoziation nicht berücksichtigt.

Führt man den Isentropenexponenten ein, so wird mit $\varkappa = c_p/c_v$:

$$Q_z = Q_1 + Q_2 = m\,c_v\left[\left(\frac{T_3}{T_2} - 1\right)T_2 + \varkappa\left(\frac{T_4}{T_3} - 1\right)T_3\right]$$

Zur weiteren Ableitung werden folgende Größen verwendet:

1. Verdichtungsverhältnis: $\varepsilon = \dfrac{V_h + V_c}{V_c} = \dfrac{V_1}{V_2}$
2. Drucksteigerungsverhältnis: $\xi = \dfrac{p_3}{p_2} = \dfrac{T_3}{T_2}$
3. Einspritzverhältnis: $\psi = \dfrac{V_4}{V_3} = \dfrac{T_4}{T_3}$

Für die isentrope Zustandsänderung von 1 nach 2 gilt: $T_2 = T_1\,\varepsilon^{\varkappa - 1}$

Mit vorstehenden Beziehungen kann man die **je Arbeitsspiel zugeführte Wärme** schreiben:

$$Q_z = m\,c_v\,[(\xi - 1)\,T_1\,\varepsilon^{\varkappa - 1} + \varkappa\,(\psi - 1)\,T_2\,\xi]$$
$$Q_z = m\,c_v\,T_1\,\varepsilon^{\varkappa - 1}[\xi - 1 + \varkappa\,\xi\,(\psi - 1)]$$

Die je Arbeitsspiel abgeführte Wärme ist:

$$Q_a = m\,c_v\,(T_5 - T_1) = m\,c_v\,T_1\left(\frac{T_5}{T_1} - 1\right)$$

Für $\dfrac{T_5}{T_1} = \dfrac{T_5}{T_4}\,\dfrac{T_4}{T_3}\,\dfrac{T_3}{T_2}\,\dfrac{T_2}{T_1}$ erhält man mit

$$\frac{T_5}{T_4} = \left(\frac{V_4}{V_5}\right)^{\varkappa - 1} \text{ und } \left(\frac{V_4}{V_5}\right)^{\varkappa - 1} = \left(\frac{V_4}{V_1}\,\frac{V_2}{V_2}\right)^{\varkappa - 1}$$

$$\left(\frac{V_4}{V_1}\,\frac{V_2}{V_2}\right)^{\varkappa - 1} = \left(\frac{V_4}{V_3}\,\frac{V_2}{V_1}\right)^{\varkappa - 1} = \left(\psi\,\frac{1}{\varepsilon}\right)^{\varkappa - 1}$$

$$\frac{T_5}{T_1} = \left(\psi\,\frac{1}{\varepsilon}\right)^{\varkappa - 1}\,\psi\,\xi\,\varepsilon^{\varkappa - 1} = \psi^{\varkappa}\,\xi$$

Es ist dann die **je Arbeitsspiel abgeführte Wärme:**
$Q_a = m\, c_v\, T_1\, (\psi^{\varkappa} \xi - 1)$

Die Formel für den **thermischen Wirkungsgrad des gemischten Vergleichsprozesses** erhält man aus vorstehenden Gleichungen:

(31)

$$\eta_{th} = 1 - \frac{1}{\varepsilon^{\varkappa - 1}} \, \frac{\psi^{\varkappa} \xi - 1}{\xi - 1 + \varkappa\, \xi\, (\psi - 1)}$$

Mit dieser Formel läßt sich der Wirkungsgrad des vollkommenen Dieselmotors berechnen, denn ε und ξ sind bekannte Daten und ψ kann man aus anderen gegebenen Größen bestimmen, wie noch gezeigt wird.

Der thermische Wirkungsgrad des Gleichraumprozesses entsteht aus Formel (31), indem man $\psi = 1$ setzt. Dann fällt nämlich im Vergleichsprozeß Punkt 4 auf 3. Der gemischte Vergleichsprozeß geht damit in den Gleichraumprozeß über.

Der **Wirkungsgrad des vollkommenen Ottomotors** errechnet sich nach der Formel:

(32)

$$\eta_{th} = 1 - \frac{1}{\varepsilon^{\varkappa - 1}}$$

Bei gleichem Verdichtungsverhältnis ε hat der Gleichraumprozeß den besseren Wirkungsgrad, da der Ausdruck $\frac{\psi^{\varkappa} \xi - 1}{\xi - 1 + \varkappa\, \xi\, (\psi - 1)} > 1$ ist.

Mit wachsendem ε nehmen beide Wirkungsgrade zu.
Das **Verdichtungsverhältnis** beträgt ungefähr:
Dieselmotor 16 bis 24,
Ottomotor 7 bis 10.
Aus diesen Daten geht hervor, daß der Dieselmotor den besseren Wirkungsgrad hat, obwohl sein Kreisprozeß ungünstiger arbeitet als der des Ottomotors.
Zur Berechnung des thermischen Wirkungsgrads des gemischten Vergleichsprozesses benötigt man das **Einspritzverhältnis** ψ. Dieses errechnet man mit Hilfe der Gleichung für die zugeführte Wärme je Arbeitsspiel:
$Q_z = m\, c_v\, T_1\, \varepsilon^{\varkappa - 1} \quad [\xi - 1 + \varkappa\, \xi\, (\psi - 1)]$
Diese Formel wird nach ψ aufgelöst:

$$\psi = \frac{Q_z}{m\, c_v\, T_1\, \varepsilon^{\varkappa - 1} \varkappa\, \xi} - \frac{\xi}{\varkappa\, \xi} + \frac{1}{\varkappa\, \xi} + 1$$

In vorstehender Gleichung kommt der Quotient Q_z/m vor. Beide Größen sind bezogen auf ein Arbeitsspiel einzusetzen. Die Rechnung vereinfacht sich, wenn man beide Größen auf die vollständige Verbrennung von 1 kg Kraftstoff bezieht. Der Wert des Quotienten ändert sich hierdurch nicht. Anstelle von Q_z wird der Heizwert H_u und für m die zur Verbrennung von 1 kg Kraftstoff notwendige Masse m_H eingesetzt.

(33)

$$\psi = \frac{H_u}{m_H\, c_v\, T_1\, \varepsilon^{\varkappa - 1} \varkappa\, \xi} - \frac{1}{\varkappa} + \frac{1}{\varkappa\, \xi} + 1$$

Es ist

m_H $= 1\ \text{kg/kg} + \lambda\, L_{min}$, $[m_H] = \frac{\text{kg Gemisch}}{\text{kg Kraftstoff}}$
λ = Luftverhältnis ($\lambda \geqq 1$)
L_{min} = Luftbedarf, d. h. die kleinste Luftmenge, die zur vollständigen Verbrennung von 1 kg Kraftstoff nötig ist

Beispiel 6
Es soll der thermische Wirkungsgrad eines Ottomotors bestimmt werden.
Gegeben sind:
Verdichtungsverhältnis $\varepsilon = 9$
Isentropenexponent $\varkappa = 1{,}4$

Lösung

$$\eta_{th} = 1 - \frac{1}{\varepsilon^{\varkappa - 1}} = 1 - \frac{1}{9^{0{,}4}}$$

$\underline{\eta_{th} = 0{,}585}$

Beispiel 7
Wie groß ist der thermische Wirkungsgrad eines Dieselmotors, wenn folgende Daten gegeben sind?

Verdichtungsverhältnis	ε	= 20
Ansaugdruck	p_1	= 0,9 bar
Ansaugtemperatur	t_1	= 60 °C
(Beim Ansaugen erwärmt sich die Luft an den heißen Wänden)		
Höchstdruck	p_3	= 80 bar
Heizwert des Dieselöls	H_u	= 42 000 kJ/kg (10 000 kcal/kg)
Luftbedarf	L_{min}	= 14,1 kg/kg
Luftverhältnis	λ	= 1,28
Isentropenexponent	$\varkappa$	= 1,4
spezifische Wärmekapazität	c_v	= 0,72 kJ/kg grd

Lösung
1. Berechnung des **Drucksteigerungsverhältnisses**

$$\xi = p_3/p_2 \quad \text{und} \quad p_2 = p_1\, \varepsilon^{\varkappa}$$

$$\underline{\xi} = \frac{80}{0{,}9\; 20^{1{,}4}} = \underline{1{,}35}$$

2. Berechnung des **Einspritzverhältnisses**

$$\psi = \frac{H_u}{m_H\, c_v\, T_1\, \varepsilon^{\varkappa-1} \varkappa\, \xi} - \frac{1}{\varkappa} + \frac{1}{\varkappa\, \xi} + 1$$

$$m_H = 1\,\text{kg} + \lambda\, L_{min} = 1 + 1{,}28 \cdot 14{,}1 = 19\,\text{kg/kg}$$

$$\psi = \frac{42\,000\,\frac{\text{kJ}}{\text{kg}}}{19\,\frac{\text{kg}}{\text{kg}}\, 0{,}72\,\frac{\text{kJ}}{\text{kg grd}}\, 333\,\text{grd}\; 20^{0{,}4} \cdot 1{,}4 \cdot 1{,}35} - \frac{1}{1{,}4} + \frac{1}{1{,}4 \cdot 1{,}35} + 1$$

Für die spezifische Wärmekapazität wurde der Wert für Luft eingesetzt.

$$\underline{\psi = 2{,}29}$$

3. Berechnung des **thermischen Wirkungsgrads**

$$\eta_{th} = 1 - \frac{1}{\varepsilon^{\varkappa} - 1}\, \frac{\psi^{\varkappa}\, \xi - 1}{\xi - 1 + \varkappa\, \xi\, (\psi - 1)}$$

$$\eta_{th} = 1 - \frac{1}{20^{0{,}4}}\, \frac{2{,}29^{1{,}4} \cdot 1{,}35 - 1}{1{,}35 - 1 + 1{,}4 \cdot 1{,}35\,(2{,}29 - 1)}$$

$$\underline{\eta_{th} = 0{,}644}$$

3.3. Wirklicher Arbeitsprozeß

Der Arbeitsprozeß des wirklichen Motors unterscheidet sich erheblich von dem der vollkommenen Maschine. Es treten folgende **Abweichungen** auf:

1. Im Zylinder befindet sich nicht nur reine Ladung, sondern auch Restgas vom vorangegangenen Arbeitsprozeß.
2. Der Kraftstoff verbrennt nur unvollständig.
3. Die Verbrennung erfolgt weder genau bei konstantem Volumen noch bei konstantem Druck.
4. Das Gas tauscht mit den Wänden Wärme aus.
5. Beim Ein- und Ausströmen treten Strömungsverluste auf.
6. An den Kolbenringen geht Gas verloren.

Der Verlauf des wirklichen Arbeitsprozesses wird mit dem **Indikator** aufgenommen. Dieser zeichnet den Druck im Zylinder über dem Kolbenweg oder der Zeit auf. Aus dem **Indikatordiagramm** lassen sich dann die Abweichungen vom Arbeitsprozeß der vollkommenen Maschine herauslesen. In Bild 3.3.1 ist ein Indikatordiagramm zusammen mit dem Gleichraumdiagramm dargestellt. Man erkennt deutlich die Strömungsverluste beim Ein- und Ausströmen, den Wärmeaustausch mit den Wänden und den abweichenden Verbrennungsvorgang.

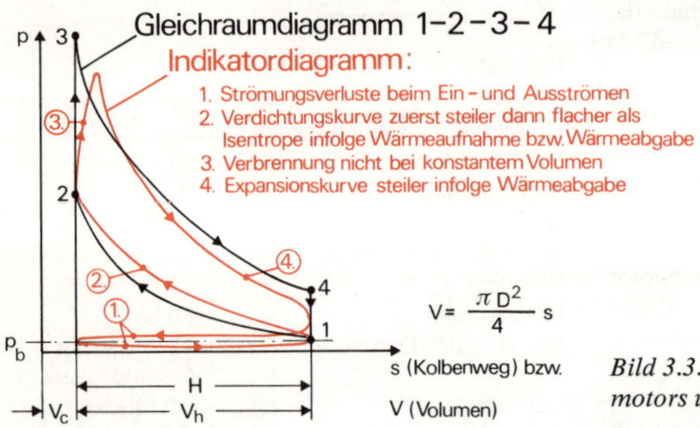

Bild 3.3.1. Indikatordiagramm eines Viertakt-Ottomotors und Gleichraumdiagramm

3.4. Mittlerer Kolbendruck

Die Fläche A des Indikatordiagramms entspricht der in einem Zylinder je Arbeitsspiel geleisteten Arbeit W. Verwandelt man diese Fläche in ein flächengleiches Rechteck (Bild 3.4.1), so entspricht seine Höhe h dem **mittleren Kolbendruck** p_i. Mit Hilfe dieses Drucks kann man die in einem Zylinder je Arbeitsspiel geleistete **Arbeit** schreiben:

$$W = p_i V_h$$

p_i = mittlerer Kolbendruck
V_h = Hubvolumen

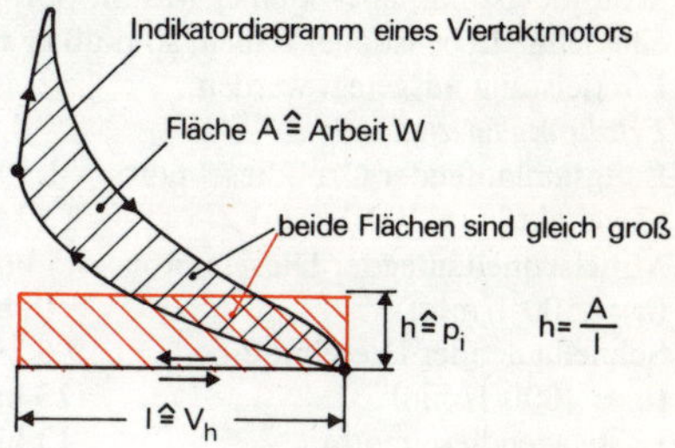

Bild 3.4.1. Mittlerer Kolbendruck

3.5. Leistung

Bei Motoren unterscheidet man verschiedene Leistungen. Dabei kommt es darauf an, an welcher Stelle im Motor und in welchem Betriebszustand die Leistung ermittelt wird.

3.5.1. Innenleistung

Die **Innenleistung** P_i heißt auch **indizierte Leistung,** weil sie aus dem **Indikatordiagramm** bestimmt wird. Sie wird vom Arbeitsgas auf den Kolben übertragen. Mit Hilfe des mittleren Kolbendrucks kann man die Innenleistung berechnen:

(34)

$$P_i = p_i V_h z n i$$

z = Zylinderzahl
n = Drehzahl
i = 1 beim Zweitaktmotor
i = 0,5 beim Viertaktmotor

Diese Formel findet man aus der Überlegung, daß Leistung Arbeit je Zeiteinheit ist.

3.5.2. Nutzleistung

Die **Nutzleistung** oder **effektive Leistung** P_e ist die Leistung, die an der Motorkupplung zur Verfügung steht. Sie ist um die **Reibungsleistung** kleiner als die Innenleistung. **Die Reibungsleistung setzt sich zusammen aus:**

1. Reibungsleistung an den Kolbenringen, in den Lagern und anderen Triebwerksteilen des Motors.
2. Leistung zum Antrieb der für den Motorbetrieb notwendigen Hilfsmaschinen, wie Benzinpumpe, Wasserpumpe, Ölpumpe, Lüfter, Einspritzpumpe, Spülgebläse und leerlaufende Lichtmaschine.

Die Nutzleistung wird mit einer Leistungsbremse gemessen. Die erzielten Meßwerte hängen vom Betriebszustand des Motors ab.

1. Leistungsmessung nach DIN-Norm
Der Motor wird so gemessen, wie er im Betrieb gefahren wird, d. h. mit Ansaugfilter, Abgasanlage, und er treibt alle seine Hilfsmaschinen selbst an.

2. Leistungsmessung nach CUNA-Norm
Diese Meßmethode ist in Italien üblich (CUNA = Commissione Unificazione Normalizzazione Autoveicoli). Der Motor wird dabei ohne Ansaugfilter und Abgasschalldämpfer betrieben. Die gemessene Leistung ist **5 bis 10% größer als die DIN-Leistung.**

3. Leistungsmessung nach SAE-Norm
Stammland dieser Meßmethode ist Amerika (SAE = Society of Automotive Engineers). Bei der Leistungsmessung werden nicht nur Ansaugfilter und Abgasanlage entfernt, sondern alle Hilfsmaschinen werden fremd, d. h. nicht vom Motor, angetrieben. Außerdem werden Zündung und Vergaser auf höchste Leistung eingestellt. Die SAE-Leistung liegt **15 bis 20% über der DIN-Leistung.**

3.5.3. Literleistung

Unter Literleistung versteht man den Quotienten aus Nutzleistung und Gesamthubraum:

(35)

$$P_l = P_e / V_H$$

mit $V_H = z V_h$ in Liter.

Sie ist eine Kenngröße für die Motorbelastung und das Bauvolumen. Große Literleistung heißt hohe Motorbelastung, aber kleiner Motor. Soll ein Motor eine lange Lebensdauer haben, so muß er mit kleiner Literleistung ausgelegt werden.

Erfahrungswerte:

Langsamlaufender Großdieselmotor (Zweitakt, $n \approx 100$ 1/min)	1,5 bis 3 kW/l (2 bis 4 PS/l)
Mittelschnellaufender Dieselmotor ($n \approx 500$ 1/min)	4,5 bis 7,5 kW/l (6 bis 10 PS/l
Schnellaufender Dieselmotor ($n \approx 1000$ 1/min)	9,5 bis 15 kW/l (13 bis 20 PS/l)
Lastwagendieselmotor	13 bis 19 kW/l (18 bis 26 PS/l)
Personenwagenottomotor	22 bis 48 kW/l (30 bi 65 PS/l)
Rennmotor	etwa 110 kW/l (150 PS/l)

3.5.4. Leistungsgewicht

Das Leistungsgewicht ist der Quotient aus Nutzleistung und Motorgewicht (Gewicht in kg als Wägeergebnis). Es ist um so kleiner, je größer die Motordrehzahl gewählt wird.

$$G_p = G/P_e \tag{36}$$

G = Motorgewicht in kg

Erfahrungswerte:

Großdieselmotor	40 bis 55 kg/kW (30 bis 40 kg/PS)
Mittelschnellaufender Dieselmotor	11 bis 19 kg/kW (8 bis 14 kg/PS)
Schnellaufender Dieselmotor	5,5 bis 11 kg/kW (4 bis 8 kg/PS)
Lastwagendieselmotor	4 bis 5,5 kg/kW (3 bis 4 kg/PS)
Personenwagenottomotor	2 bis 4 kg/kW (1,5 bis 3 kg/PS)
Rennmotor	0,4 bis 0,8 kg/kW (0,3 bis 0,6 kg/PS)

3.6. Wirkungsgrad

Der Wirkungsgrad stellt das Verhältnis zweier Leistungen dar. In Kapitel 3.2.3. wurde bereits der thermische Wirkungsgrad vorgestellt. Außer diesem sind zur Beurteilung eines Motors noch andere Wirkungsgrade wichtig.

3.6.1. Gütegrad

Der Gütegrad ist der Quotient aus der Innenleistung und der Leistung der vollkommenen Maschine.

$\eta_g = P_i/P_v$

P_v = Leistung der vollkommenen Maschine

Er sagt aus, wie groß die Güte des wirklichen Motors ist, d. h. wie nahe der wirkliche Arbeitsprozeß dem Vergleichsprozeß kommt.

Erfahrungswerte:

Ottomotor $\eta_g = 0{,}4$ bis $0{,}7$

Dieselmotor $\eta_g = 0{,}6$ bis $0{,}8$

3.6.2. Innenwirkungsgrad

Der Innenwirkungsgrad oder indizierte Wirkungsgrad wird durch das Verhältnis von Innenleistung zu im Kraftstoff zugeführter Wärmeleistung ausgedrückt.

$$\eta_i = P_i/\dot{Q}_z \quad \text{mit} \quad \dot{Q}_z = B\,H_u$$

B = Kraftstoffverbrauch in Kraftstoffmenge je Zeiteinheit

H_u = Heizwert des Kraftstoffs

Der Innenwirkungsgrad läßt sich auch mit Hilfe des thermischen Wirkungsgrads und des Gütegrads angeben.

$$\text{Mit} \quad \eta_{th} = P_v/\dot{Q}_z \quad \text{und} \quad \eta_g = P_i/P_v \quad \text{wird:}$$
$$\eta_i = \eta_{th}\,\eta_g$$

3.6.3. Mechanischer Wirkungsgrad

Durch den mechanischen Wirkungsgrad werden alle Leistungsverluste durch Reibung einschließlich der Antriebsleistung für die Hilfsmaschinen erfaßt.

Er errechnet sich nach der Formel:

$$\eta_m = P_e/P_i$$

Der Wert des mechanischen Wirkungsgrads beträgt etwa 80%.

3.6.4. Nutzwirkungsgrad

Der Nutzwirkungsgrad oder effektive Wirkungsgrad ist das Verhältnis von Nutzleistung zu im Kraftstoff zugeführter Wärmeleistung.

$$\eta_e = \frac{P_e}{B\,H_u}$$

Er läßt sich als Produkt der Teilwirkungsgrade schreiben:

$$\eta_e = \frac{P_e}{P_i}\frac{P_i}{P_v}\frac{P_v}{B\,H_u} = \eta_m\,\eta_g\,\eta_{th} = \eta_m\,\eta_i$$

Für den Nutzwirkungsgrad darf man etwa folgende **Optimalwerte** annehmen:

Ottomotor $\eta_e = 0{,}25$ bis $0{,}30$
Dieselmotor $\eta_e = 0{,}30$ bis $0{,}45$

Diese Optimalwerte werden nur bei einem bestimmten Betriebszustand erreicht, sonst ist der Wirkungsgrad schlechter. Im Leerlauf (Nutzleistung = 0) ist der Nutzwirkungsgrad Null.

3.7. Spezifischer Kraftstoffverbrauch

Der spezifische Kraftstoffverbrauch b_e ist der auf die Leistung bezogene Kraftstoffverbrauch je Zeiteinheit. Als Bezugsleistung wird meist die Nutzleistung eingesetzt.

$$b_e = B/P_e \tag{37}$$

Es ist üblich, B in g/h und P_e in kW (PS) einzusetzen. Der spezifische Kraftstoffverbrauch erhält dann die Einheit g/kWh (g/PSh).

Mit Hilfe der Formel für den Nutzwirkungsgrad

$$\eta_e = \frac{P_e}{B\,H_u}$$

gewinnt man eine weitere Gleichung für den spezifischen Kraftstoffverbrauch:

$$b_e = \frac{1}{\eta_e\,H_u} \tag{38}$$

Wird für Benzin und Dieselöl der Heizwert H_u mit 42 000 kJ/kg angenommen, so läßt sich die Formel noch vereinfachen:

$$b_e = \frac{1}{\eta_e\ 42\,000\ \text{kJ/kg}}$$

Mit 1 kWh = 3600 kJ und
1 kg = 1000 g erhält man die vereinfachte Formel:

$$b_e = \frac{1}{\eta_e\ 42\,000\ \frac{\text{kJ}}{\text{kg}}\ \frac{\text{kWh}}{3600\ \text{kJ}}\ \frac{\text{kg}}{1000\ \text{g}}}$$

$$b_e = \frac{86}{\eta_e} \qquad b_e \text{ in g/kWh} \tag{39a}$$

$$b_e = \frac{63{,}2}{\eta_e} \qquad b_e \text{ in g/PSh} \tag{39b}$$

Für die in Kapitel 3.6.4. angegebenen Nutzwirkungsgrade erhält man mit Formel (39) folgende **Werte für den spezifischen Kraftstoffverbrauch:**

Ottomotor b_e = 345 bis 285 g/kWh
(250 bis 210 g/PSh)
Dieselmotor b_e = 285 bis 190 g/kWh
(210 bis 140 g/PSh)

3.8. Berechnung des mittleren effektiven Kolbendrucks

Der **mittlere effektive Kolbendruck** p_e ist genau wie der mittlere indizierte Kolbendruck p_i eine reine Rechengröße. Er dient dem Konstrukteur zur Auslegung von Motoren.

Auf den mittleren effektiven Kolbendruck kommt man zwangsläufig, wenn man die Formel für die Nutzleistung P_e genauso aufbauen möchte wie Gleichung (34) für die Innenleistung.

$$P_e = p_e\,V_h\,z\,n\,i \tag{40}$$

Nutzleistung und Innenleistung unterscheiden sich durch die Reibungsleistung, und es ist:

$$P_e = P_i\,\eta_m$$

Daraus ergibt sich, daß auch für die beiden mittleren Kolbendrücke die Formel gilt:

$$p_e = p_i \eta_m$$

Durch Umstellung der Gleichung (40) gewinnt man eine Formel für den **mittleren effektiven Kolbendruck:**

(41)

$$p_e = \frac{P_e}{V_h z n i}$$

Für Neukonstruktionen werden Erfahrungswerte für den mittleren effektiven Kolbendruck mit Hilfe von Gleichung (41) erstellt. Dabei setzt man natürlich nur die Daten von bewährten Motoren in die Formel ein.

Es soll nun noch eine weitere Gleichung zur Berechnung des mittleren effektiven Kolbendrucks abgeleitet werden. Bei dieser Ableitung tauchen zwei neue Größen auf, die zuerst einmal erklärt werden sollen.

1. Gemischheizwert

Der Gemischheizwert H_G ist die Wärmemenge, die bei der Verbrennung von 1 m_N^3 Gemisch aus Benzin, Dieselöl oder Gas und Luft frei wird. Bei Benzin und Dieselöl darf das Kraftstoffvolumen gegenüber dem Luftvolumen vernachlässigt werden. Für **Benzin und Dieselöl** gelten daher die Formeln:

$$H_G = \frac{H_u}{\lambda L_{min}} \quad \text{für} \quad \lambda \geqq 1 \qquad (42)$$

$$H_G = \frac{H_u}{L_{min}} \quad \text{für} \quad \lambda \leqq 1 \qquad (43)$$

L_{min} = Luftbedarf λ = Luftverhältnis

Bei **gasförmigen Kraftstoffen** muß das Gasvolumen berücksichtigt werden, und man erhält die Formeln:

$$H_G = \frac{H_u}{1 + \lambda L_{min}} \quad \text{für} \quad \lambda \geqq 1 \qquad (44)$$

$$H_G = \frac{\lambda H_u}{1 + \lambda L_{min}} \quad \text{für} \quad \lambda \leqq 1 \qquad (45)$$

In den Formeln (43) und (45) kommt zum Ausdruck, daß bei einem Luftverhältnis kleiner 1, der Kraftstoff nicht vollständig verbrennen kann. In vorstehenden Gleichungen sind die Größen so einzusetzen, daß die **Einheit des Gemischheizwertes kJ/m_N^3** ist. Die „1" im Nenner der Gleichungen (44) und (45) steht für 1 m_N^3 Gas im Gemisch.

2. Liefergrad

Der Liefergrad ist das Verhältnis der nach der Füllung tatsächlich im Zylinder befindlichen Frischladungsmasse m_z zu der theoretischen Masse m_{th}, die im Zylinder sein könnte, wenn das Hubvolumen mit Frischladung vom Außenzustand gefüllt würde.

(46)

$$\lambda_l = m_z/m_{th} \qquad \text{mit } m_{th} = \rho_a V_h$$

ρ_a = Dichte der Frischladung bei Druck und Temperatur der Außenluft

In der Annahme, daß das ganze Hubvolumen mit frischer Ladung gefüllt ist, errechnet sich die tatsächliche Masse

$m_z = \rho_z V_h$
ρ_z = Dichte der Frischladung im Zylinder

Damit wird:

$$\lambda_l = \frac{\rho_z}{\rho_a}$$

Der Quotient $\frac{\rho_z}{\rho_a}$ läßt sich mit Hilfe von Druck und Temperatur ausdrücken, und man erhält:

$$\lambda_l = \frac{\rho_z}{\rho_a} = \frac{T p_z}{T_z p}$$

T = absolute Temperatur der Außenluft
T_z = absolute Temperatur der Zylinderladung
p = absoluter Druck der Außenluft
p_z = absoluter Druck im Zylinder

Die Temperatur T_z ist größer als T, da sich die Ladung beim Einströmen an den heißen Wänden erwärmt. Der Druck p_z ist infolge der Verluste beim Einströmen kleiner als p.

Die Annahme, daß das ganze Hubvolumen mit frischer Ladung gefüllt ist, trifft für den Viertaktmotor zu. Beim Zweitaktmotor vermischt sich beim Spülen die frische Ladung teilweise mit dem verbrauchten Gas, so daß hier nicht der ganze Hubraum frische Ladung enthält.

Erfahrungswerte:
Viertaktmotor λ_l = 0,7 bis 0,9
Zweitaktmotor mit
Kurbelkammergebläse λ_l = 0,5 bis 0,7

Bei dem Kurbelkammergebläse fördert die Kolbenunterseite die Spülluft (Bild 8.2.5).

Nach dieser Vorbetrachtung kann nun die **Ableitung der Formel für** p_e folgen. Dazu schreibt man die Gleichung der Nutzleistung in der Form:

$$P_e = \dot{Q}_z \eta_e = \dot{Q}_z \eta_{th} \eta_g \eta_m$$

Die je Zeiteinheit zugeführte Wärmemenge ist:

$$\dot{Q}_z = H_G \frac{m_z}{\rho_0} z\, n\, i$$

ρ_0 = Normdichte der Frischladung.

Mit $m_z = \lambda_l\, m_{th}$ und $m_{th} = \rho_a V_h$ wird:

$$\dot{Q}_z = H_G\, \lambda_l \frac{\rho_a}{\rho_0} V_h\, z\, n\, i$$

$\dot{Q}_z$ wird in die Gleichung von P_e eingesetzt:

$$P_e = \eta_{th}\, \eta_g\, \eta_m \quad H_G\, \lambda_l \frac{\rho_a}{\rho_0} V_h\, z\, n\, i$$

Für die Nutzleistung ist auch die Formel bekannt:

$$P_e = p_e\, V_h\, z\, n\, i$$

Setzt man beide Formeln für P_e gleich, dann erhält man die gesuchte Gleichung für den **mittleren effektiven Kolbendruck:**

(47)

$$p_e = \eta_{th}\, \eta_g\, \eta_m\, \lambda_l\, H_G \frac{\rho_a}{\rho_0}$$

Da Gleichung (47) eine Größengleichung ist, bekommt p_e die gleiche Einheit wie der Gemischheizwert. Diese muß man dann in eine für p_e übliche Einheit verwandeln, z. B. N/m² oder N/cm² (kp/cm²).

Beispiel 8

Für einen Pkw-Ottomotor (Viertakt) sind folgende Daten bekannt:

Nutzleistung	P_e = 88 kW bei
Drehzahl	n = 5500 1/min
spez. Kraftstoffverbr.	b_e = 270 g/kWh
Zylinderzahl	z = 6
Zylinderdurchmesser	D = 87 mm
Kolbenhub	H = 70 mm

Es sollen berechnet werden:
1. Literleistung
2. mittlerer effektiver Kolbendruck
3. Nutzwirkungsgrad

Lösung

1. Literleistung

$$P_l = P_e / V_H \quad \text{mit} \quad V_H = z\, V_h$$

$$\text{und} \quad V_h = \frac{\pi}{4} D^2 H$$

$$V_H = 6 \frac{\pi}{4} 8{,}7^2 \cdot 7{,}0\ \text{cm}^3 = 2500\ \text{cm}^3$$

$$\underline{P_l} = 88\ \text{kW}/2{,}5\ \text{l} = \underline{35\ \text{kW/l}}$$

2. mittlerer effektiver Kolbendruck

$$p_e = \frac{P_e}{V_h\, z\, n\, i}$$

$$p_e = \frac{88\ \text{kW}}{2{,}5 \cdot 10^{-3}\ \text{m}^3\ 91{,}6 \frac{1}{\text{s}}\ 0{,}5}$$

$$p_e = 770 \frac{\text{kW s}}{\text{m}^3}$$

1 W s = 1 N m

$$\underline{p_e = 770\,000 \frac{\text{N}}{\text{m}^2}}$$

3. Nutzwirkungsgrad

$$\eta_e = 86/b_e$$

$$\underline{\eta_e} = 86/270 = \underline{0{,}318}$$

4. Berechnung der Hauptabmessungen

Zylinderdurchmesser *D*, Kolbenhub *H* und Zylinderzahl *z* werden als Hauptabmessungen bezeichnet, denn sie bestimmen die Hauptmaße (Einbaumaße) eines Motors. Die Hauptabmessungen müssen vor Beginn der eigentlichen Konstruktionsarbeit festgelegt werden. Zu ihrer Ermittlung erhält der Konstrukteur folgende Angaben:

1. Nutzleistung und Gesamthubraum, wenn der Motor der Hubraumsteuer (Pkw, Motorrad) unterliegt.
2. Nutzleistung und Drehzahl bei allen anderen Motoren.

Außer diesen Angaben muß die Motorbauart bekannt sein. Bei der Wahl der Motorbauart spielen die geforderte Nutzleistung, Kundenwünsche und Firmentradition eine Rolle. Die folgende Aufstellung soll bei der **Bauartwahl** helfen.

Nutzleistung bis 7 kW (10 PS)
Zweitaktottomotor, Viertaktdieselmotor;
Ausnahme: Viertaktottomotor.

Motorradmotoren über 7 kW (10 PS)
Viertaktottomotor

Personenwagenmotoren
Viertaktottomotor;
Ausnahme: Viertaktdieselmotor,
Zweitaktottomotor.

Lastwagenmotoren
Viertaktdieselmotor,
für kleine Lkw auch Viertaktottomotor.

Schiffsmotoren, stationäre Motoren
bis zu 13 000 kW (18 000 PS):
Zwei- und Viertaktdieselmotor,
über 13 000 kW (18 000 PS):
Zweitaktdieselmotor.

Die größten Motoren leisten heute mit 12 Zylindern 35 000 kW (48 000 PS).

Einige Bemerkungen sollen die vorstehende Aufstellung noch etwas erhellen. Zweitaktottomotoren sind wegen ihres einfachen Aufbaus billig in der Herstellung, aber ihr spezifischer Kraftstoffverbrauch ist groß. Sie eignen sich deshalb am besten für kleine Leistungen bei nicht allzu häufigem Einsatz (Rasenmäher-, Mopedmotor). Viertaktottomotoren sind teurer in der Anschaffung, aber wirtschaftlicher im Betrieb. Den geringsten spezifischen Kraftstoffverbrauch haben die Dieselmotoren. Durch die schwerere Bauart und das Einspritzsystem ist ihr Anschaffungspreis groß. Bei gleicher Leistung und Drehzahl sind Bauvolumen und Gewicht bei Zweitaktdieselmotoren kleiner als bei Viertaktdieselmotoren. Daher stehen Zweitaktdieselmotoren im Großmotorenbau an erster Stelle.

4.1. Hauptabmessungen bei Motoren mit Hubraumsteuer

Bei der Berechnung der **Hauptmessungen** von Personenwagen- und Motorradmotoren geht man von dem vorgegebenen Hubraum aus und gewinnt daraus die Formeln für *D* und *H*:

$$V_H = \frac{\pi D^2}{4} H z \qquad (48)$$

Mit dem **Hubverhältnis** $k = H/D$ erhält man:

$$V_H = \frac{\pi D^3}{4} k z$$ und daraus

$$D = \sqrt[3]{\frac{4 V_H}{z \pi k}} \qquad (49)$$

$$H = k D \qquad (50)$$

In Formel (49) treten Größen auf, die nach der Erfahrung eingesetzt werden müssen. Deshalb ist es günstig, daß man mit Hilfe der mittleren Kolbengeschwindigkeit, Formel (51), die Rechnung überprüfen kann.

(51)

$$c_m = 2\,H\,n \approx c_{m\,zul}$$

$c_{m\,zul}$ = zulässige mittlere Kolbengeschwindigkeit
Die in Formel (51) benötigte **Drehzahl** gewinnt man aus der umgestellten Leistungsformel:

$$n = \frac{P_e}{p_e\,V_h\,z\,i}$$

Zeigt die errechnete mittlere Kolbengeschwindigkeit eine genügend genaue Übereinstimmung mit der zulässigen, so wurden die Hauptmessungen richtig bestimmt. Im anderen Fall muß die ganze Rechnung mit verbesserten Erfahrungswerten nochmals durchgeführt werden.

Erfahrungswerte:

1. für die Zylinderzahl

Motorradmotor $z = 1$ oder 2
Pkw-Motor $z = 4$, 6 oder 8 (V-Bauart)

Große Zylinderzahl ergibt zwar gleichmäßiges Drehmoment und guten Massenausgleich, aber der Motor wird teuer.

2. für das Hubverhältnis

$$k = 0{,}6 \text{ bis } 1{,}1$$

Kleines k wird bevorzugt, weil dann der Hub und damit die mittlere Kolbengeschwindigkeit klein werden. Kleiner Hub bedeutet geringe Bauhöhe und kleine mittlere Kolbengeschwindigkeit große Lebensdauer. Der Zylinderdurchmesser wird bei kleinem k groß. Dadurch lassen sich große Ventile einbauen, und es entsteht als Folge einer guten Zylinderfüllung ein großer mittlerer effektiver Kolbendruck. Die Nachteile des kleinen Hubverhältnisses sind großer Kolbendurchmesser mit entsprechend hohen Kolben- und Lagerkräften. Außerdem wird, besonders bei großem Verdichtungsverhältnis, der Brennraum sehr flach; damit verbunden sind schlechtere Verbrennung und größere Wandverluste.

3. für den mittleren effektiven Kolbendruck

$$p_e = 70 \text{ bis } 100\ \text{N/cm}^2\ (7 \text{ bis } 10\ \text{kp/cm}^2)$$

4. für die zulässige mittlere Kolbengeschwindigkeit

$$c_{m\,zul} = 10 \text{ bis } 17\ \text{m/s}$$

Die mittlere Kolbengeschwindigkeit sollte mit Rücksicht auf den Verschleiß von Kolbenringen, Kolben und Zylinderbüchse möglichst niedrig gewählt werden.

4.2. Hauptabmessungen bei Angabe von Nutzleistung und Drehzahl

Die Grundlage zur Berechnung der Hauptmessungen bildet die Formel für die **Nutzleistung:**

$$P_e = p_e\,V_h\,z\,n\,i$$

mit $V_h = \dfrac{\pi\,D^3}{4}\,k$ erhält man:

$$P_e = p_e\,\frac{\pi\,D^3}{4}\,k\,z\,n\,i$$

(52)

$$D = \sqrt[3]{\frac{4\,P_e}{p_e\,\pi\,k\,z\,n\,i}}$$

(50)

$$H = k\,D$$

Kontrolle nach Formel (51):

$$c_m = 2\,H\,n \approx c_{m\,zul}$$

In Formel (52) müssen als **Erfahrungswerte** eingesetzt werden: p_e, k, z. Der mittlere effektive Kolbendruck kann auch nach Formel (47) bestimmt werden.

Erfahrungswerte:

1. für den mittleren effektiven Kolbendruck

Lastwagendieselmotoren (Viertakt)
ohne Aufladung $p_e = 60$ bis $90\ \text{N/cm}^2$
mit Aufladung $p_e = 90$ bis $110\ \text{N/cm}^2$
mittelschnellaufende Viertaktdieselmotoren ($n \approx 500$ 1/min)
ohne Aufladung $p_e = 50$ bis $70\ \text{N/cm}^2$
mit Aufladung $p_e = 80$ bis $100\ \text{N/cm}^2$
mit Aufladung und Ladeluftkühlung
$p_e = 120$ bis 140 (180) N/cm^2
langsamlaufende Zweitaktdieselmotoren ($n \approx 100$ 1/min)
mit Aufladung und Ladeluftkühlung
$p_e = 90$ bis $120\ \text{N/cm}^2$

Bei Aufladung liefert ein Ladegebläse die frische Luft mit Überdruck, so daß der Liefergrad $\lambda_l > 1$ wird. Bei großem Aufladegrad steigt die Lufttemperatur durch die Verdichtung im Lader stark an. Deshalb muß die Luft vor Eintritt in den Motor in einem Ladeluftkühler zurückgekühlt werden.

2. für das Hubverhältnis

Lastwagendieselmotoren $k = 0{,}9$ bis 1,2
mittelschnellaufende Viertaktdieselmotoren $k = 1{,}2$ bis 1,4
langsamlaufende Zweitaktdieselmotoren $k = 1{,}8$ bis 2,2

3. für die Zylinderzahl

Lastwagendieselmotoren $z = 6$ oder 8
Bei 8 Zylindern wird die V-Bauart gewählt.
Stationäre Dieselmotoren und Schiffsdieselmotoren
Reihenbauart $z = 1$ bis 12
V-Bauart $z = 8$ bis 20

Bei einem V-Motor sind die Zylinder in V-Form in zwei Reihen angeordnet. Dadurch wird bei großen Zylinderzahlen der Motor und insbesondere die Kurbelwelle kürzer und steifer.

4. für die zulässige mittlere Kolbengeschwindigkeit

Lastwagendieselmotoren $c_{m\,zul} = 10$ bis 11 m/s
mittelschnellaufende Viertaktdieselmotoren $c_{m\,zul} = 6$ bis 8 m/s
langsamlaufende Zweitaktdieselmotoren $c_{m\,zul} = 6$ bis 7 m/s

Beispiel 9

Es sollen die Hauptabmessungen eines Personenwagenmotors bestimmt werden. Gegeben sind:
Nutzleistung $P_e = 145$ kW
Hubraum $V_H = 3$ Liter
Der mittlere effektive Kolbendruck soll nicht geschätzt, sondern berechnet werden.

Lösung

Der Motor arbeitet nach dem Viertaktverfahren, $i = 0{,}5$.

Annahmen: $z = 6$; $k = 0{,}8$.

Der **Zylinderdurchmesser** wird nach Formel (49) berechnet:

$$\underline{D} = \sqrt[3]{\frac{4 \cdot 3000\ \text{cm}^3}{6 \cdot \pi \cdot 0{,}8}} = \underline{9{,}3\ \text{cm}}$$

$$\underline{H} = 0{,}8 \cdot 9{,}3 = \underline{7{,}45\ \text{cm}}$$

Kontrollrechnung mit Formel (51):

Berechnung von p_e nach Formel (47):

$$p_e = \eta_{th}\,\eta_g\,\eta_m\,\lambda_l\,H_G\,\frac{\rho_a}{\rho_0}$$

Berechnung von η_{th}:

$$\eta_{th} = 1 - \frac{1}{\varepsilon^{\varkappa - 1}}$$

Annahmen: $\varepsilon = 9$; $\varkappa = 1{,}4$

$$\underline{\eta_{th}} = 1 - \frac{1}{9^{0,4}} = \underline{0{,}585}$$

Annahmen: $\eta_g = 0{,}68$; $\eta_m = 0{,}83$; $\lambda_l = 0{,}85$

Berechnung von H_G:

$$H_G = \frac{H_u}{L_{min}}, \text{ denn für Höchstleistung ist } \lambda < 1.$$

$H_u = 42\,000$ kJ/kg für Benzin
$L_{min} = 14{,}8$ kg/kg für Benzin
$\rho_0 = 1{,}293\ \text{kg/m}_N^3$ für Luft

$$H_G = \frac{42\,000\,\frac{\text{kJ}}{\text{kg}}\;1{,}293\,\frac{\text{kg}}{\text{m}_N^3}}{14{,}8\,\frac{\text{kg}}{\text{kg}}} = 3670\ \text{kJ/m}_N^3$$

$$\frac{\rho_a}{\rho_0} = \frac{T_0\,p_a}{T_a\,p_0}$$

Annahmen: $T_a = 293$ K; $p_a = 0{,}98$ bar

$$\frac{\rho_a}{\rho_0} = \frac{273 \cdot 0{,}98}{293 \cdot 1{,}015} = 0{,}9$$

$$p_e = 0{,}585 \cdot 0{,}68 \cdot 0{,}83 \cdot 0{,}85 \times$$
$$\times\ 3670\,\frac{\text{kJ}}{\text{m}_N^3} \cdot 0{,}9 = 925\ \text{kJ/m}_N^3$$

$$\underline{p_e = 925\,000\ \text{N/m}^2}$$

Berechnung der Drehzahl:

$$n = \frac{145\ \text{kW}}{925\,\frac{\text{kN}}{\text{m}^2}\;3 \cdot 10^{-3}\ \text{m}^3\;0{,}5} = 105\,\frac{\text{W}}{\text{N m}}$$

$$1\ \text{W} = 1\,\frac{\text{N m}}{\text{s}}$$

$$n = \underline{105\ 1/\text{s}} = 6300\ 1/\text{min}$$

Nun kann man zur Kontrolle die **mittlere Kolbengeschwindigkeit** berechnen:

$$\underline{c_m} = 2 \cdot 0{,}0745\ \text{m}\;105\,\frac{1}{\text{s}} = \underline{15{,}6\ \text{m/s}}$$

Diese mittlere Kolbengeschwindigkeit ist zulässig.

5. Zündung

Die Verbrennung eines Kraftstoff-Luft-Gemischs wird durch die Zündung eingeleitet. Damit eine Zündung erfolgen kann, müssen folgende **Bedingungen** erfüllt sein:

1. Das Gemisch muß zündfähig sein, d. h., seine Zusammensetzung muß innerhalb der Zündgrenzen liegen.
Die Zündgrenzen werden in Vol.-% Kraftstoffdampf im Gemisch ausgedrückt. Sie sind abhängig von der Art des Kraftstoffs und der Temperatur. Mit steigender Temperatur rücken sie weiter auseinander.
2. An mindestens einer Stelle im Gemisch muß die Zündtemperatur erreicht oder überschritten werden. Die Zündtemperatur ist die niedrigste Temperatur, bei der eine Zündung erfolgt. Die Art des Kraftstoffs und die Dichte der Verbrennungsluft bestimmen die Höhe der Zündtemperatur. Bei steigendem Druck nimmt die Zündtemperatur ab.
3. Damit die Zündung durch das Gemisch fortschreitet, muß bei der Verbrennung der bereits gezündeten Gemischteile so viel Wärme entstehen, daß trotz Wärmeverluste die benachbarten Gemischteile mindestens auf Zündtemperatur erhitzt werden. Andernfalls erlischt die Verbrennung.

Tabelle 1

Zündgrenzen, Zündtemperaturen

Kraftstoff	Zündgrenzen in Vol.-%		Zündtemperatur in °C
	untere	obere	
Benzin	1,4	7,0	480 bis 550
Motorenbenzol	2,0	8,0	600 bis 730
Motorenpetroleum	1,5	8,2	etwa 270
Äthanol	2,6	19,0	400 bis 460
Dieselöl	–	–	330 bis 360

5.1. Zündarten

Die Zündung kann auf zwei Arten erfolgen:

Fremdzündung – Selbstzündung

Die Fremdzündung wird beim Ottomotor und die Selbstzündung beim Dieselmotor angewandt. Bei der Fremdzündung benötigt man eine fremde Energiequelle, die die notwendige Wärme und Temperatur liefert. Dagegen stellt sich beim Dieselmotor durch große Verdichtung der Frischluft die Zündtemperatur gewissermaßen von selbst ein.

5.1.1. Fremdzündung

Bereits der Lenoir-Motor war mit einer elektrischen Fremdzündung ausgestattet. Ein Induktionsapparat erzeugte die Spannung, und eine Folge elektrischer Funken zündete das Gas-Luft-Gemisch.

Otto entwickelte für seine ersten Motoren die **Gasflammenzündung** und erfand im Jahr 1884 die **Niederspannungs-Abreißzündung.** In den Brennraum des Motors ragten ein isolierter, feststehender und ein drehbarer Bolzen mit Abreißhebel hinein. Im Ruhezustand lag der Abreißhebel an dem isolierten Bolzen an. Die Niederspannung lieferte eine Spule, die im Zündmoment zwischen den Polen eines Magneten hin und her gedreht wurde. Gleichzeitig hob der Abreißhebel von dem festen Bolzen ab und zog den Zündfunken.

Eine weitere Art der Zündung war die **Glührohrzündung.** Ein nach dem Brennraum hin offenes Röhrchen wurde außen durch eine ständig brennende Gasflamme beheizt (Bild 5.1.1). Während des Verdichtungshubs strömte Gemisch in das glühende Röhrchen und entzündete sich.

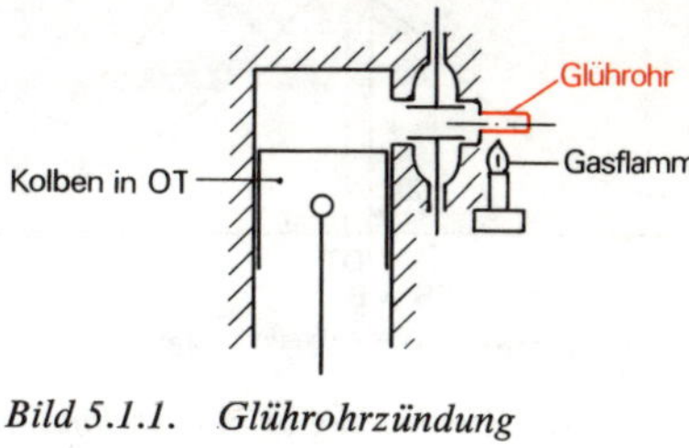

Bild 5.1.1. Glührohrzündung

Kurz nach der Jahrhundertwende wurde dann von der Fa. Bosch die **Hochspannungszündung** entwickelt. Auch heute werden unsere Motoren noch durch Hochspannungsfunken gezündet.

5.1.2. Selbstzündung

Beim Dieselmotor steigt durch die große Verdichtung die Temperatur der Zylinderfüllung auf einen Wert an, der weit über der Zündtemperatur des Dieselöls liegt. Wenn der Kolben kurz vor OT steht, wird in die hocherhitzte Luft Dieselöl eingespritzt. Dieses entzündet sich dann sofort von selbst.

Ist der Motor allerdings sehr kalt, so kann es vorkommen, daß durch die Verdichtung die Zündtemperatur nicht erreicht wird. In diesem Fall schafft die **Glühkerze** (Bild 5.1.2) Abhilfe. Vor dem Anlassen wird die Glühkerze etwa 1 Minute lang eingeschaltet. Die glühende Spirale oder der Stab heizen dann den Brennraum auf, und bereits nach wenigen Anlasserumdrehungen springt der Motor an.

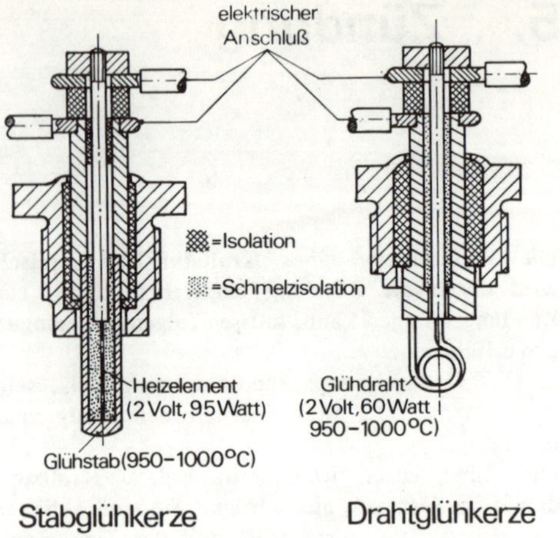

Bild 5.1.2. Glühkerzen

Die Stabglühkerze ist weniger kraftstoffempfindlich; ihre Heizleistung und Wärme abstrahlende Oberfläche sind größer als bei der Drahtglühkerze.

5.2. Zündverzug

Betrachtet man ein Indikatordiagramm, so stellt man fest, daß die Verbrennung nicht unmittelbar im Zünd- bzw. Einspritzzeitpunkt einsetzt, sondern erst kurze Zeit danach (Bild 5.2.1). Den Beginn der Verbrennung erkennt man an dem steilen Druckanstieg, der von der polytropen Verdichtungslinie deutlich abweicht.

Die Zeitspanne zwischen Zünd- bzw. Einspritzzeitpunkt und Verbrennungsbeginn nennt man Zündverzug. Seine Zeitdauer beträgt etwa 1/1000 Sekunde.

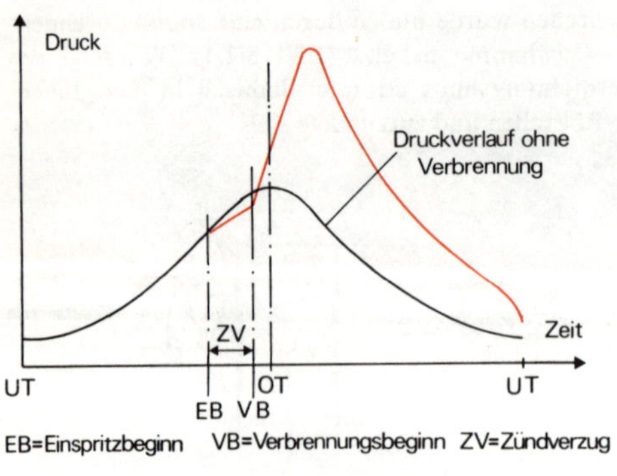

Bild 5.2.1. Zündverzug beim Dieselmotor

Während des Zündverzugs wird der Kraftstoff zur Verbrennung aufbereitet. Er verdampft, und es finden chemische Vorreaktionen statt. Die **Dauer des Zündverzugs** hängt ab von:

1. Art des Kraftstoffs

Dieselöl setzt sich aus großmolekularen Kohlenwasserstoffverbindungen zusammen, die leicht zerfallen. Sein Zündverzug ist klein. Benzin und besonders Superbenzin besteht aus Kohlenwasserstoffverbindungen mit großem Zündverzug.

2. Temperatur und Druck

Mit steigender Temperatur und wachsendem Druck wird der Zündverzug kleiner.

Beim Dieselmotor ist kleiner Zündverzug erwünscht. Das Dieselöl soll nämlich sofort nach Eintritt in den Zylinder verbrennen, damit man durch die Mengendosierung während der Einspritzzeit den Verbrennungsdruck beeinflussen kann. Wäre der Zündverzug groß, so würde alles eingespritzte Dieselöl auf einmal unter sehr großer Druckentwicklung explodieren.

Der im Ottomotor verwendete Kraftstoff soll großen Zündverzug besitzen, damit keine vorzeitige Zündung mit schlagartiger Verbrennung entsteht.

5.3. Zündsysteme

Die Zündsysteme lassen sich in zwei Gruppen unterteilen:

Batteriezündanlagen – Magnetzündanlagen

Batteriezündanlagen benötigen zu ihrer Funktion eine Batterie als Energiequelle. Diese muß sorgfältig gewartet werden. Dagegen sind Magnetzündanlagen fast wartungsfrei, denn sie beziehen ihre Energie aus dem Zündmagneten. Da aber Batteriezündanlagen beim Anlassen und bei niedriger Drehzahl den stärkeren Funken liefern und überdies die Batterie zum Anlassen des Motors benötigt wird, werden sie in den meisten Ottomotoren eingebaut. Magnetzündanlagen findet man in kleinen billigen Motoren und auch dort, wo die Wartung der Batterie nicht sichergestellt wäre.

Die rasche Entwicklung der Halbleitertechnik in den letzten Jahren wirkte sich auch auf den Bau von Zündanlagen aus. So entstanden neben der **herkömmlichen Spulenzündung (SZ)** die **Transistorspulenzündung (TSZ)** und die **Hochspannungskondensatorzündung (HKZ).** Diese beiden neuen Zündsysteme bringen Vorteile durch hohe Zündspannung auch bei großen Drehzahlen. Außerdem sind bei ihnen die Wartungsintervalle größer. Die neuen Zündanlagen finden trotz ihrer Vorteile im Automobilbau nur zögernd Eingang, da sie teurer sind als die Spulenzündung, die auch heute noch die an eine Zündanlage gestellten Anforderungen ausreichend erfüllt.

5.3.1. Herkömmliche Spulenzündung

Die herkömmliche Spulenzündung besteht aus Batterie, Zündschalter, Zündspule, Unterbrecher, Löschkondensator, Verteiler und Zündkerzen (Bild 5.3.1). Parallel zur Batterie ist die Lichtmaschine geschaltet, die über den Regler erst dann aufs Netz arbeitet, wenn ihre Spannung bei steigender Drehzahl die Batteriespannung überschreitet. Die Zündspule ist ein Transformator mit wenigen dicken Primärwicklungen und vielen dünnen Sekundärwicklungen. Der Verteiler verbindet mittels eines rotierenden Kontaktfingers die Sekundärwicklung mit der Zündkerze, die gerade funken soll.

Sobald der Zündschalter eingeschaltet ist, fließt bei geschlossenem Unterbrecherkontakt der Primärstrom. Als Folge davon baut sich in der Zündspule ein Magnetfeld auf. Im Zündpunkt hebt die Nockenwelle den Unterbrecherkontakt ab, der Primärstrom wird unterbrochen und das Magnetfeld bricht zusammen. Dadurch werden in beiden Wicklungen Spannungen induziert. Die induzierte Primärspannung beträgt etwa 350 V und die Sekundärspannung entsprechend einem Windungsverhältnis von 70 ungefähr 25 kV. Diese Spannung bewirkt an der Zündkerze den Funkenüberschlag. Nach der Zündung schließt der Unterbrecherkontakt wieder, und das Spiel beginnt von neuem.

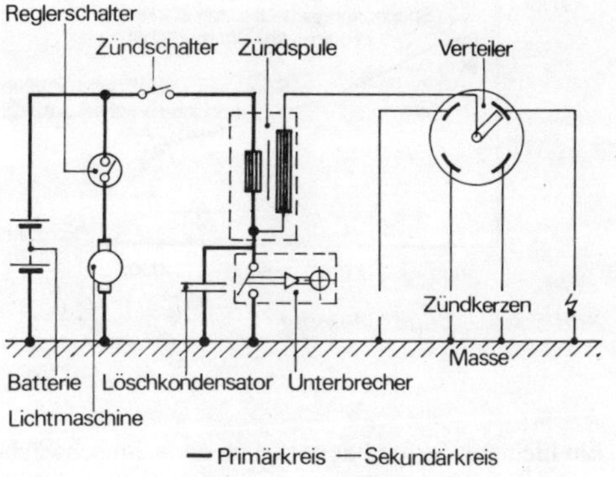

Bild 5.3.1. Spulenzündung (SZ)

Die Schließdauer des Unterbrechers drückt man in Grad Verteiler-Nockenwellenwinkel aus und spricht vom **Schließwinkel.** Der Schließwinkel ist von der Nockengeometrie und dem eingestellten Unterbrecherkontaktabstand abhängig. **Die Schließzeit wird mit wachsender Drehzahl kürzer.** Da der Primärstrom erst nach einer bestimmten Zeit seinen Größtwert erreicht, wird der Stromendwert durch die Schließzeit, d. h. Drehzahl, beeinflußt (Bild 5.3.2).

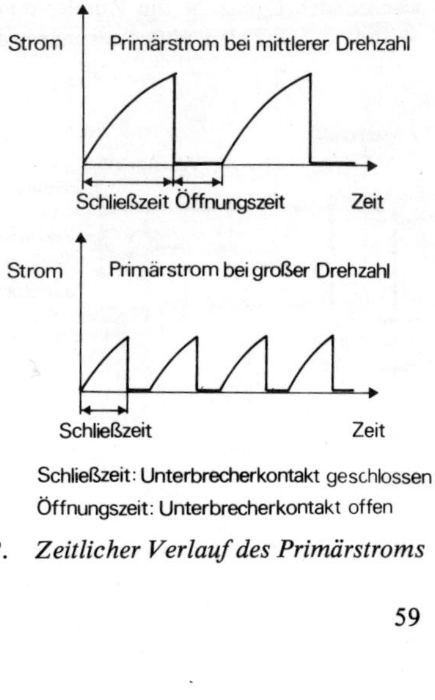

Bild 5.3.2. Zeitlicher Verlauf des Primärstroms

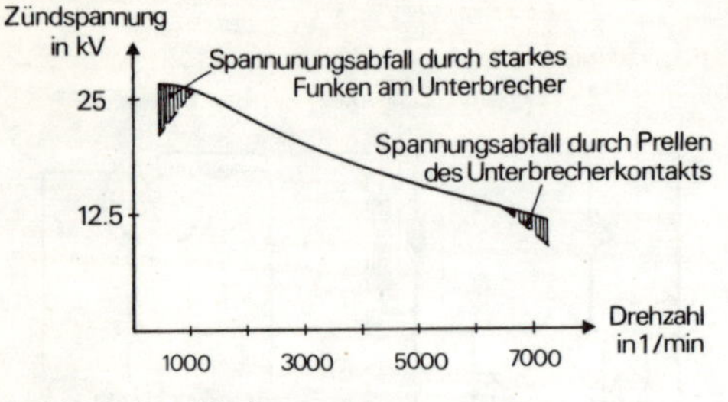

Bild 5.3.3. Zündspannung

Ein kleinerer Strom hat natürlich auch ein schwächeres Magnetfeld zur Folge, und dieses liefert eine niedrigere Spannung. Die Sekundärspannung nimmt daher mit steigender Drehzahl ab (Bild 5.3.3). In Bild 5.3.3 ist außerdem angedeutet, daß bei sehr kleiner und großer Drehzahl die Stromunterbrechung sich nicht mehr exakt vollzieht. Bei niedriger Drehzahl treten am Unterbrecherkontakt evtl. starke Funken auf, die den Zusammenbruch des Magnetfeldes verzögern und so die Zündspannung verkleinern. Der starke Spannungsabfall bei großer Drehzahl entsteht durch das Prellen des Kontakts. Die maximale Funkenzahl ist daher begrenzt und liegt bei etwa 18 000 Funken/min.

Der Löschkondensator hat die Aufgabe, den Funken beim Öffnen des Unterbrecherkontakts zu unterdrücken, damit das Magnetfeld möglichst rasch zusammenbricht und eine hohe Spannung induziert wird.

5.3.2. Transistorspulenzündung

Die Spulenzündung hat den Nachteil, daß mit wachsender Drehzahl die Zündspannung stark abnimmt und der den vollen Primärstrom schaltende

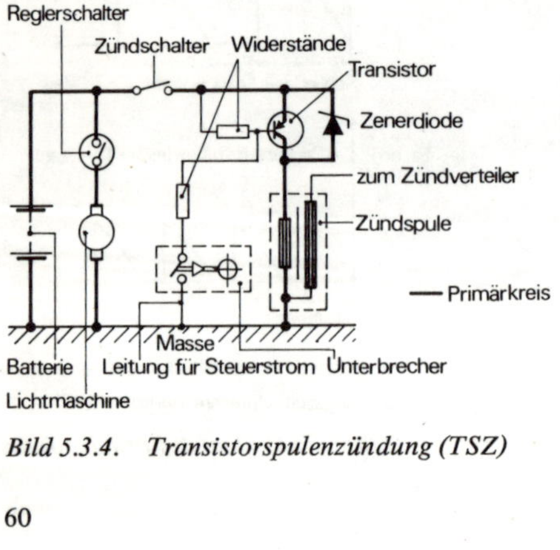

Bild 5.3.4. Transistorspulenzündung (TSZ)

Unterbrecher einem relativ großen Verschleiß unterliegt. Die **Transistorspulenzündung** hingegen läßt sich so auslegen, daß der Spannungsabfall mit steigender Drehzahl klein bleibt. Ihr Kontaktverschleiß ist gering, da der Unterbrecher nur mit dem kleinen Steuerstrom für den Transistor belastet ist.

Ein Transistor ist ein Halbleiterbauelement. Bei der Zündanlage wird er als elektronischer Schalter im Primärkreis eingesetzt (Bild 5.3.4). Dort schaltet er anstelle des mechanischen Unterbrechers den Primärstrom ein und aus. Der Transistor benötigt zu seiner Funktion einen kleinen Steuerstrom. Fließt der Steuerstrom, so ist der Transistor für den Primärstrom offen. Wird der Steuerstrom unterbrochen, so sperrt der Transistor den Primärstrom. In den Zündanlagen werden Germaniumtransistoren verwendet. Ihr Steuerstrom beträgt etwa $^1/_{20}$ des Primärstroms. Der Steuerstrom wird vom mechanischen Unterbrecher aus- und eingeschaltet. Infolge der geringen Strombelastung ist der Unterbrecherverschleiß sehr klein. Die maximale Spannung, gegen die der Germaniumtransistor den Stromfluß noch sperrt, beträgt etwa 80 V (Sperrspannung). Bei einer höheren Spannung würde der Transistor durchschlagen und zerstört werden. Deshalb darf die auf der Primärseite induzierte Spannung die Sperrspannung nicht überschreiten. Für die Transistorspulenzündung wird

Bild 5.3.5. Zeitlicher Verlauf des Primärstroms bei SZ und TSZ

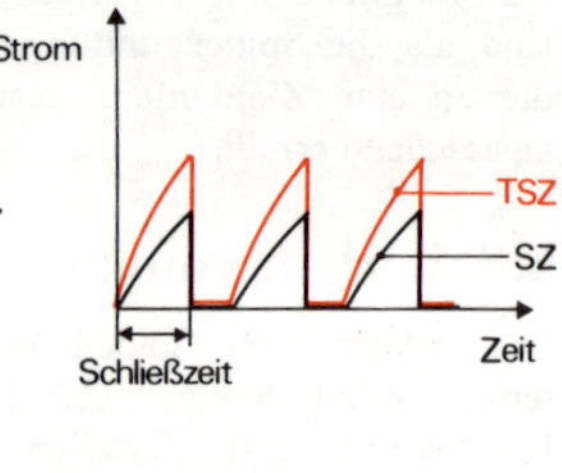

daher eine Zündspule verwendet, deren Induktivität auf der Primärseite kleiner ist als bei der herkömmlichen Spulenzündung. Damit man trotz geringerer Primärspannung die Zündspannung von etwa 25 kV erreicht, wird das Windungsverhältnis der Zündspule vergrößert. Die Herabsetzung der Induktivität hat weiter zur Folge, daß der Primärstrom steiler ansteigt und so auch bei hoher Drehzahl der sich einstellende Stromendwert groß ist (Bild 5.3.5). Daraus erklärt sich, daß die Zündspannung mit steigender Drehzahl bei der Transistorspulenzündung weniger abfällt als bei der Spulenzündung. Zum Schutz des Transistors wird eine Zenerdiode parallel geschaltet. Diese ist ein Halbleiterbauelement, das bei Überschreitung der Sperrspannung den Transistor kurzschließt.

Die maximale Funkenzahl je Zeiteinheit ist bei der Transistorspulenzündung wie auch bei der Spulenzündung durch das Prellen des Unterbrecherkontakts begrenzt. Ersetzt man den mechanischen Unterbrecher durch einen elektrischen Steuergeber, so läßt sich die Funkenzahl je Zeiteinheit weiter steigern, und die Zündanlage bedarf keiner Wartung.

Die **Vorteile der Transistorspulenzündung gegenüber der Spulenzündung** kann man wie folgt zusammenfassen:

1. Weniger Wartung bzw. wartungsfrei.
2. Bessere Konstanz des Zündzeitpunkts aufgrund des geringeren Verschleißes.
3. Geringerer Abfall der Zündspannung mit steigender Drehzahl.

5.3.3. Hochspannungskondensatorzündung

Bei den Zündanlagen mit Zündspule wird die Zündenergie im Magnetfeld gespeichert. Der Energiespeicher der Hochspannungskondensatorzündung ist der Speicherkondensator mit seinem elektrischen Feld. Aufgrund des Aufbaus der Hochspannungskondensatorzündung ist der **Zündspannungsanstieg etwa eine Zehnerpotenz größer als bei der Spulen- und Transistorspulenzündung** (etwa 6000 V/μs bei der HKZ gegenüber etwa 400 V/μs bei SZ und TSZ). Durch das rasche Anwachsen der Spannung bleiben die Energieverluste durch Nebenschlüsse an der Zündkerze klein und wirken sich kaum auf die Zündspannung aus. Deshalb wird die Hochspannungskondensatorzündung dort vorteilhaft eingesetzt, wo mit starker Verschmutzung des Zündkerzenisolatorfußes durch Ruß, Öl und andere Ablagerungen zu rechnen ist.

Der schematische Aufbau der Hochspannungskondensatorzündung ist in Bild 5.3.6 dargestellt. Der Speicherkondensator wird kurz vor der Zündung über einen Ladetransformator auf ungefähr 500 V aufgeladen. Diese Spannung ist etwa die gleiche wie sie in der Primärwicklung der herkömmlichen Spulenzündung induziert wird. Deshalb können bei beiden Zündsystemen auch die gleichen Zündspulen verwendet werden. Der Ladetransformator arbeitet mit Transistoren als elektronischen Schaltern.

Im Primärkreis der Zündspule liegt der Speicherkondensator. Dieser wird im Zündzeitpunkt durch einen weiteren elektronischen Schalter, einen Thyristor, kurzgeschlossen und entlädt sich über die Primärwicklung der Zündspule. Dabei entsteht entsprechend einem Windungsverhältnis von 60 eine Zündspannung von etwa 30 kV.

Bei der Hochspannungskondensatorzündung ist die gespeicherte Zündenergie kleiner als bei den Spulenzündanlagen, und daher ist bei ihr die Funkendauer kürzer (Bild 5.3.7). Auf die Zündung eines gleichmäßigen Gemischs in der richtigen Zusammensetzung hat die Funkendauer keinen Einfluß. Ist aber der Kraftstoff ungleichmäßig in der Verbrennungsluft verteilt oder das Gemisch zu fett oder zu mager, so führt eine zu kurze Funkendauer zu Verbrennungsaussetzern.

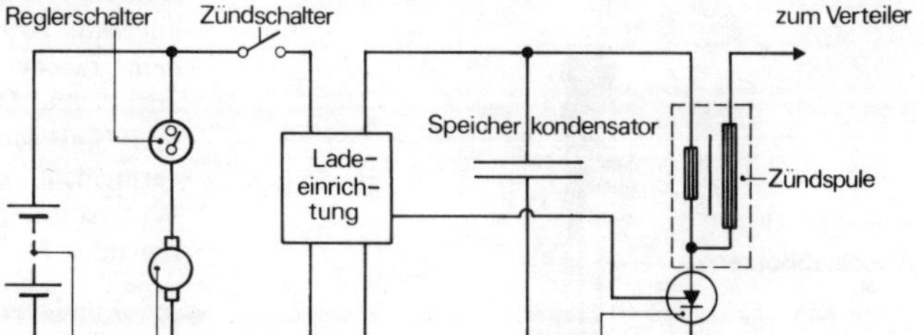

Bild 5.3.6. Hochspannungskondensatorzündung (HKZ)

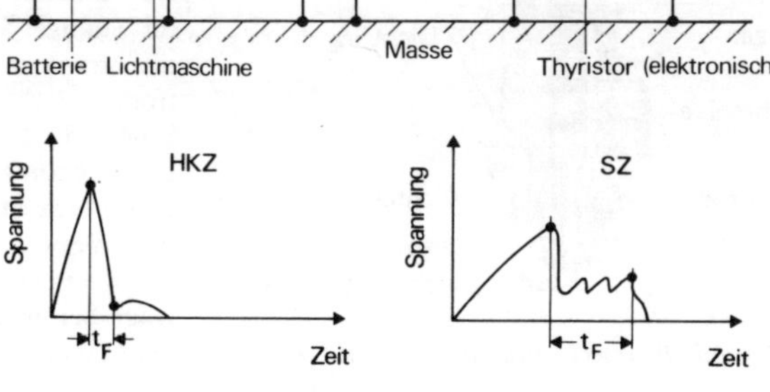

Bild 5.3.7. Funkendauer t_F bei HKZ und SZ

Der Abfall der Zündspannung mit steigender Drehzahl ist bei der Hochspannungskondensatorzündung kleiner als bei der herkömmlichen Spulenzündung. Die maximale Funkenzahl je Zeiteinheit wird auch hier durch das Prellen des Unterbrecherkontakts begrenzt.

Zusammenfassend läßt sich feststellen:

1. Die SZ erfüllt heute gerade noch ausreichend die an eine Zündanlage zu stellenden Bedingungen.
2. Bei TSZ und HKZ sinkt die Zündspannung mit steigender Drehzahl viel weniger als bei der SZ, und sie liefern daher viel stärkere Zündfunken.
3. Die Funkendauer ist bei der HKZ kleiner als bei der SZ und TSZ, so daß bei ungleichmäßiger Gemischbildung Verbrennungsaussetzer auftreten können.
4. Die HKZ erzielt an stark verschmutzten Zündkerzen noch kräftige Zündfunken, wenn bei SZ und TSZ bereits Zündaussetzer vorkommen.
5. Die Wartungsintervalle sind bei TSZ und HKZ groß, und auch die Konstanz des genauen Zündzeitpunktes ist länger gewährleistet. Ersetzt man bei diesen Anlagen den mechanischen Unterbrecher durch einen elektronischen Steuergeber, so sind sie wartungsfrei.
6. Der Preis für TSZ und HKZ liegt über dem der SZ, so daß diese beiden Zündsysteme trotz ihrer Vorteile nur zögernd Eingang in den Automobilbau finden.

5.4. Zündkerze

Zwischen den beiden Elektroden der Zündkerze schlägt im Zündzeitpunkt ein Hochspannungsfunken über und entzündet das Kraftstoff-Luft-Gemisch.
Die Zündkerze ist aus folgenden Teilen aufgebaut (Bild 5.4.1):

1. Anschlußbolzen und Mittelelektrode
Am Anschlußbolzen aus Stahl wird das vom Verteiler kommende Kabel angeschlossen. Mittelelektrode und Anschlußbolzen sind durch eine elektrisch leitende Spezialschmelze verbunden und gasdicht im Isolator befestigt. Auf die Mittelelektrode wirkt die hohe Brennraumtemperatur ein, und sie ist starken Korrosionsangriffen durch die Verbrennungsgase und die Rückstände aus Öl und Kraftstoff ausgesetzt. Um ihren Verschleiß klein zu halten, wird sie aus einer Nickellegierung mit Zusätzen von Chrom, Mangan und Silizium hergestellt. Auch Silber findet als Elektrodenwerkstoff Verwendung, denn es weist nur einen sehr geringen Abbrand auf und leitet die Wärme gut ab.

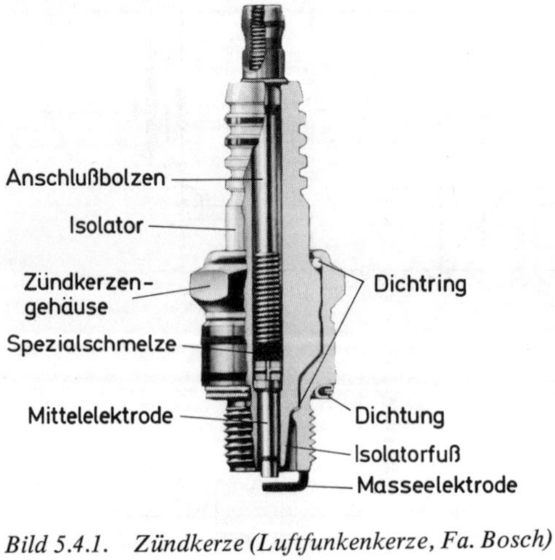

Bild 5.4.1. Zündkerze (Luftfunkenkerze, Fa. Bosch)

2. Isolator
Der Isolator besteht aus Aluminiumoxid mit glasartigen Zusätzen. Er muß gegen die Zündspannung durchschlagfest sein und eine hohe thermische und mechanische Festigkeit besitzen. Bei voller Belastung des Motors treten am Isolatorfuß Temperaturen von etwa 850 °C und am Isolatorkopf von ungefähr 200 °C auf. Außerdem ist der Isolatorfuß dem raschen Temperaturwechsel im Brennraum ausgesetzt. Das Wärmeleitvermögen des Isolators muß gut sein, um zu hohe Fußtemperaturen zu vermeiden. Eine äußere Verrippung erhöht den Widerstand gegen Funkenüberschlag vom herausragenden Anschlußbolzen zum Zündkerzengehäuse.

3. Zündkerzengehäuse und Masseelektrode
Der Isolator ist mit Dichtringen und Bördelung im Stahlgehäuse eingedichtet. Die Masseelektrode, die aus dem gleichen Material wie die Mittelelektrode besteht, ist am Gehäuse angeschweißt. Zum Einbau in den Motor ist das Gehäuse mit Gewinde und Dichtung versehen.
Die Form und Anordnung der Masseelektrode ist dem Verwendungszweck (Zweitakt-, Viertakt- oder Rennmotor) angepaßt. Der Elektrodenabstand beträgt bei Batteriezündanlagen 0,7 bis 0,9 mm und bei Magnetzündanlagen 0,4 mm.

Bild 5.4.2. Bauarten von Luftgleitfunken-Zündkerzen

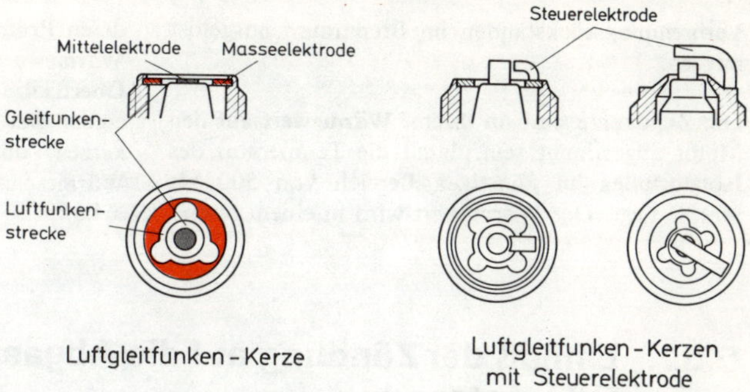

Neben den meist gebräuchlichen **Luftfunkenkerzen** gibt es für Sonderfälle die **Gleitfunkenkerzen. Bei diesen gleitet der Funke auf einer Isolierschicht von der einen zu der anderen Elektrode.** Ihre Bauweise bringt den Vorteil, daß der Funke seine Bahn immer wieder von Rückständen freibrennt. Nachteilig ist, daß das Gemisch nicht mehr so guten Zutritt zur Funkenstrecke hat. Deshalb ist eine Kombination von Gleit- und Luftfunkenstrecke am günstigsten (Bild 5.4.2). Um den hohen Spannungsbedarf der **Luftgleitfunken-Zündkerze** zu verringern, rüstet man sie meist mit einer **Steuerelektrode** aus. Bei kalter Kerze schlägt der Funke zwischen Mittel- und Steuerelektrode über. Mit zunehmender Temperatur des Isolators nimmt der Spannungsbedarf der Luftgleitfunkenstrecke ab, und der Zündfunke schlägt dort über. Infolge der wechselnden Funkenstrecke ist der Elektrodenverschleiß gering und die Standzeit der Zündkerze groß. Außerdem hat diese Kerzensonderbauart den Vorteil, daß durch die längere Funkenstrecke eine bessere Zündung von mageren und fetten Kraftstoff-Luft-Gemischen gegeben ist.

Bei der normalen Zündkerze soll der Isolatorfuß so heiß sein, daß auftreffende Kraftstoff- und Ölteilchen verbrennen. Ist dies nicht der Fall, bilden sich Kriechwege für den Strom, und die Zündkerze setzt aus. **Die untere Temperaturgrenze für das Freibrennen des Isolatorfußes beträgt etwa 500 °C.** Bleiablagerungen werden allerdings auf diese Art nicht beseitigt und bilden Nebenschlüsse, die bei heißer Kerze zu Zündaussetzern führen können. Bei der Wartung der Zündkerze sollte deshalb nicht nur der Elektrodenabstand durch Nachbiegen neu eingestellt werden, sondern es sollte auch der Isolator in einem Zündkerzenreinigungsgerät sauber gestrahlt werden.

Die obere Arbeitstemperatur des Isolatorfußes darf 920 °C nicht überschreiten, da sonst Glühzündungen auftreten.

Bei der Glühzündung erfolgt die Zündung zu einem unbestimmten Zeitpunkt während des Verdichtungshubs durch den glühenden Isolatorfuß. Die Motorleistung geht zurück, und die Zündkerze kann durch Überhitzung zerstört werden. Glühzündungen können natürlich auch von glühenden

Bild 5.4.3. Wärmewert

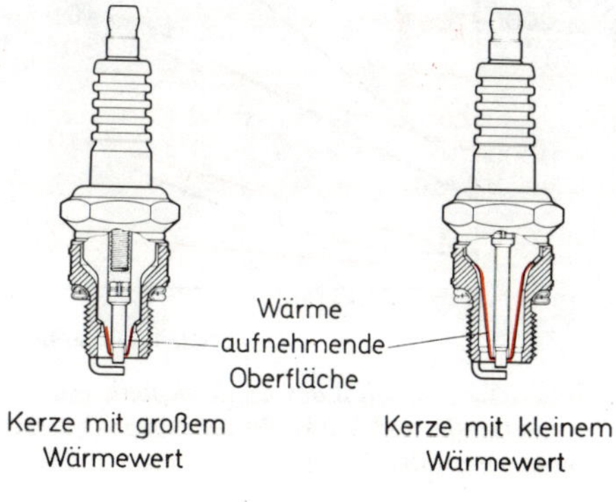

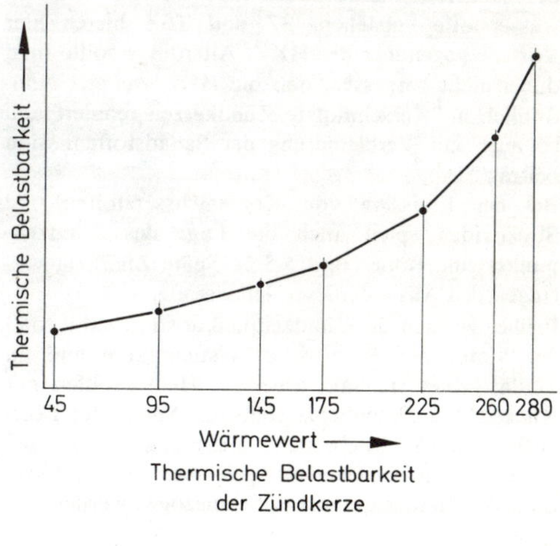

Verbrennungsrückständen im Brennraum ausgelöst werden.

Die Zündkerze muß in ihrem **Wärmewert** auf den Motor abgestimmt sein, damit die Temperatur des Isolatorfußes im günstigen Bereich von 500 bis 900 °C liegt. Der Wärmewert wird in einem besonderen Prüfmotor festgelegt. **Eine Kerze mit großem Wärmewert hat eine kleine Wärme aufnehmende Oberfläche** und ist für hochbelastete Motoren geeignet. Bei niedrigbelasteten Motoren werden Zündkerzen mit kleinem Wärmewert, d. h. großer Wärme aufnehmender Oberfläche verwendet (Bild 5.4.3).

5.5. Einfluß der Zündung auf die Abgaszusammensetzung beim Ottomotor

Durch die starke Zunahme des Autoverkehrs ist die Belastung der Atemluft mit Schadstoffen aus den Abgasen heute ein ernstes Problem.

Im Abgas findet man folgende **schädliche Bestandteile:**

1. Kohlenmonoxid CO
2. Kohlenwasserstoffe C_mH_n
3. Stickoxide NO_x
4. Bleiverbindungen
5. Ruß

Es gibt verschiedene Möglichkeiten, um die Anteile an Schadstoffen im Abgas zu verringern. Anfänglich versuchte man, durch Nachverbrennungsanlagen die Abgase nachträglich zu reinigen. Heute geht man aber immer mehr dazu über, das Übel an der Wurzel anzupacken, indem man die Entstehung der Schadstoffe zu verhindern trachtet. Eine richtig arbeitende Zündung leistet hierzu einen Beitrag.

Die Menge an Kohlenwasserstoffen im Abgas wird besonders bei magerem Gemisch durch die **Funkendauer** beeinflußt (Bild 5.5.1). Das Zündsystem mit der längeren Funkendauer läßt weniger Kohlenwasserstoffe entstehen. SZ und TSZ bieten hier Vorteile gegenüber der HKZ. Allerdings sollte man dabei nicht vergessen, daß die HKZ weniger empfindlich auf verschmutzte Zündkerzen reagiert und so auch zur Verkleinerung der Schadstoffemission beiträgt.

Bei der Emission von Kohlenwasserstoffen und Stickoxiden spielt auch die **Lage des Zündzeitpunkts** eine Rolle (Bild 5.5.2). Späte Zündung verringert den Ausstoß dieser Schadstoffe.

Früher wurden die Zündzeitpunkte so gewählt, daß der Motor auf seine volle Leistung kam und im Teillastgebiet sparsam arbeitete. Heute sollten mit Rücksicht auf möglichst sauberes Abgas der Leerlauf- und Schiebebetrieb (Fahrzeug treibt den Motor an) in die Überlegungen über die günstigste Lage der Zündzeitpunkte mit einbezogen werden.

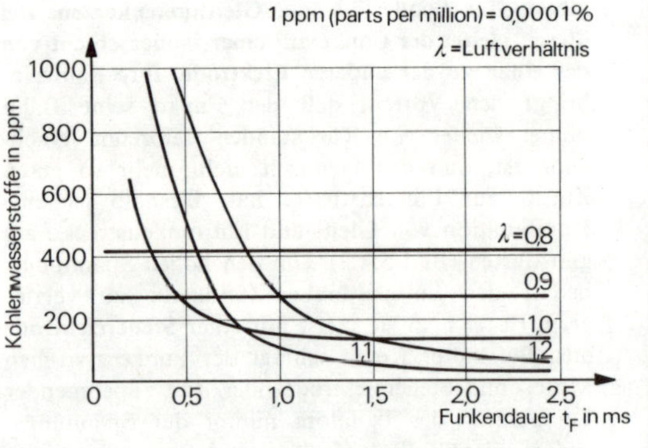

Bild 5.5.1. Einfluß der Funkendauer auf den Anteil an Kohlenwasserstoffen im Abgas (Einzylindermotor, n = 3900 l/min)

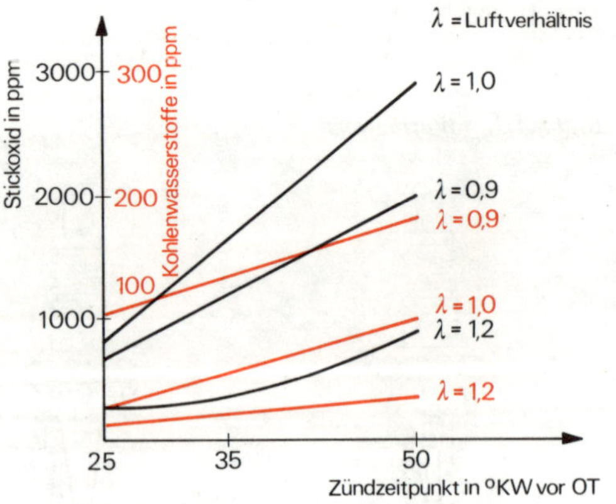

Bild 5.5.2. Einfluß des Zündzeitpunkts auf Kohlenwasserstoffe und Stickoxid im Abgas (Vierzylindermotor, n = 3000 1/min)

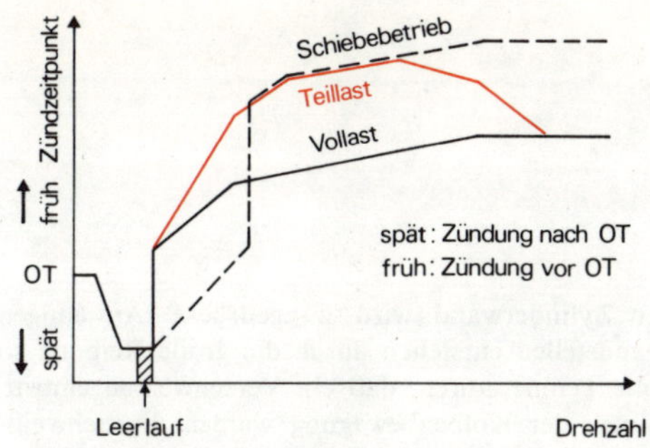

Bild 5.5.3. Zündzeitpunkt in Abhängigkeit von Drehzahl und Belastung

Im Leerlauf- und Schiebebetrieb bleibt viel Restgas im Zylinder zurück, und es treten Verbrennungsaussetzer auf, die den Anteil an Kohlenwasserstoffen im Abgas hochschnellen lassen. Um Verbrennungsaussetzer zu verhindern, wird die Drosselklappe ein wenig weiter als notwendig geöffnet, so daß der Motor mehr frisches Gemisch ansaugt. Damit die Drehzahl nicht ansteigt, muß die Zündung nach „spät" verstellt werden. So erzielt man im Leerlauf- und Schiebebetrieb ein sauberes Abgas bei allerdings etwas angehobenem Kraftstoffverbrauch.

Auch im Teillastbereich müssen die Zündzeitpunkte so festgelegt werden, daß die Schadstoffemission möglichst gering ist. In Bild 5.5.3 ist die Verstellung des Zündzeitpunktes in Abhängigkeit von Drehzahl und Belastung dargestellt.

Alle diese Maßnahmen zur Reinhaltung der Luft sind aber nur dann wirksam, wenn nicht nur der neue Motor, sondern auch der alte sauberes Abgas liefert. Dies bedeutet, daß solchen Zündanlagen der Vorzug zu geben ist, bei denen die einmal eingestellten Zündzeitpunkte über lange Zeit erhalten bleiben. Hier bieten vollelektronische wartungsfreie Zündanlagen große Vorteile.

Die Zündzeitpunktverstellung geschieht drehzahl- und lastabhängig. Die drehzahlabhängige Verstellung übernimmt ein Fliehkraftregler und die lastabhängige eine Membrandose, die mit Unterdruck aus dem Saugrohr des Motors arbeitet (Bild 5.5.4).

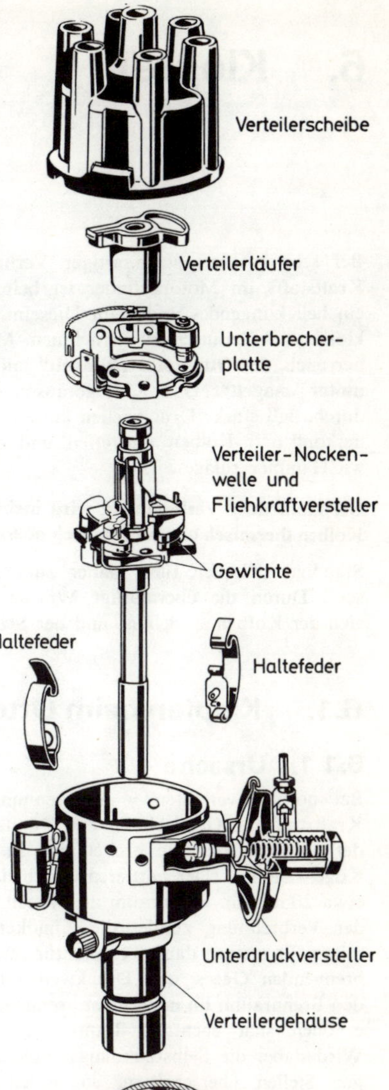

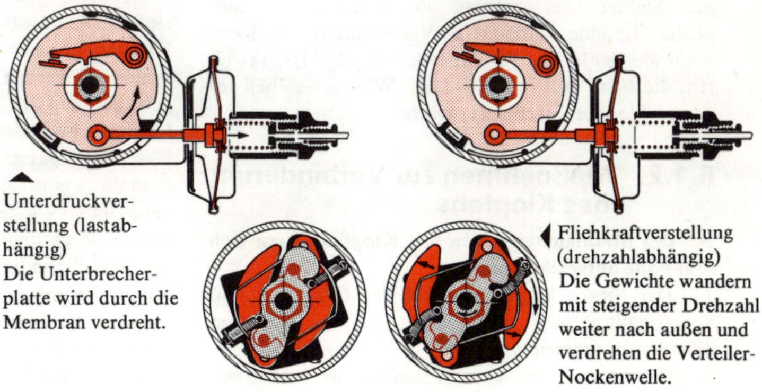

Bild 5.5.4. Zündverteiler (Bosch)

6. Klopfen

Bei sehr rascher, schlagartiger Verbrennung des Kraftstoffs im Motorzylinder ist beim Ottomotor ein hell klingendes und beim Dieselmotor ein hart klopfendes Geräusch zu vernehmen. Man sagt daher auch, der **Ottomotor „klingelt“** und der **Dieselmotor „nagelt“.** Das Klopfgeräusch entsteht dadurch, daß starke Druckwellen auf Zylinder, Zylinderkopf und Kolben auftreffen und dort ähnlich wie Hammerschläge wirken.

Bei klopfender Verbrennung wird insbesondere der Kolben thermisch und mechanisch überlastet.

Ständiges Klopfen führt daher zum „Kolbenfresser“. Durch die übermäßige Wärmezufuhr dehnt sich der Kolben stark aus, und der Schmierfilm an der Zylinderwand wird weggedrückt. An einigen Wandstellen entstehen durch die große Reibung so hohe Temperaturen, daß ein Verschweißen eintritt. Infolge der Kolbenbewegung werden die Schweißstellen auseinandergerissen und Kolben und Zylinderwand werden so stark aufgerauht, daß der Kolben dann endgültig verschweißt und steckenbleibt. Dies zieht größere Zerstörungen im Motor nach sich. Selbst wenn kein „Kolbenfresser“ auftritt, bringt klopfender Motorbetrieb unangenehme Begleiterscheinungen mit sich, wie sehr große Triebwerksbelastung, starkes Aufheizen der von den Verbrennungsgasen berührten Bauteile und Abfall der Motorleistung. Deshalb sollte das Klopfen so rasch wie möglich abgestellt werden.

6.1. Klopfen beim Ottomotor

6.1.1. Ursache

Bei normal verlaufender Verbrennung wird das Kraftstoff-Luft-Gemisch an der Zündkerze gezündet, und die Flamme breitet sich in Form einer Kugelwelle mit einer mittleren Geschwindigkeit von etwa 20 m/s im Brennraum aus. Auch bei klopfender Verbrennung zündet die Zündkerze das Gemisch. Es steigen dann Temperatur und Druck des brennenden Gases, und Druckwellen laufen durch den Brennraum. Im noch nicht brennenden Gemisch erhöhen sich ebenfalls Temperatur und Druck. Wird dabei die Selbstzündungstemperatur an einigen Stellen überschritten, so bilden sich Zündnester, die eine schlagartige Verbrennung des Restgemischs einleiten. Es entstehen starke Druckwellen, die beim Auftreffen auf die Wände das hell tönende Klopfgeräusch hervorrufen.

6.1.2. Maßnahmen zur Verhinderung des Klopfens

Bei den Maßnahmen gegen das Klopfen lassen sich drei Fälle unterscheiden:

1. Der Motor klopft während der Fahrt; es sind Sofortmaßnahmen nötig, um einen größeren Schaden zu vermeiden.
2. Der Motor wird vom Konstrukteur entworfen. Alle konstruktiven Möglichkeiten sind auszunutzen, um einen klopffesten Motor zu bauen.
3. Der Kraftstoffhersteller entwickelt Kraftstoffe mit großer Klopffestigkeit.

Zunächst soll Fall 1 erörtert werden. Während der Fahrt tritt entweder Beschleunigungs- oder Hochgeschwindigkeitsklopfen auf. In beiden Fällen ist der Motor hoch belastet.

Beschleunigungsklopfen entsteht beim Beschleunigen des Fahrzeugs mit Vollgas aus niedriger Drehzahl. Hier hilft Zurückschalten in den nächst kleineren Gang. Dadurch steigt bei gleichbleibender Motorleistung die Drehzahl, und das Drehmoment sinkt. Die Motorfüllung wird kleiner, denn die Drosselklappe im Ansaugrohr muß etwas mehr geschlossen werden. Der Verdichtungsenddruck wird geringer, und das Klopfen verschwindet.

Hochgeschwindigkeitsklopfen zeigt sich bei großer Geschwindigkeit. Da es leicht überhört wird und deshalb keine Abhilfemaßnahmen ergriffen werden, führt es nicht selten zu durchgebrannten Kolben. Mäßigt man die Geschwindigkeit, so hört das Hochgeschwindigkeitsklopfen auf.

Klopft ein mit Normalbenzin betriebener Motor, so schafft die **Umstellung auf Superbenzin** Abhilfe.

Ferner wird die Klopfneigung eines Motors verringert, wenn die **Zündung in Richtung „spät“** verstellt wird. Durch die späte Zündung bleibt der Druck im Zylinder kleiner, und der Kraftstoff neigt weniger zur Selbstzündung. Allerdings sinkt durch diese Maßnahme die Motorleistung, und der Kraftstoffverbrauch erhöht sich.

Im Fall 2 bieten sich dem Konstrukteur folgende Möglichkeiten:

1. Wahl des Verdichtungsverhältnisses

Das Verdichtungsverhältnis darf nur so groß gewählt werden, wie es für klopffreien Motorbetrieb mit den auf dem Markt käuflichen Benzinen zulässig ist.

Normalbenzin $\varepsilon \approx 7$ bis 8

Superbenzin $\varepsilon \approx 8$ bis 9,5

Bei der Wahl des Verdichtungsverhältnisses sollte man beachten, daß großes ε die Motorleistung hebt und den Kraftstoffverbrauch senkt.

2. Lage der Zündkerze

Die Klopfneigung eines Motors wird kleiner, wenn die Flamme von den heißen Gemischteilen zu den kälteren fortschreitet. Die heißeste Stelle im Brennraum ist das Auslaßventil. In seiner Nähe sollte die Zündkerze sitzen.

3. Brennraumform

Auch die Brennraumform beeinflußt das Klopfen. Ein kompakter Brennraum ist weniger klopfanfällig als ein zerklüfteter.

Gemischteile, die erst spät von der Flamme erfaßt werden, sollen durch gut gekühlte Brennraumwände auf niedriger Temperatur gehalten werden, um eine vorzeitige Selbstzündung zu verhindern (Bild 6.1.1). Luftwirbel unterstützen eine gleichmäßige Gemischbildung und Temperaturverteilung. Die Flamme läuft rascher durch den Brennraum, und es kommt nicht zu schlagartigen Verbrennungsreaktionen. Durch spiralig gekrümmte Einlaßkanäle oder entsprechend geformte Brennräume und Kolben wird die Wirbelbewegung des Gemischs erzielt. Die Strömungswiderstände in diesen Einlaßkanälen sind allerdings groß, so daß die Motorfüllung und damit die Literleistung kleiner wird.

4. Kühlung

Durch gute Kühlung bleibt das Gemisch kälter und ist weniger zündfreudig. Wasserkühlung ist hier vorteilhafter als Luftkühlung. Bei Verwendung von Aluminiumlegierung anstelle von Gußeisen liegen die Zylinderkopftemperaturen infolge der etwa dreimal so großen Wärmeleitfähigkeit niedriger.

Zum Schluß soll der Einfluß des Kraftstoffs, Fall 3, betrachtet werden.

Die Kraftstoffe werden durch Destillation des Erdöls gewonnen. Das Erdöl besteht aus einer Vielfalt von Kohlenwasserstoffverbindungen. Diese Kohlen-

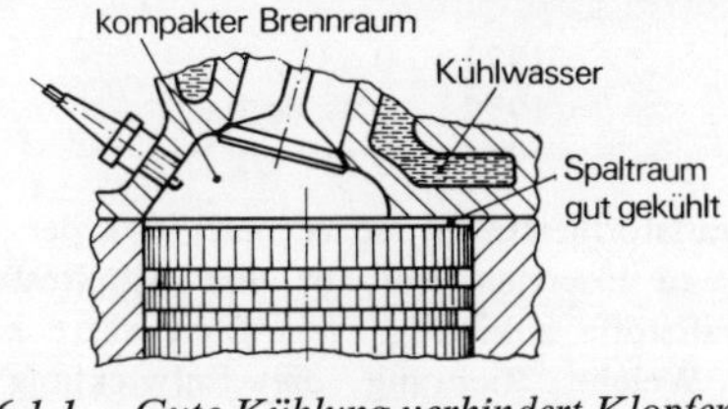

Bild 6.1.1. Gute Kühlung verhindert Klopfen

wasserstoffe zeigen ganz unterschiedliche Klopffestigkeit (Bild 6.1.2). Das Erdöldestillat wird chemischen Prozessen unterworfen, um es mit klopffesten Kohlenwasserstoffen anzureichern.

So entstehen im **Siedebereich von 40 bis 200 °C Benzin** und **Superbenzin** mit ungefähr demselben **Heizwert** $H_u = \mathbf{43\,500\ kJ/kg}$ (10 400 kcal/kg). Superbenzin enthält aber mehr klopffeste Kohlenwasserstoffe als Benzin. Bei Superbenzin beträgt die Dichte $\rho \approx 0{,}76$ g/cm^3 und bei Benzin $\rho \approx 0{,}73$ g/cm^3. Beiden Krafstoffen wird zur weiteren Steigerung der Klopffestigkeit ein Antiklopfmittel zugesetzt. Man verwendet fast ausschließlich das farblose, ölige, hochgiftige **Bleitetraäthyl** ($Pb(C_2H_5)_4$). Seine Wirkung beruht darauf, daß es durch die hohe Temperatur im Brennraum noch vor der Verbrennung zerfällt und der entstehende Bleistaub eine vorzeitige Selbstentzündung verhindert. Damit sich bei der Verbrennung kein Bleioxid bildet, das den Zylinderverschleiß stark erhöhen würde, setzt man den Benzinen **Brom- oder Chlorverbindungen** zu. Das Blei verbrennt zu Bleibromid oder Bleichlorid. Diese sehr giftigen Bleiverbindungen sind bei etwa 800 °C gasförmig und strömen mit den Abgasen aus dem Motor. Sie zählen ebenfalls zu den Schadstoffen im Abgas und tragen zur Luftverschmutzung bei. Die 18 Millionen Kraftfahrzeuge in der Bundesrepublik blasen jährlich etwa 6000 t Blei in die Atemluft. Es ist daher sehr zu begrüßen, daß der Gesetzgeber eine Reduzierung der Bleitetraäthylzusätze zum Benzin vorschreibt. Die Höchstwerte für den Bleianteil in Gramm je Liter Benzin wurden wie folgt festgelegt:

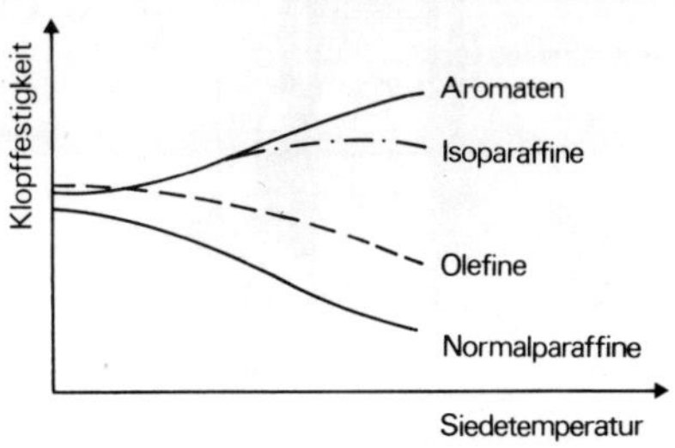

Bild 6.1.2. Klopffestigkeit von Kohlenwasserstoffen

1971	0,635	g/l
1972	0,4	g/l
1976	0,15	g/l

Die Kraftstoffhersteller stehen jetzt vor der nicht einfach zu lösenden Aufgabe, die Klopffestigkeit der Kraftstoffe zukünftig ohne Bleizusätze zu erzielen. Welche Richtung die Entwicklung der neuen Kraftstoffe nehmen wird, läßt sich noch nicht absehen. Deshalb sollen nur einige Möglichkeiten angedeutet werden.

Neben dem Bleitetraäthyl gibt es noch andere Antiklopfmittel, wie z. B. die von der BASF in Ludwigshafen entwickelten Klopfbremsen **Eisencarbonyl** und **Monomethylanilin.** Beide belasten die Abgase nicht mit Schadstoffen, sind aber auch nicht problemlos. Das Eisencarbonyl bildet bei der Verbrennung verschleißförderndes Eisenoxid. Für gleiche Klopffestigkeit muß der Zusatz von Monomethylanilin etwa 30mal größer sein als von Bleitetraäthyl. Bei solch großen Zusätzen bilden sich auf den Ventilschäften Überzüge, die Störungen verursachen.

Auch die Benzinherstellung bietet die Möglichkeit, durch entsprechend gelenkte chemische Verfahren das Benzin stärker mit Isoparaffinen und Aromaten, die sehr klopffest sind, anzureichern. Aber auch dieser Weg ist mit Vorsicht zu beschreiten, da bereits Vermutungen laut wurden, daß Aromaten im Abgas krebserzeugend wären.

Alkoholzusatz zum Benzin, z. B. **Methanol,** erhöht ebenfalls die Klopffestigkeit. Da Alkohol begierig Wasser anzieht, besteht die Gefahr, daß bei den großen Zugaben von etwa 20% starke Korrosionserscheinungen in den benzinführenden Teilen auftreten.

6.1.3. Bestimmung der Klopffestigkeit des Benzins

Die Klopffestigkeit des Benzins wird durch seine Oktanzahl ausgedrückt. Die Oktanzahl sagt aus, daß das Benzin genauso klopffest ist wie eine bestimmte Vergleichsmischung aus Isooktan und Normalheptan. Da **Isooktan die Oktanzahl 100 und Normalheptan die Oktanzahl 0 zugeordnet wurde,** bedeutet z. B. Oktanzahl 80, daß das Benzin genauso klopffest ist wie eine Vergleichsmischung aus 80 Vol.-% Isooktan und 20 Vol.-% Normalheptan. **Die Klopffestigkeit steigt mit wachsender Oktanzahl.**

Die **Oktanzahlbestimmung** ist nach **DIN 51756** genormt. Sie wird in besonderen Prüfmotoren durchgeführt. Zugelassen sind der **CFR**-Prüfmotor (Cooperative Fuel Research Commitee of the American Society of Automotive Engineers) und der **BASF**-Prüfmotor (Badische Anilin- und Sodafabrik). Der Prüfmotor ist ein **Einzylinder-Viertaktmotor** mit **Verdampfungskühlung,** d. h., der Motor besitzt keine Wasserpumpe, sondern das Kühlwasser verdampft, und der in einem Kondensator niedergeschlagene Dampf läuft als Kondensat zum Zylinder zurück. Das **Verdichtungsverhältnis** läßt sich während des Betriebs **zwischen 4 und 11** verstellen (Bild 6.1.3). Es gibt zwei genormte Prüfverfahren: die **Research-Methode** und die **Motor-Methode.** Die Unterschiede der beiden Prüfverfahren sind in Tabelle 2 aufgeführt. Bei der Motor-Methode wird das Kraftstoff-Luft-Gemisch hinter dem Vergaser aufgeheizt und bei der Research-Methode die Luft vor dem Vergaser.

Der Prüfmotor wird mit einem Drehstromkurzschlußläufer angelassen und belastet. Die Messung

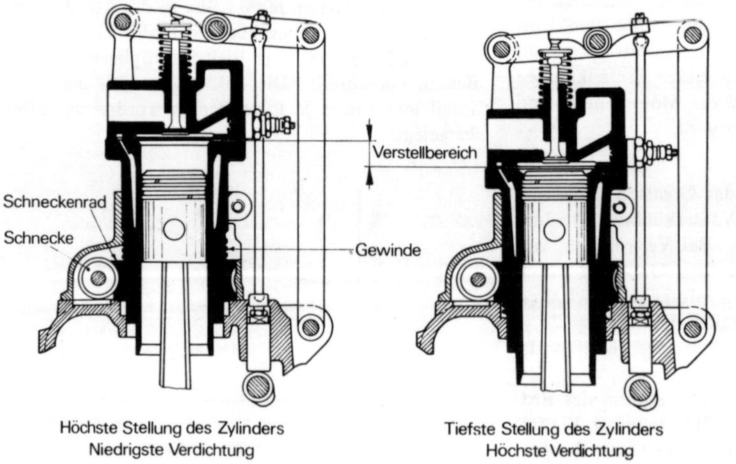

Bild 6.1.3. Verstellen des Verdichtungsverhältnisses (Prüfottomotor von Fa. Ruf)

Bild 6.1.4. Bestimmung der Oktanzahl

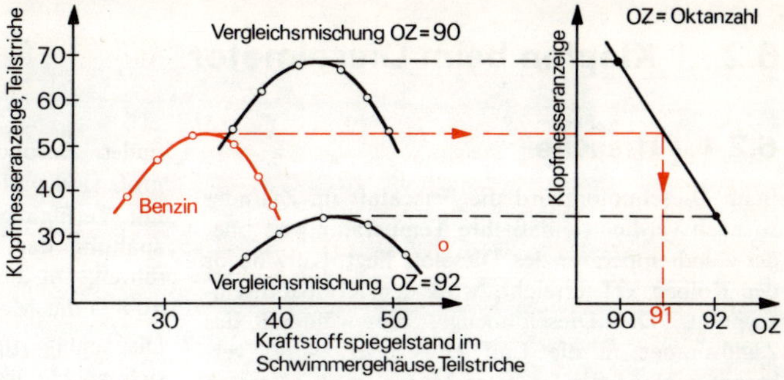

erfolgt immer bei stärkstem Klopfen des Kraftstoffs. Dazu wird das Luftverhältnis an einem in der Höhe verstellbaren Schwimmer auf maximale Klopfstärke einreguliert. Die Klopfstöße werden über einen magnetostriktiven Geber und einen elektronischen Verstärker an einem Millivoltmeter angezeigt. Die Verdichtung des Motors wird so eingestellt, daß die Klopfmesseranzeige des zu untersuchenden Benzins in der Mitte der Skala liegt. Dann werden zwei Vergleichsmischungen, deren Oktanzahl sich nur um zwei Einheiten unterscheiden dürfen, gefahren. Die eine Vergleichsmischung muß stärkeres Klopfen und die andere schwächeres als das Benzin herbeiführen. Durch lineare Interpolation wird die Oktanzahl des Benzins bestimmt und auf halbe Einheiten gerundet (Bild 6.1.4). Das gleiche Benzin erhält nach der Motor-Methode eine kleinere Oktanzahl als nach der Research-Methode. **Die Motor-Oktanzahl (MOZ) ist bei den heutigen Benzinen etwa 10 Einheiten kleiner als die Research-Oktanzahl (ROZ).** Dieser Unterschied kommt daher, weil sich Olefine und Aromaten bei beiden Prüfverfahren verschieden verhalten. Heute beträgt die ROZ bei Benzin etwa 90 bis 92 und bei Superbenzin 96 bis 98 Einheiten.

Neben MOZ und ROZ gibt es noch die **Straßenoktanzahl (SOZ).** Sie wird nach der **„Modified-Uniontown-Methode"** im Fahrzeug auf der Straße ermittelt. Der warme Motor wird zunächst mit verschiedenen Vergleichsmischungen aus Isooktan und Normalheptan mit Vollgas im direkten Gang aus der Geschwindigkeit heraus beschleunigt, die noch ruckfreies Fahren erlaubt. Die Zündung wird dabei so lange verstellt, bis gerade Klopfen zu hören ist. Man erhält die in Bild 6.1.5 eingezeichnete Bezugskurve. Nun bestimmt man nach der gleichen Methode für das zu untersuchende Benzin die Zündeinstellung, bei der gerade Klopfen beginnt. Aus der Bezugskurve liest man die SOZ des Benzins ab. Bei verschiedenen Motoren ergeben sich für dasselbe Benzin unterschiedliche Meßwerte für die Straßenoktanzahl.

Tabelle 2

Unterschiede im Prüfverfahren bei Motor- und Research-Methode (CFR-Motor)

	Motor-Methode	Research-Methode
Drehzahl in 1/min	900	600
Zündung vor OT in °KW	26 bei $\varepsilon = 5{,}0$ 24 bei $\varepsilon = 5{,}5$ 22 bei $\varepsilon = 6{,}0$ 19 bei $\varepsilon = 7{,}0$	konstant 13
Gemischtemperatur in °C	149	–
Lufttemperatur in °C	–	52

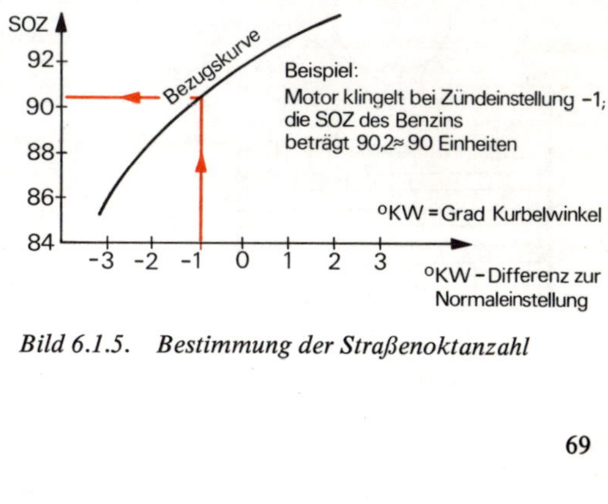

Bild 6.1.5. Bestimmung der Straßenoktanzahl

6.2. Klopfen beim Dieselmotor

6.2.1. Ursache

Beim Dieselmotor wird die Frischluft im Zylinder so hoch verdichtet, daß ihre Temperatur weit über der Zündtemperatur des Dieselöls liegt. Kurz bevor der Kolben OT erreicht, wird der Kraftstoff eingespritzt. Die Dieselölmenge, die während des Zündverzugs in die Luft eingespritzt wird, verbrennt schlagartig. Ist diese Menge groß, so treten starke Druckwellen auf und erzeugen das nagelnde Klopfgeräusch.

6.2.2. Maßnahmen zur Verhinderung des Klopfens

Besonders laut ist das Klopfen meist bei kalten im Leerlauf oder mit geringer Belastung drehenden Fahrzeugmotoren zu hören. Schuld daran ist der große Zündverzug, der bekanntlich mit steigendem Druck und wachsender Temperatur kleiner wird. Das Leerlaufnageln ist nicht gefährlich für den Motor und verschwindet mit zunehmender Belastung.

Bei **Motoren mit direkter Einspritzung** des Dieselöls in die Luft des Brennraums verhindert man das Klopfen, wenn man die während des Zündverzugs eingespritzte Kraftstoffmenge klein hält. Die Hauptmenge wird erst nach Beginn der Verbrennung zugeführt. Einen Nachteil wird man hierbei allerdings nicht ganz vermeiden können, nämlich das Rußen. Ruß entsteht dann, wenn der Kraftstoff vor seiner Verbrennung nicht genügend Zeit zur Verdampfung und Vermischung mit der Luft findet. Besonders wenn Druck und Temperatur groß sind und nur wenig Luft für die Verbrennung zur Verfügung steht, treten Krackreaktionen (Aufspaltung der Moleküle) auf, die zur Rußbildung führen. Da dieser Ruß nicht vollständig verbrennt, trübt er das Motorabgas.

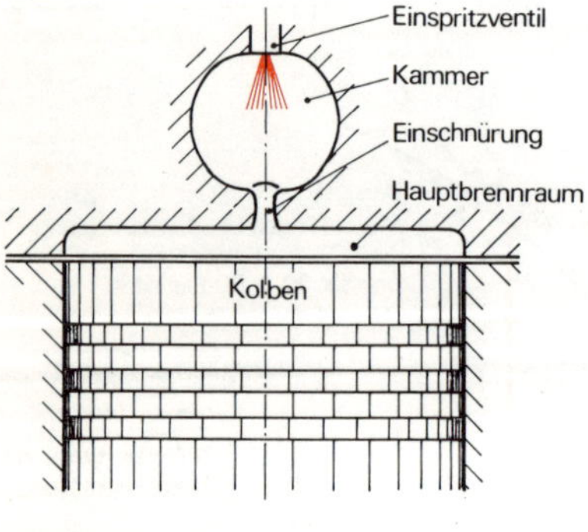

Bild 6.2.1. Unterteilter Brennraum

Die schlagartige Verbrennung des Kraftstoffs läßt sich auch durch **Unterteilung des Brennraums** unterdrücken. Das Dieselöl wird in einen vom Zylinder abgeschnürten Raum eingespritzt (Bild 6.2.1). Dort kann nicht aller Kraftstoff verbrennen, da zu wenig Luft vorhanden ist. Durch die Vorverbrennung erhöhen sich Temperatur und Druck in dem abgeschnürten Raum. Der nicht verbrannte Kraftstoff wird mit großer Geschwindigkeit von dem Gas durch die Einschnürung in den Zylinderraum geblasen, und es folgt dort die Restverbrennung. Infolge der zeitlichen Dehnung der Verbrennung wird das Klopfen auch bei Kraftstoffen mit größerem Zündverzug verhindert. Allerdings wird dieser Vorteil durch erhöhten spezifischen Kraftstoffverbrauch erkauft.

Neben diesen beiden **Gemischbildungsverfahren,** bei denen der **Kraftstoff in die Luft eingespritzt** wird, gibt es seit etwa 20 Jahren ein von Dr. Meurer bei der MAN entwickeltes Verfahren, das den umgekehrten Weg beschreitet. Der **Kraftstoff** wird **als dünner Film auf eine Brennraumwand (z. B. Kolben) aufgespritzt.** Klopfen tritt bei diesem Verfahren nicht auf, da der Kraftstoff nur in dem Maße verbrennt, wie er von der Wand abdampft und sich mit der rotierenden Luft mischt. Die nach diesem Gemischbildungsverfahren arbeitenden Motoren nennt man **Vielstoffmotoren,** denn man kann in ihnen vom Schmieröl über Dieselöl bis zum Benzin alle Kraftstoffe verbrennen.

Auch von seiten der Kraftstoffhersteller ist man bemüht, das Klopfen zu verhindern. **Dieselöl** fällt bei der Erdöldestillation im **Siedebereich von 200 bis 360 °C** an. Es enthält viele geradkettige paraffinische Kohlenwasserstoffe, die sehr zündwillig sind. Die **Dichte von Dieselöl** beträgt **etwa 0,82 g/cm³** und sein Heizwert $H_u \approx$ **42 000 kJ/kg** (10 100 kcal/kg). Durch Zusatz von Zündbeschleunigern läßt sich die Zündwilligkeit des Dieselöls noch steigern. Ihre Wirkung beruht darauf, daß sie sofort bei Eintritt in die heiße Luft verbrennen und durch Temperatursteigerung den Zündverzug des Dieselöls verkürzen. Es genügt, dem Dieselöl 0,1 bis 1 Vol.-% Zündbeschleuniger zuzumischen.

6.2.3. Bestimmung der Zündwilligkeit des Dieselöls

Die Zündwilligkeit des Dieselöls wird durch seine Cetanzahl (CaZ) angegeben. Sie drückt aus, daß das Dieselöl genauso zündwillig ist wie eine bestimmte Vergleichsmischung aus Cetan und α-Methylnaphthalin. **Der zündwillige Mischungspartner ist das Cetan. Es bekam die Cetanzahl 100 zugeordnet und α-Methylnaphthalin die CaZ 0.** So bedeutet z. B. Cetanzahl 55, daß das Dieselöl genauso zündwillig ist wie eine Vergleichsmischung aus 55 Vol.-% Cetan und 45 Vol.-% α-Methylnaphthalin. **Die Zündwilligkeit steigt mit wachsender Cetanzahl.**

Die **Cetanzahlbestimmung** ist in der **DIN-Norm 51773** festgelegt. Es besteht keine besondere Vorschrift über die Bauart des Prüfmotors, da grundsätzlich jeder mit geeigneten Meßgeräten ausgestattete Dieselmotor zur Ermittlung der Cetanzahl eingesetzt werden kann. Meistens werden als **Prüfmotoren Einzylinder-Viertaktmotoren** mit Wasserkühlung verwendet. In Deutschland und Amerika hat sich die Meßmethode mit konstantem Zündverzug bei veränderlicher Verdichtung durchgesetzt.

Im folgenden wird die Messung der Cetanzahl mit dem 1952/54 bei der Fa. BASF entwickelten **Prüfdiesel** kurz beschrieben. Dieser Motor dient in der Bundesrepublik Deutschland am häufigsten zur Cetanzahlbestimmung. Er ist ein **Viertakt-Dieselmotor mit Wirbelkammer und Verdampfungskühlung.** Mit einem Drehstromkurzschlußläufer wird er angelassen und bei einer Drehzahl von 1000 1/min belastet. Zuerst fährt man das zu untersuchende Dieselöl in dem Motor. Die **Einspritzmenge** muß auf einen Verbrauch von **20 cm^3** in **150 ± 5 s** einreguliert werden, und der **Einspritzzeitpunkt** ist auf **20 °KW vor OT** einzustellen. In der Ansaugleitung des Motors sitzt eine **Drosselklappe** und davor eine **Meßdüse,** die an ein **Vakuummeter** angeschlossen ist. Die Drosselklappe wird so weit geschlossen und dadurch der Verdichtungsdruck erniedrigt, daß der **Zündverzug des Dieselöls 20 °KW** beträgt und die Verbrennung genau in OT beginnt. Der am Vakuummeter angezeigte Unterdruck wird für die Auswertung notiert. Die Zündwilligkeit des Dieselöls ist groß, wenn der gemessene Unterdruck klein ist. Dann strömt nämlich nur wenig Luft durch die Düse, und der Verdichtungsenddruck ist niedrig. Im Anschluß an die Messung des Dieselöls werden zwei Vergleichsmischungen unter denselben Bedingungen gefahren. Die **Vergleichsmischungen** dürfen sich in der Cetanzahl **nur um 5 Einheiten unterscheiden.** Ferner muß die Cetanzahl des Dieselöls zwischen den beiden Cetanzahlen der Vergleichsmischungen liegen. Aufgrund der festgehaltenen Vakuummeteranzeigen wird die Cetanzahl des Dieselöls durch lineare Interpolation berechnet und auf ganze Einheiten gerundet.

Die Cetanzahlen der heutigen Dieselöle liegen bei Werten von 50 bis 55.

7. Gemischbildung

Der Kraftstoff benötigt zu seiner Verbrennung Sauerstoff. Dieser wird dem Motor in der Verbrennungsluft zugeführt. **Die Gemischbildungsverfahren haben die Aufgabe, vor Einsetzen oder auch während der Verbrennung ein zündfähiges, gleichmäßiges Gemisch herzustellen, das möglichst vollständig verbrennt.** Für die vollständige Verbrennung, bei der die Kohlenwasserstoffe mit Sauerstoff Kohlendioxid und Wasser bilden, sprechen zwei gewichtige Gründe:

1. Verwandlung aller im Kraftstoff chemisch gebundenen Energie in Wärme.
2. Reinheit der Abgase; sie enthalten kein Kohlenmonoxid, keine Kohlenwasserstoffe und keinen Ruß.

Eine vollständige Verbrennung kann nur dann erzielt werden, wenn das Luftverhältnis $\lambda \geqq 1$ ist; im Idealfall müßte neben jedem Kraftstoffteilchen das zur Oxydation notwendige Sauerstoffteilchen liegen. Am raschesten und einfachsten lassen sich zwei Gase miteinander mischen. Dies erklärt die Überlegenheit der Gasmotoren in bezug auf Verbrennung und Reinheit der Abgase.
Auch bei den mit flüssigen Kraftstoffen betriebenen Motoren muß für eine vollständige Verbrennung der Kraftstoff in die Dampfform übergeführt werden. Da Dieselöl eine hohe Siedetemperatur hat, stellt die Gemischbildung im Dieselmotor den Motorenbauer vor große Probleme. Die kettenförmigen Kohlenwasserstoffmoleküle des Dieselöls neigen nämlich bei den auftretenden Temperaturen und Drücken zum Kracken (Zerfall der Moleküle in Bruchstücke). Als Folge des Krackens entsteht Ruß, der nicht vollständig verbrennt und das Abgas trübe färbt.

7.1. Gemischbildung beim Ottomotor

Ottomotoren werden vorwiegend mit Benzin betrieben. Daher werden hier nur die Gemischbildungsverfahren für Benzin behandelt. Allerdings gewinnt der Gasmotor heute aus zwei Gründen wieder an Bedeutung:

1. Durch neue Erdgasfunde werden zunehmend billige Kraftstoffquellen für Gasmotoren erschlossen.
2. Die Vorschriften zur Reinhaltung der Luft lassen sich mit Gasmotoren viel leichter erfüllen.

Die Gemischbildung beginnt im Vergaser oder der Einspritzanlage und endet im Zylinder während des Verdichtungshubs. **Vergaser und Einspritzanlage haben die Aufgaben, die Benzinmenge auf die Luftmenge abzustimmen und ein möglichst gleichmäßiges Gemisch herzustellen.** Die Saugrohre zwischen Vergaser und Einlaßventilen müssen so gestaltet werden, daß allen Zylindern eine gleich große Gemischmenge zugeführt und der Kraftstoff nicht aus der Mischung ausgeschleudert wird. Einspritzanlagen erlauben eine freizügige Konstruktion der Saugrohre, denn der Kraftstoff wird entweder kurz vor den Ventilen in den Einlaßkanal oder direkt in den Zylinder eingespritzt. Durch die Form des Einlaßkanals (z. B. eine Spirale) und des Brennraums läßt sich die Gemischbildung weiter verbessern.

7.1.1. Vergaser

Der **Vergaser** trägt seinen Namen eigentlich zu Unrecht, denn es findet in ihm in erster Linie eine **Vernebelung oder Zerstäubung des Kraftstoffs** statt. Am Anfang der Motorenentwicklung gab es allerdings wirkliche Vergaser, in denen die Luft nur mit dampfförmigem Kraftstoff gemischt wurde. In Bild 7.1.1 ist ein solcher **Oberflächenvergaser** schematisch dargestellt.
Die vom Motor angesaugte Luft streicht über die Benzinoberfläche und reichert sich mit Dämpfen an. Zur Unterstützung der Dampfbildung wird der Vergaser mit Abgas beheizt. Durch Umlenkung des Gemischstroms werden nicht verdampfte Kraftstofftröpfchen ausgeschieden und fließen zum Behälter zurück.

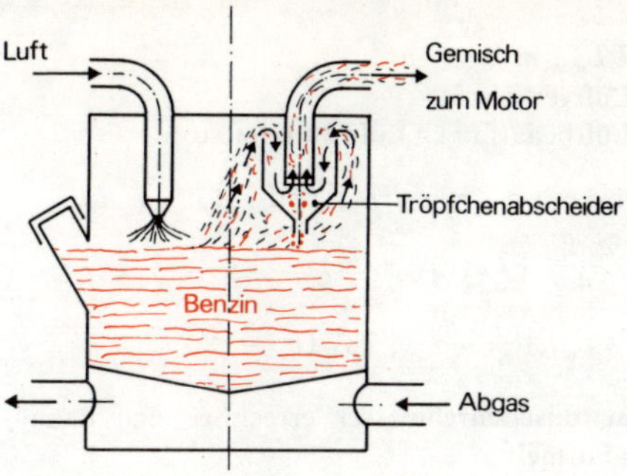

Bild 7.1.1. Prinzipskizze eines Oberflächenvergasers

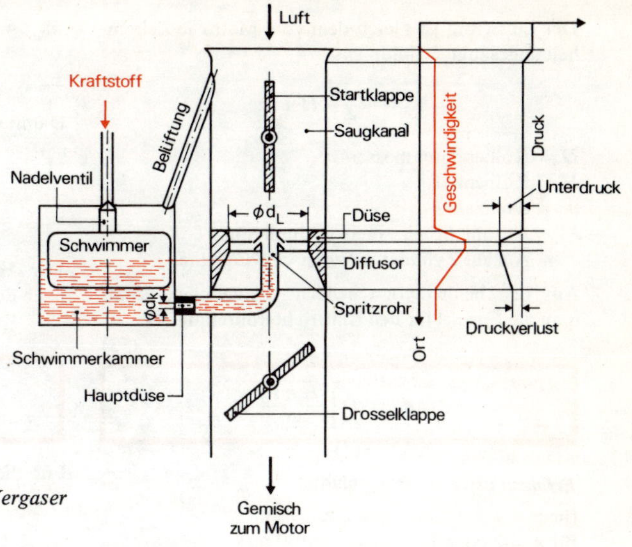

Bild 7.1.2. Vereinfachter Vergaser

Schon bald konnte der sehr ausladend bauende Oberflächenvergaser die mit wachsender Motorleistung steigende Gemischmenge nicht mehr liefern. Er wurde daher vom **Spritzvergaser,** dem Vorläufer unserer heutigen Vergaser, abgelöst.

7.1.1.1. Arbeitsweise des vereinfachten Vergasers

Aus Bild 7.1.2 sind folgende Vergaserbauteile ersichtlich:

Saugkanal, Startklappe, Lufttrichter, Drosselklappe, Schwimmerkammer, Schwimmer, Nadelventil, Hauptdüse, Spritzrohr.

Die vom Motor angesaugte Luft strömt in den **Saugkanal** ein. Im **Lufttrichter,** der aus Düse, zylindrischem Teil und Diffusor besteht, wird der Luft Kraftstoff aus dem **Spritzrohr** zugemischt. Die **Drosselklappe** reguliert die zum Motor gelangende Gemischmenge und somit das Motordrehmoment. Der Kraftstoff tritt über das **Nadelventil** in die **Schwimmerkammer** ein. Der **Schwimmer** regelt den Kraftstoffstand so ein, daß bei stehendem Motor kein Benzin aus dem Spritzrohr fließt. Die **Hauptdüse** beeinflußt die Gemischzusammensetzung. Für eine gute Zerstäubung des Kraftstoffs ist eine große Luftgeschwindigkeit nötig, die in der **Düse des Lufttrichters** erzeugt wird. Gleichzeitig entsteht ein Unterdruck, so daß der Kraftstoff aus dem Spritzrohr herausschießt. Im **Diffusor** wird die Geschwindigkeitsenergie z. T. wieder in Druckenergie zurückverwandelt. Die **Schwimmergehäusebelüftung** bewirkt, daß in der Schwimmerkammer derselbe Druck herrscht wie am Anfang des Saugkanals. Zum Starten des kalten Motors wird die vor dem Lufttrichter sitzende **Startklappe** geschlossen. Der Motor saugt dadurch wenig Luft, aber viel Benzin an. Dieses überfettete Gemisch enthält dann genügend bei niedriger Temperatur siedende Kraftstoffbestandteile, so daß sich ein zündfähiges Gemisch bildet. Während der Warmlaufperiode muß die Startklappe allmählich geöffnet werden.

7.1.1.2. Vereinfachte Vergaserberechnung

Zur vorläufigen Festlegung von Lufttrichter- und Hauptdüsendurchmesser genügt eine **Näherungsrechnung.** Die genaue Abstimmung des Vergasers auf den Motor geschieht auf dem Motorenprüfstand.

Für die Näherungsrechnung werden folgende vereinfachte Annahmen getroffen:

1. Die Luft wird wie ein inkompressibles Medium behandelt.
2. Strömungsverluste werden vernachlässigt.
3. Hinter der Hauptdüse herrscht derselbe Unterdruck wie am Spritzrohr und davor der Saugkanaldruck.

Wendet man die **Kontinuitätsgleichung** auf den **Luftstrom** an, so kann man schreiben:

$$\dot{V} = \frac{\pi\, d_1^2}{4}\, w_m$$

$\dot{V}$ = Luftstrom (Luftvolumen je Zeiteinheit)
d_L = Lufttrichterdurchmesser im zylindrischen Teil
w_m = mittlere Luftgeschwindigkeit, Erfahrungswert

Der Luftstrom ist gleich dem vom Motor je Zeiteinheit angesaugten Volumen:

$$\dot{V} = \frac{\pi D^2}{4} H n i z$$

D = Kolbendurchmesser
H = Kolbenhub
n = Drehzahl
i = Anzahl Arbeitsspiele je Umdrehung
z = Anzahl Zylinder je Vergaser-Saugkanal

Aus den beiden vorstehenden Gleichungen erhält man die **Formel für den Lufttrichterdurchmesser:**

(53)

$$d_L = D \sqrt{\frac{H n i z}{w_m}}$$

Erfahrungswerte für w_m sind:

für $z = 1$ ist $w_m \approx$ 75 m/s
für $z = 2$ oder 3 ist $w_m \approx$ 100 m/s
für $z = 4$ und mehr ist $w_m \approx$ 120 m/s

Der Hauptdüsendurchmesser wird so bestimmt, daß das gewünschte Mischungsverhältnis Kraftstoff zu Luft entsteht. Die Gleichungen für die **Massenströme von Luft und Kraftstoff** lauten:

$$\dot{m}_L = \alpha_L A_L w_m \rho_L$$
$$\dot{m}_K = \alpha_K A_K w_K \rho_K$$

Index L bedeutet Luft, Index K Kraftstoff,
$\dot{m}$ = Massenstrom (Masse je Zeiteinheit)
α = Durchflußzahl
A = Querschnitt
w_m = Luftgeschwindigkeit
w_K = Kraftstoffgeschwindigkeit
ρ = Dichte

Die **Geschwindigkeiten** lassen sich durch die Gleichungen ausdrücken:

$$w_m = \sqrt{\frac{2}{\rho_L}(p_b - p_E)} \quad \text{und} \quad w_K = \sqrt{\frac{2}{\rho_K}(p_b - p_E)}$$

p_b = Atmosphärendruck, Saugkanaldruck
p_E = Druck in Engstelle des Lufttrichters

Setzt man die Formeln für die Geschwindigkeiten in die Gleichungen der Massenströme ein, so erhält man:

$$\dot{m}_L = \alpha_L A_L \sqrt{2 \rho_L (p_b - p_E)}$$
$$\dot{m}_K = \alpha_K A_K \sqrt{2 \rho_K (p_b - p_E)}$$

Der **Massenstrom der Luft** läßt sich schreiben:

$\dot{m}_L = \lambda L_{min} \dot{m}_K$
λ = Luftverhältnis
L_{min} = Luftbedarf in kg Luft/kg Kraftstoff

Damit wird mit $A_L = \pi d_L^2/4$ und $A_K = \pi d_K^2/4$

$$\alpha_L \frac{\pi d_L^2}{4} \sqrt{2 \rho_L (p_b - p_E)} =$$
$$= \lambda L_{min} \alpha_K \frac{\pi d_K^2}{4} \sqrt{2 \rho_K (p_b - p_E)}$$

Der **Hauptdüsendurchmesser** errechnet sich dann nach der **Formel:**

(54)

$$d_K = d_L \sqrt{\frac{\alpha_L}{\alpha_K} \frac{1}{\lambda L_{min}}} \sqrt[4]{\frac{\rho_L}{\rho_K}}$$

Für die **Durchflußzahlen** kann man mit folgenden

$\alpha_L \approx 0{,}8$
$\alpha_K \approx 0{,}85$

Die Höchstleistung des Motors erzielt man bei einem Luftverhältnis $\lambda \approx 0{,}9$.
Der Luftbedarf für Benzin beträgt $L_{min} \approx 14{,}5$ kg/kg.
Benzin hat die Dichte $\rho_K \approx 730$ kg/m³.
Die Luftdichte bei 0,9 bar (1 bar $\hat{=}$ 1,02 kp/cm²) und 10 °C ist etwa 1,1 kg/m³.
Setzt man alle vorstehenden Werte in Gleichung (54) ein, so ergibt sich für den **Hauptdüsendurchmesser:**

$$d_K = d_L \, 0{,}053$$

Da die Erfahrungswerte von der Vergaserbauart abhängen, gilt für die **Beziehung zwischen Hauptdüsen- und Lufttrichterdurchmesser die Faustformel:**

(55)

$$d_K = d_L (0{,}051 \cdots 0{,}053)$$

7.1.1.3. Vergaserbauarten

Die Vergaser lassen sich nach verschiedenen Gesichtspunkten ordnen:

1. Durchströmrichtung des Gemischs.
2. Form des Bauteils für die Gemischregulierung.
3. Regelung des Kraftstoffzuflusses.
4. Zahl und Bauart der Saugkanäle.

Nach der **Durchströmrichtung** kann man drei Bauarten unterscheiden (Bild 7.1.3). Heute werden nur noch **Fall- und Flachstromvergaser** gebaut. Der **Steigstromvergaser** ermöglichte es zwar, den Motor

Bild 7.1.3. Vergaserbauarten

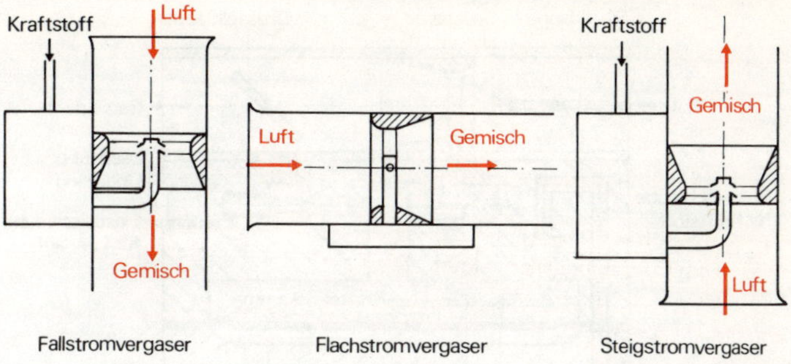

niedrig auszuführen, verschlechterte aber die Zylinderfüllung, da das Gemisch entgegen der Schwerkraft strömen mußte. Außerdem bestand die Gefahr, daß größere Kraftstofftröpfchen aus dem Luftstrom wieder ausgeschieden wurden.

Auch der **Flachstromvergaser** eignet sich für Motoren niedriger Bauhöhe. Verwendet man Flachstrom-Mehrfachvergaser, so erzielt man eine gute Zylinderfüllung, da der Gemischstrom nur wenig umgelenkt werden muß.

Die meisten Motoren werden mit **Fallstromvergasern** betrieben. Bei dieser Vergaserbauart bewegt sich der Gemischstrom in Richtung der Schwerkraft. Daraus ergibt sich eine große Zylinderfüllung, und die Neigung zur Tröpfchenausscheidung bleibt auf ein Minimum beschränkt.

Die **Gemischmenge** wird entweder durch **Drosselklappen** oder durch **Schieber** reguliert. Als Schieber werden Zylinderschieber oder Flachschieber verwendet (Bild 7.1.4).

Die **Drosselklappe** ist einfach im Aufbau, stört aber selbst bei voller Öffnung den Gemischdurchfluß. Liegt die Drosselklappenachse infolge von Fertigungsungenauigkeiten nicht exakt in der Mitte des Saugkanals, so kann dies zu ungleichmäßiger Gemischverteilung auf die einzelnen Zylinder führen.

Der **Zylinderschieber** wird vorwiegend in Vergaser für Motorradmotoren eingebaut; neuerdings werden auch Automobilvergaser mit Zylinderschiebern ausgerüstet. Bei Änderung der Schieberstellung bleibt die Luftgeschwindigkeit nahezu konstant. Dadurch ist die Kraftstoffzerstäubung bei allen Drehzahlen und Belastungen gleichmäßig gut. Das Drehmoment zeigt einen günstigen Verlauf, und der Vergaser arbeitet von Leerlauf bis Höchstleistung ohne Zusatzeinrichtungen.

Flachschieber werden vor allem in Rennmotoren – meistens allerdings bei Benzineinspritzung – eingesetzt. Mit einem Schieber können exakt gleichmäßig mehrere Saugkanäle gesteuert werden, und

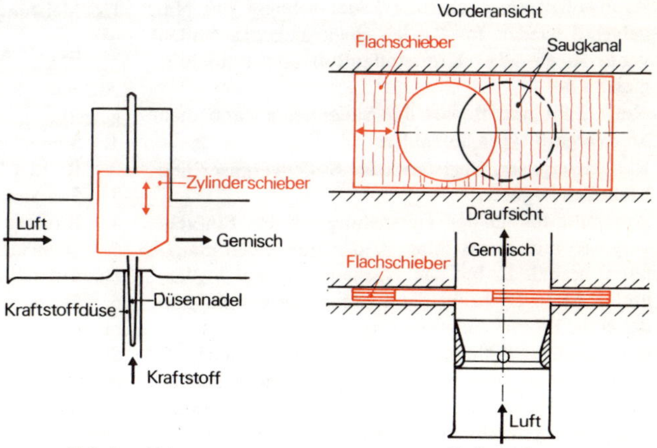

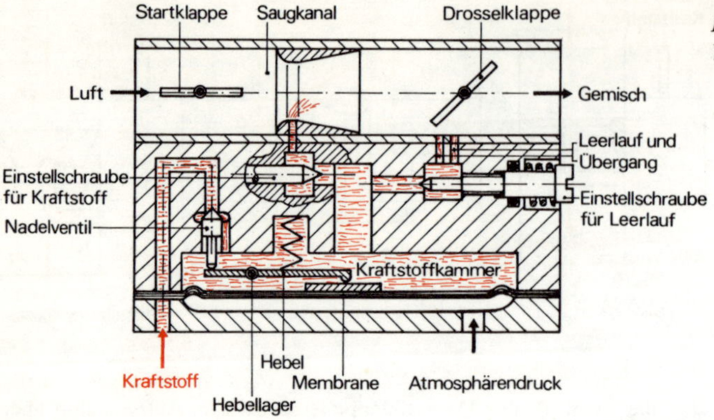

Bild 7.1.5. Schwimmerloser Vergaser

bei Vollgas wird der Gemischdurchfluß nicht behindert.

Der **Kraftstoffzufluß** wird bei den meisten Vergasern mit einem oder zwei **Schwimmern** geregelt. Es gibt aber auch schwimmerlose Vergaser. Diese findet man in Motorsägen u. ä. Geräten, die sich in jeder Gebrauchslage sicher betreiben lassen müssen. In Bild 7.1.5 ist ein **schwimmerloser Vergaser** dargestellt. Seine Wirkungsweise soll kurz beschrieben werden.

Der Kraftstoff tritt durch das Nadelventil in die Kraftstoffkammer ein. Wird kein Kraftstoff entnommen, schließt die Feder über den Hebel das Nadelventil. Bei laufendem Motor saugt die durch den Saugkanal strömende Luft Kraftstoff aus der Kraftstoffkammer, und der Druck sinkt. Die Membrane wird durch den Atmosphärendruck nach oben durchgebogen, drückt gegen die Federkraft den Hebel hoch, und das Nadelventil läßt Kraftstoff einströmen. Dadurch steigt der Druck in der Kraftstoffkammer, und die Feder schließt das Nadelventil wieder. Im Betrieb spielt sich das Nadelventil so ein, daß Kraftstoffzufluß und Entnahme gleich sind.

Nach **Zahl und Bauart der Saugkanäle** kann man drei Vergasertypen aufzählen:

Einfachvergaser, Register- oder Stufenvergaser und **Mehrfachvergaser.**

Am billigsten in der Herstellung ist der **Einfachvergaser mit Drosselklappe,** der nur einen Saugkanal besitzt. Er hat den Nachteil, daß bei Vollast und höherer Drehzahl die Füllung stark sinkt und daher die Literleistung klein ist.

Eine bessere Füllung über den ganzen Betriebsbereich erzielt man mit dem **Register- oder Stufenvergaser.** Dieser hat zwei parallel liegende Saugkanäle mit **getrennt steuerbaren Drosselklappen.** Im Teillastbereich strömt das Gemisch nur durch den einen Kanal, der andere bleibt geschlossen. Ist die Motorbelastung so weit angestiegen, daß die erste Drosselklappe fast voll offen ist, muß zur Leistungserhöhung auch die zweite Drosselklappe geöffnet werden. Der Gemischstrom verteilt sich nun auf beide Saugkanäle, und die Zylinder werden auch bei großer Belastung und hoher Drehzahl, d. h. Höchstleistung, gut gefüllt.

Der **Mehrfachvergaser** besteht aus zwei oder drei zu einem Block mit gemeinsamer Schwimmerkammer zusammengebauten Einfachvergasern. Die Saugkanäle öffnen nicht nacheinander, sondern gleichzeitig, denn alle Drosselklappen sind parallelgeschaltet. Baut man z. B. an einen Vierzylindermotor zwei Doppelvergaser an, so wird jeder Zylinder von einem Saugkanal mit Gemisch versorgt. Der Vorteil dieser Bauart ist, daß alle Zylinder die gleiche Menge Gemisch erhalten und der Gemischstrom nur wenig umgelenkt wird. Aus diesem Grund eignen sich Mehrfachvergaser besonders für Hochleistungsmotoren.

7.1.1.4. Arbeitsweise des Vergasers

An einen Vergaser werden folgende **Anforderungen** gestellt:

1. Schnelles, sicheres Starten.
2. Runder Leerlauf.
3. Sparsamer Teillastverbrauch.
4. Rasches Ansprechen beim Beschleunigen.
5. Gemischanreicherung zur Erreichung der Höchstleistung.
6. Dosierung des Kraftstoffs und Gemischbildung müssen so erfolgen, daß in keinem Betriebspunkt die Schadstoffe im Abgas die zulässigen Grenzwerte überschreiten.

Für niedrigen Kraftstoffverbrauch muß das Luftverhältnis $\lambda \approx 1{,}1$ sein, wie aus Bild 7.1.6 zu erkennen ist. Zur Erzielung der Höchstleistung ist

Bild 7.1.6. Abhängigkeit von b_e und P_e vom Luftverhältnis

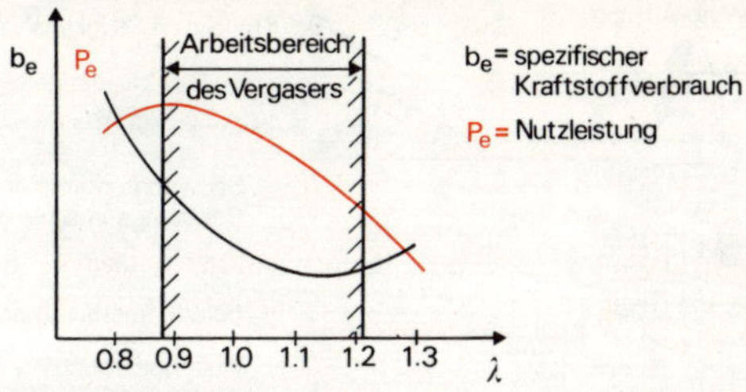

Bild 7.1.7. Startklappe mit Startautomatik (Fa. Solex)

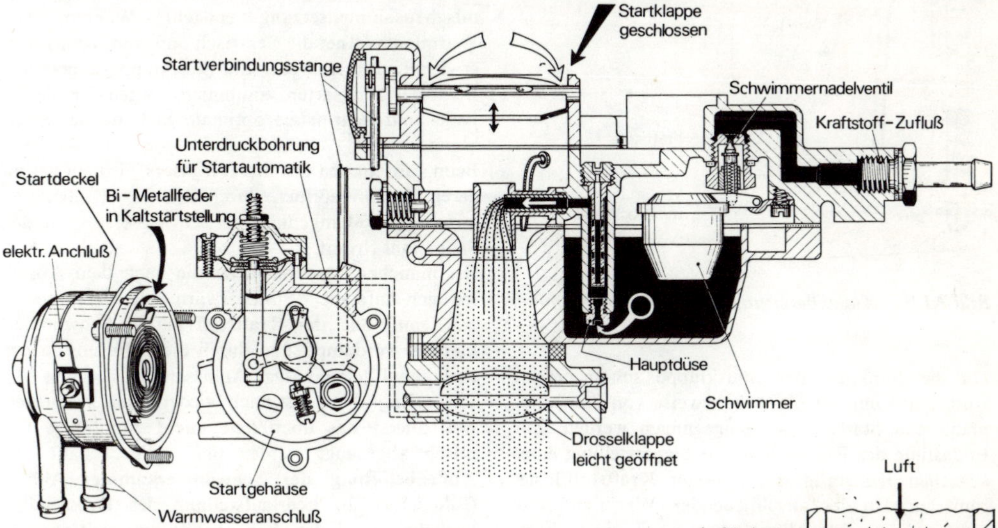

ein $\lambda \approx 0{,}9$ notwendig, da dann die Flammengeschwindigkeit im Brennraum ein Maximum ist. Der Vergaser, der alle diese Bedingungen erfüllen soll, muß wesentlich komplizierter aufgebaut sein als der in Kapitel 7.1.1.1. besprochene vereinfachte Vergaser.
Im folgenden werden alle für die Einzelfunktionen des Vergasers vorhandenen Bauteile getrennt behandelt.

1. Starten

Beim Starten muß **Kalt- und Warmstart** unterschieden werden.
Damit im kalten Motor ein zündfähiges Gemisch entsteht, muß das Startgemisch viele Benzinbestandteile enthalten, die bei niedriger Temperatur sieden. Dies erreicht man durch starkes Anreichern des Gemischs. Dafür stehen zwei Einrichtungen zur Verfügung:
Startklappe mit Startautomatik (Bild 7.1.7) oder **Startvergaser** (Bild 7.1.8).

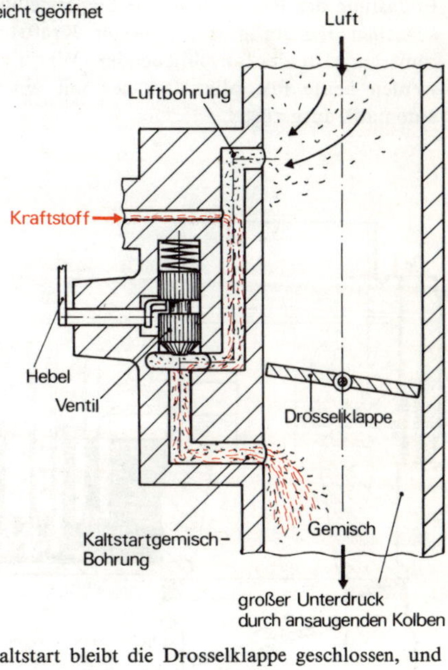

Beim Kaltstart bleibt die Drosselklappe geschlossen, und das Ventil wird mittels Hebel angehoben.

Bild 7.1.8. Prinzipskizze eines Startvergasers

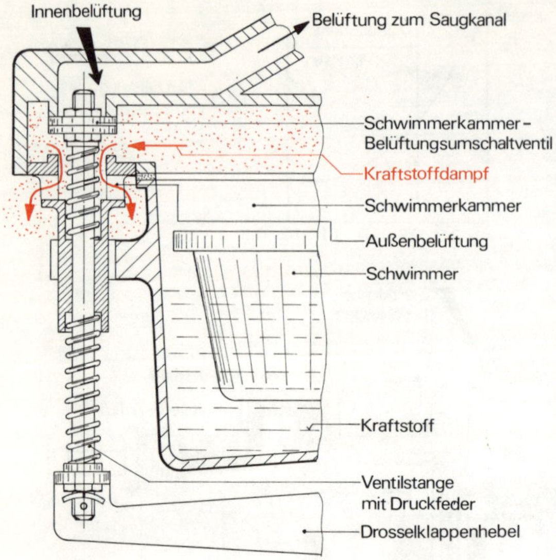

Bild 7.1.9. Außenbelüftung der Schwimmerkammer

Da die Funktion der Startklappe schon erklärt wurde, soll nur auf die Arbeitsweise von Startautomatik und Startvergaser eingegangen werden. Zur Entlastung des Fahrers und zur Sicherstellung eines schnellen Kaltstarts mit richtiger Kraftstoffdosierung auch in der anschließenden Warmlaufphase werden heute fast alle Vergaser mit einer Startautomatik ausgerüstet.

Vor dem Anlassen des Motors wird das Gaspedal einmal durchgetreten und wieder losgelassen. Dabei kann die kalte **Bimetallfeder** die Startklappe schließen und gleichzeitig über eine Verbindungsstange und Rücklaufsperre (Zahnsegment) die Drosselklappe etwas offenhalten. Nachdem der Motor angesprungen ist, bewirkt eine vom Unterdruck im Saugkanal beaufschlagte Membrane ein geringes Öffnen der Startklappe, damit die für den Betrieb des kalten Motors (erhöhte Reibungsleistung) richtige Gemischzusammensetzung entsteht. Während des Warmlaufs öffnet die elektrisch und vom Kühlwasser erwärmte Bimetallfeder die Startklappe allmählich. Beide Heizungsarten kombiniert sorgen für die bei Kalt- und Warmstart optimale Stellung der Startklappe.

Beim Einschalten des **Startvergasers** wird ein besonderer Kanal geöffnet, durch den das Kaltstartgemisch unter Umgehung der Drosselklappe in den Saugkanal strömt.

Bei manchen Motoren heizt die nach dem Abstellen sich aufstauende Motorwärme den Vergaser so stark auf, daß der Kraftstoff in der Schwimmerkammer verdampft und durch die Belüftung in den Saugkanal gelangt. Das Anlassen des warmen Motors gelingt dann erst nach wiederholten Versuchen, weil zuerst das überfettete, nicht zündfähige Gemisch abgesaugt werden muß. Hier schafft eine **Außenbelüftung der Schwimmerkammer** Abhilfe (Bild 7.1.9). In Leerlaufstellung des Drosselklappenhebels wird das Außenbelüftungsventil angehoben, und der Kraftstoffdampf entweicht ins Freie.

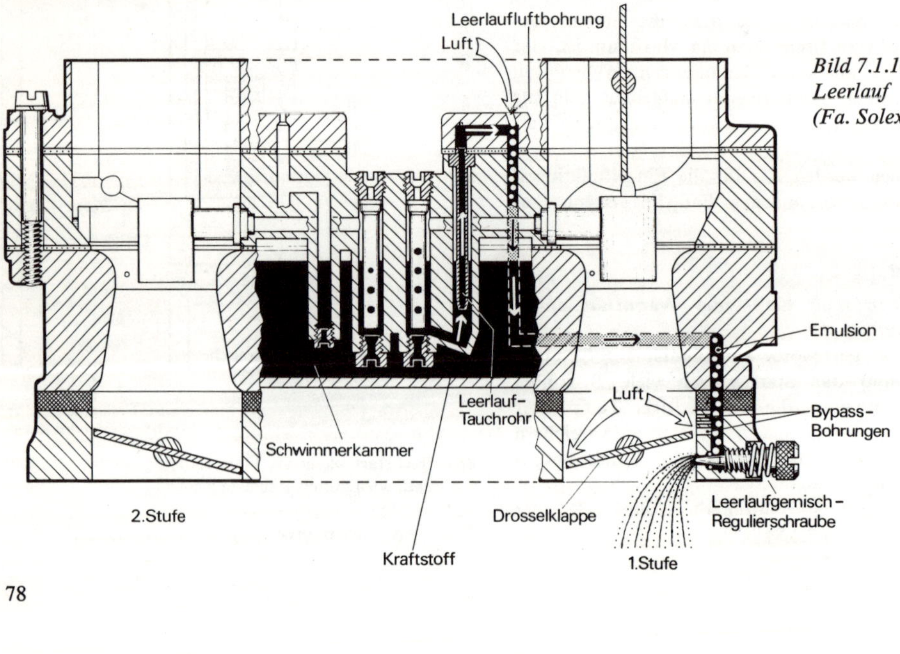

Bild 7.1.10. Leerlauf (Fa. Solex)

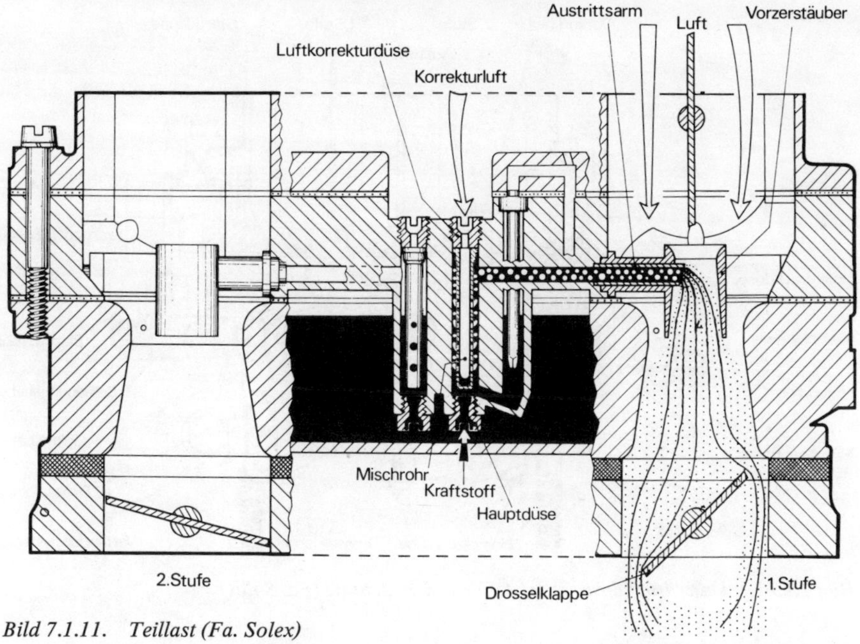

Bild 7.1.11. Teillast (Fa. Solex)

Diese Maßnahme steht allerdings nicht in Einklang mit den Forderungen nach Reinhaltung der Luft.

2. Leerlauf

Im Leerlauf ist infolge fast geschlossener Drosselklappe der Unterdruck im Lufttrichter sehr klein, und es tritt kein Kraftstoff aus dem Hauptdüsensystem aus. Der Motor wird aus dem **Leerlaufsystem** mit Kraftstoff versorgt (Bild 7.1.10). Der aus der Schwimmerkammer durch das **Leerlauftauchrohr** fließende Kraftstoff reichert sich an der **Leerlaufluftbohrung** mit Luft an. Diese Emulsion strömt über die **Leerlaufgemisch-Regulierschraube** hinter der Drosselklappe in den Saugkanal. Dort bildet sich das Leerlaufgemisch aus der Emulsion und der durch den Drosselklappenspalt gelangenden Luft.
Die **Bypass-Bohrungen** am Drosselklappenspalt sorgen für einen guten Übergang vom Leerlauf- auf das Hauptdüsensystem, wenn die Drosselklappe etwas weiter geöffnet wird. Dann entsteht nämlich an diesen Bohrungen ein erhöhter Unterdruck, und es spritzt Emulsion aus.

3. Teillast

Der in den Bildern dargestellte Vergaser ist ein **Registervergaser.** Im Teillastbereich arbeitet zunächst nur der **Saugkanal der 1. Stufe** mit seinem Hauptdüsensystem (Bild 7.1.11). Der Kraftstoff tritt durch die **Hauptdüse** in das **Mischrohr** ein. Dort wird ihm **Korrekturluft** zugemischt. Die Emulsion aus Kraftstoff und Korrekturluft spritzt im Vorzerstäuber aus dem Austrittsarm heraus und bildet mit der vorbeiströmenden Luft das Teillastgemisch. Durch die Korrekturluft bleibt auch bei steigender Luftgeschwindigkeit im Lufttrichter, d. h. abnehmender Luftdichte, die Gemischzusammensetzung ungefähr konstant. Der Kraftstoff wird dann nämlich im Mischrohr stärker mit Korrekturluft angereichert.
Mit wachsender Drosselklappenöffnung und Drehzahl steigt der Unterdruck im Lufttrichter. Bei voll offener Drosselklappe der 1. Stufe und großer Drehzahl öffnet die **Unterdruckdose** die Drosselklappe der 2. Stufe (Bild 7.1.12). Sobald das Gaspedal vom Fahrer wieder zurückgenommen wird, schließt eine mechanische Rückführung die zweite Drosselklappe.

4. Beschleunigen

Damit der Motor auf jedes „Gasgeben" sofort reagiert, wird dabei durch das **Einspritzrohr** zusätzlich Kraftstoff in den Lufttrichter eingespritzt. Dieser Kraftstoff wird vom Pumpenkolben gefördert (Bild 7.1.13). Das Beschleunigungssystem führt nur dem ersten Saugkanal Kraftstoff zu.

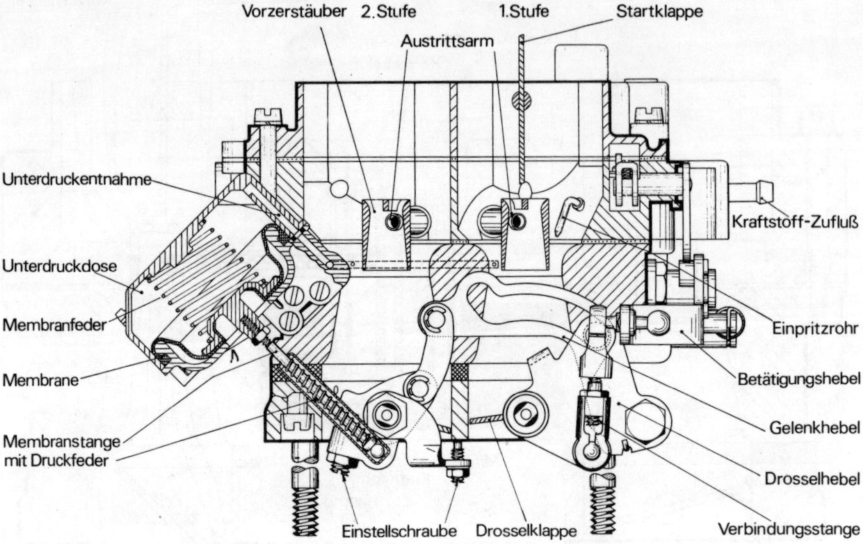

Bild 7.1.12. Unterdruckdose zum Öffnen der 2. Stufe (Fa. Solex)

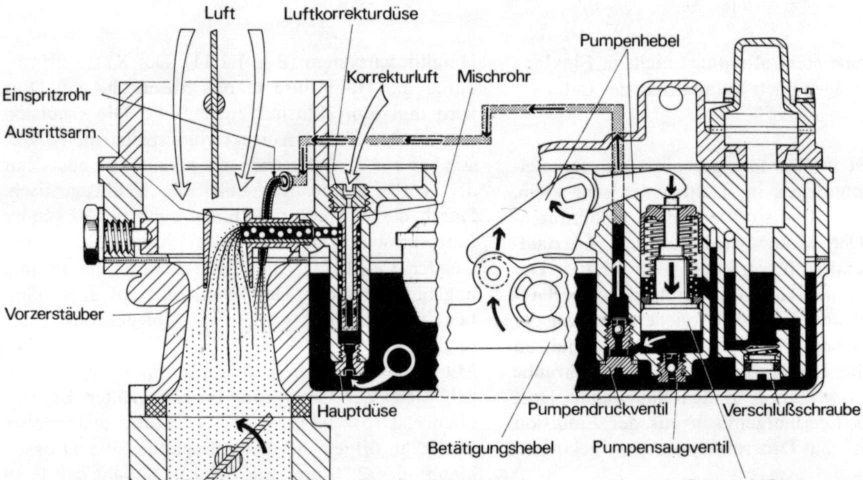

Bild 7.1.13. Beschleunigen (Fa. Solex)

Ohne den Zusatzkraftstoff würde das Gemisch momentan abmagern, da der Kraftstoffstrom infolge größerer Trägheit nicht so schnell zunimmt wie der Luftstrom.

5. Höchstleistung

Zur Erzielung der Höchstleistung muß das Gemisch mit Kraftstoff bis auf $\lambda \approx 0,9$ angereichert werden. Dies geschieht mit Hilfe der Beschleunigungseinrichtung. Aus diesem Grund mündet das Einspritzrohr im Lufttrichter an einer Stelle, an der bei Höchstleistung der Unterdruck so groß wird, daß ohne Betätigung des Pumpenkolbens Kraftstoff herausgesaugt wird.

6. Verringerung der Schadstoffemission

Durch richtige Kraftstoffdosierung und gute Gemischbildung läßt sich die Emission von Kohlenmonoxid und Kohlenwasserstoffen auf kleinste Werte reduzieren.

Im **Leerlauf** besteht die Gefahr, daß infolge großer Restgasmengen im Zylinder Verbrennungsaussetzer auftreten. Dabei werden Wolken unverbrannter Kohlenwasserstoffe ausgestoßen. Um Verbrennungsaussetzer zu vermeiden, wird die Drosselklappe nicht ganz geschlossen, so daß immer ein zündfähiges Gemisch gebildet wird. Damit die Leerlaufdrehzahl dabei nicht zu groß wird, wird die Zündung auf „spät" gestellt.

Ein **plötzliches Schließen der Drosselklappe** hat ebenfalls eine erhöhte Schadstoffemission durch Gemischüberfettung zur Folge. Der Unterdruck im Saugrohr wird dann nämlich sehr groß, und der auf der Wand niedergeschlagene Kraftstoff verdampft. Hier schafft ein **Schließdämpfer** Abhilfe.

Manche Motoren neigen dazu, nach schneller Fahrt trotz abgeschalteter Zündung weiterzulaufen. Schuld daran sind Glühzündungen durch glühende Rückstände im Brennraum oder Zündkerzen mit zu niedrigem Wärmewert. Dieses Übel wird durch den Einbau eines **elektromagnetischen Abschaltventils** in das Leerlaufsystem behoben (Bild 7.1.14).

Im **Schiebebetrieb** (Auto treibt Motor an, Motor bremst) darf die Drosselklappe nicht vollständig geschlossen werden, da sonst Verbrennungsaussetzer auftreten. Durch eine kombinierte mechanisch-elektronische Schaltung wird die Drosselklappe bei höherer Drehzahl im Schiebebetrieb ein bestimmtes

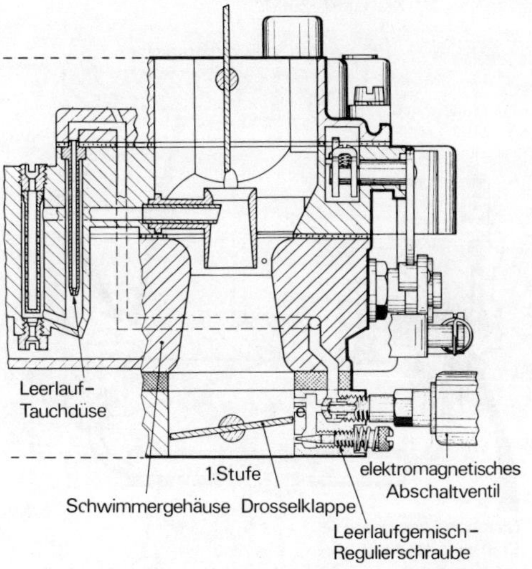

Bild 7.1.14. Elektromagnetisches Abschaltventil (Fa. Solex)

Maß offen gehalten. Bei Erreichen der Leerlaufdrehzahl geht die Drosselklappe in ihre Leerlaufstellung zurück. Die Bremswirkung des Motors wird auf diese Weise zwar verringert, aber der Ausstoß von Kohlenwasserstoffen stark herabgesetzt.

Ohne **Höhenkorrektur** liefert der Vergaser mit steigender Ortshöhe ein immer fetteres Gemisch, da die Luftdichte abnimmt. Als Folge davon sinkt die Höchstleistung des Motors mehr als es der verringerten Luftdichte entspricht, und die Schadstoffemission wächst. Eine Verbesserung erreicht man durch eine **verstellbare Düsennadel,** die von Membrandosen bewegt wird (Bild 7.1.15).

Alle diese Zusatzeinrichtungen verteuern den Vergaser, tragen aber zur Reinhaltung der Luft bei, und hierfür sollten keine Kosten gescheut werden.

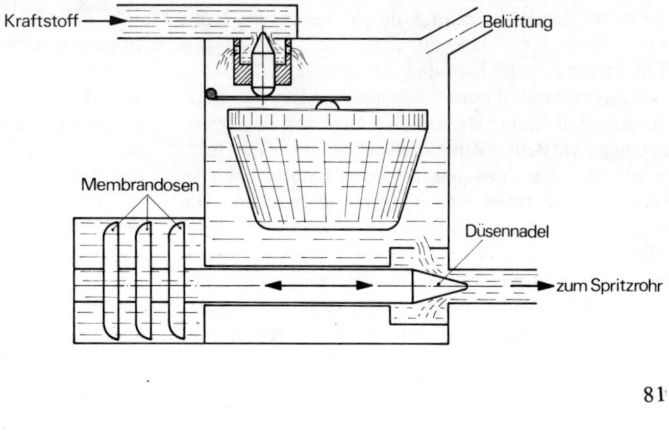

Bild 7.1.15. Höhenkorrektur

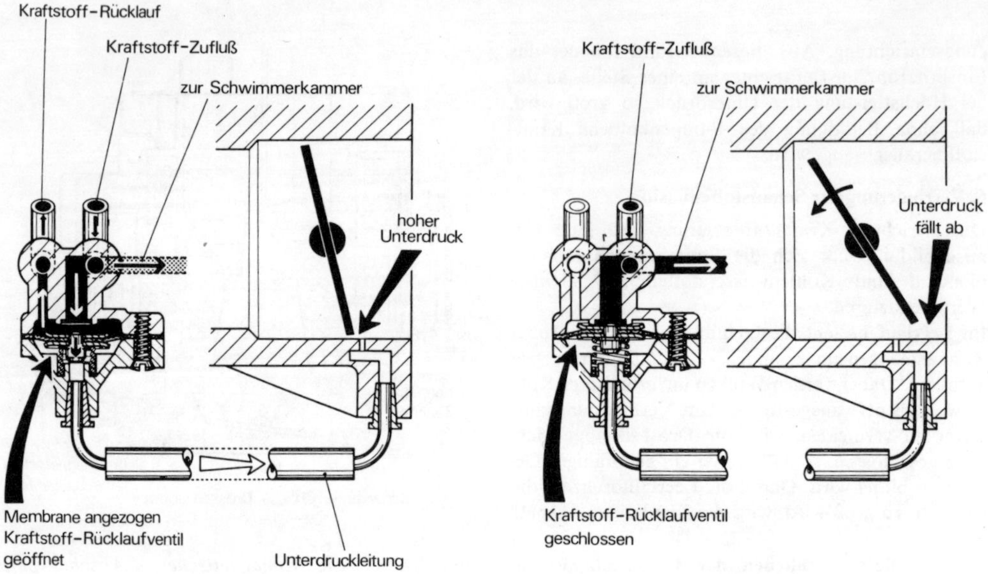

Kraftstoff-Rücklaufventil

Bild 7.1.16. Stromberg-Vergaser (Fa. Solex)

Mit der Betrachtung eines **Vergasers mit Zylinderschieber und Drosselklappe** (Bild 7.1.16) soll das Kapitel „Vergaser" abgeschlossen werden.
Die Drosselklappe steuert wie üblich die zum Motor strömende Gemischmenge und damit das Drehmoment. Die Stellung des Zylinderschiebers oder Kolbens hängt von dem Druck in der Unterdruckkammer ab. Der Kolben gibt über den ganzen Betriebsbereich immer gerade so viel Querschnitt frei, daß an der Nadeldüse Unterdruck und Luftgeschwindigkeit nahezu konstant bleiben. Dadurch kommt dieser Vergaser ohne besondere Leerlaufeinrichtung, Beschleunigungspumpe und Vollastanreicherung aus. Infolge der gleichmäßig guten Zerstäubung zeigt das Drehmoment über dem gesamten Drehzahlbereich einen günstigen Verlauf. Die Kraftstoffdosierung erfolgt durch die in der Höhe verstellbare Nadeldüse zusammen mit der an den Luftschieber angeklemmten Düsennadel. Der freie Ringquerschnitt in der Nadeldüse ist so abgestimmt, daß immer die richtige Gemischzusammensetzung entsteht. Zum Einstellen des Leerlaufs wird die Nadeldüse gesenkt oder gehoben und so das Gemisch fetter oder magerer einreguliert. Die Öldämpfung in der Kolbenachse bewirkt, daß beim plötzlichen Aufreißen der Drosselklappe der Kolben den Luftquerschnitt so langsam vergrößert, daß keine Gemischabmagerung mit schlechtem Übergang entsteht. Beim Starten des kalten Motors reichert ein Startvergaser das Gemisch mit Kraftstoff an. Der Vergaser ist mit einem **Kraftstoff-Rücklaufventil** ausgestattet, das den überschüssigen Kraftstoff zum Tank zurückleitet. Der Kraftstoff bleibt immer kühl, und Dampfblasenbildung wird vermieden. Der Unterdruck an der Drosselklappe steuert das Rücklaufventil. Bei Vollast schließt es, und dem Vergaser steht die ganze Kraftstoffmenge zur Verfügung.

7.1.2. Einspritzung

Erste Versuche mit Benzineinspritzung wurden bereits um die Jahrhundertwende durchgeführt. Schon vor dem 1. Weltkrieg gab es Flugmotoren mit Saugrohreinspritzung. Die Anfänge der Hochdruckeinspritzung direkt in den Zylinder fallen in das Jahr 1930. Die Versuchsmotoren waren vorwiegend Viertakt-Flugmotoren. Besonders bei Flugmotoren entstanden nämlich öfter Unfälle durch Vergaservereisung oder Überlaufen des Kraftstoffs mit anschließendem Vergaserbrand. Als Einspritzpumpen fanden die von den Dieselmotoren her bekannten Pumpen Verwendung. Sie wurden sowohl

6*

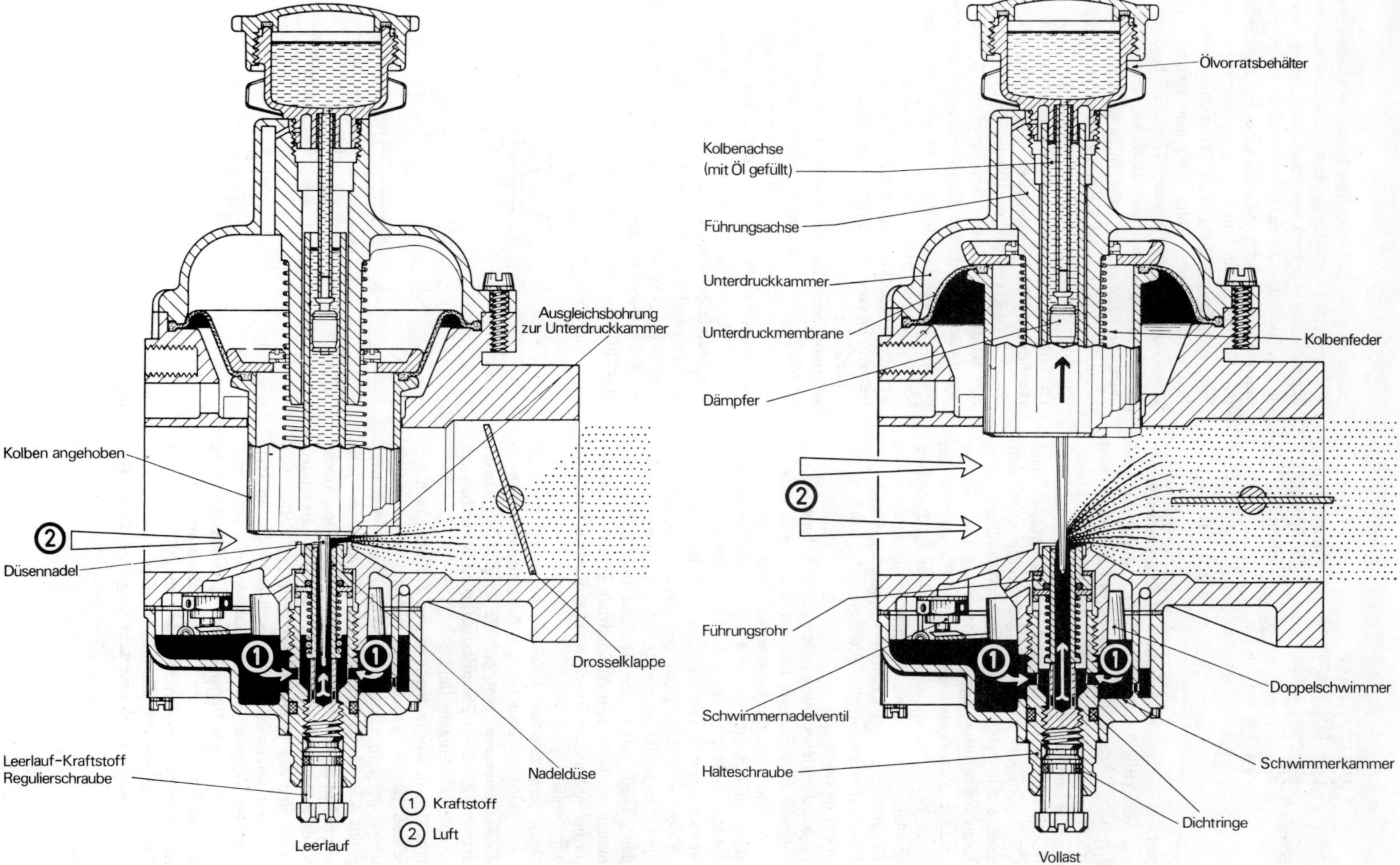

Ausgleichsbohrung
zur Unterdruckkammer
Kolben angehoben
Düsennadel
Drosselklappe
Nadeldüse
Leerlauf-Kraftstoff
Regulierschraube
Leerlauf
1 Kraftstoff
2 Luft
Ölvorratsbehälter
Kolbenachse
(mit Öl gefüllt)
Führungsachse
Unterdruckkammer
Unterdruckmembrane
Kolbenfeder
Dämpfer
Führungsrohr
Doppelschwimmer
Schwimmernadelventil
Schwimmerkammer
Halteschraube
Dichtringe
Vollast

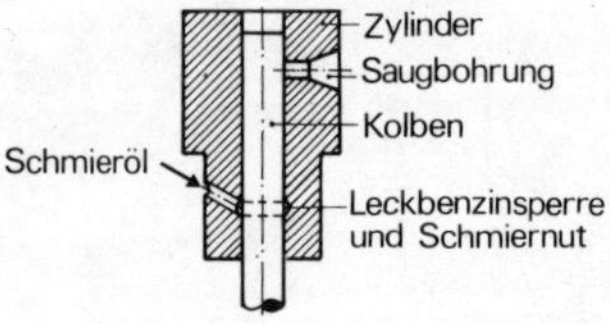

Bild 7.1.17. Pumpenelement für Benzineinspritzung

mit als auch ohne Schmiernut im Pumpenelement gefahren (Bild 7.1.17). Das Benzin wurde mit Zapfen oder Lochdüsen zu Beginn des Saughubs, aber nach Abschluß des Auslaßkanals quer zur Luftbewegung eingespritzt. Große Ventilüberschneidung (Einlaß öffnet vor OT und Auslaß schließt nach OT, so daß beide Ventile gleichzeitig offen sind) ermöglichte eine gute Restgasausspülung ohne Kraftstoffverluste. Die Motorleistung ließ sich gegenüber Vergaserbetrieb bis zu 17% steigern, bei einer Verkleinerung des spezifischen Kraftstoffverbrauchs. 1937 begann die Serienfertigung der ersten Flugmotoren mit Benzineinspritzung, und bis Kriegsende waren alle wichtigen Flugmotoren damit ausgerüstet.

Durch die gleichmäßige Gemischverteilung auf alle Zylinder und die gute Durchspülung infolge großer Ventilüberschneidung verschob sich die Klopfgrenze der aufgeladenen Flugmotoren zu höheren Aufladegraden, so daß die Literleistung gesteigert werden konnte. Die Regelung der Einspritzmenge erfolgte in Abhängigkeit von Druck und Temperatur im drosselklappengesteuerten Saugrohr. Außerdem wurde über eine Höhendose die Einspritzmenge mit fallendem Außendruck etwas vergrößert, da bei sinkendem Druck weniger Restgas im Zylinder verblieb.

Nach dem zweiten Weltkrieg begannen erstmalig 1949 wieder Versuche mit Benzineinspritzung an Zweitaktmotoren. Man erzielte so gute Ergebnisse, daß der **Zweitakt-Einspritzmotor** im Serienbau des Automobils Eingang fand.

Das Benzin wurde direkt in den Zylinder nach Abschluß der Auslaßschlitze während des Verdichtungshubs eingespritzt. Dadurch ließen sich trotz guten Ausspülens Kraftstoffverluste vermeiden. **Die Literleistung konnte gesteigert und der spezifische Kraftstoffverbrauch gesenkt werden.** Besonders stark ging der Kraftstoffverbrauch bei Vollast und niedriger Drehzahl zurück, weil dann die Spülverluste bei Vergaser-Zweitaktmotoren sehr groß sind. Es wurden auch Versuche mit Gemischschichtung durchgeführt. Bei der **Gemischschichtung** ist der Einspritzstrahl so gerichtet, daß unmittelbar an der Zündkerze ein gut zündfähiges Gemisch vorliegt, das übrige Gemisch aber sehr mager ist. Diese Versuche zeigten, daß auch der Benzinmotor mit stark abgemagerten Gemischen ohne Verbrennungsaussetzer betrieben werden kann. Im Automobilbau konnte sich jedoch der Zweitaktmotor nicht durchsetzen, und mit ihm verschwand trotz guter Fahreigenschaften auch der Zweitaktmotor mit Benzineinspritzung.

Für die Entwicklung von Viertaktmotoren mit Benzineinspritzung fehlte nach dem zweiten Weltkrieg zunächst der Anreiz. Trotzdem begann die Daimler-Benz AG schon 1946 mit ersten Versuchen, die 1952 erneut aufgegriffen wurden. Es lagen ja reiche Erfahrungen, besonders aus dem Flugmotorenbau, vor.

Die Automobilmotoren wurden zunächst mit der **Hochdruck-Direkteinspritzung** ausgestattet. Mit einem Druck von 50 bis 100 bar spritzte die Düse den Kraftstoff während des Saughubs in den Zylinder. Bei den kleinen Einspritzmengen der Automobilmotoren bewährten sich die verwendeten Mehrlochdüsen nicht. Ihre Bohrungen verstopften sich und verkokten zu leicht. Deshalb wurde ein **leckbenzinloses Einspritzventil** (Bild 7.1.18) entwickelt.

Während beim Zweitaktmotor der Kraftstoff direkt in den Zylinder eingespritzt werden muß, um Spülverluste zu vermeiden, entfällt dieser Zwang beim Viertaktmotor. Schon bald trat daher neben die Direkteinspritzung die **indirekte Einspritzung** oder **Saugrohreinspritzung** (Bild 7.1.19). Bei dieser wird der Kraftstoff mit niedrigem Druck in das Saugrohr eingespritzt. Die Düse wird meist so eingebaut, daß der Kraftstoffstrahl am offenen Einlaßventil vorbei direkt in den Zylinder zielt.

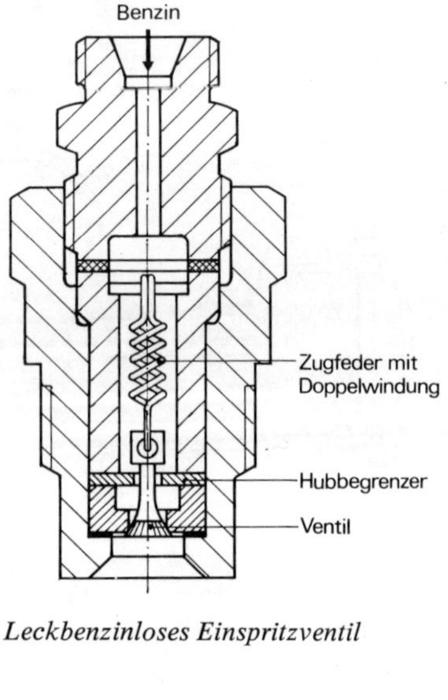

Bild 7.1.18. Leckbenzinloses Einspritzventil

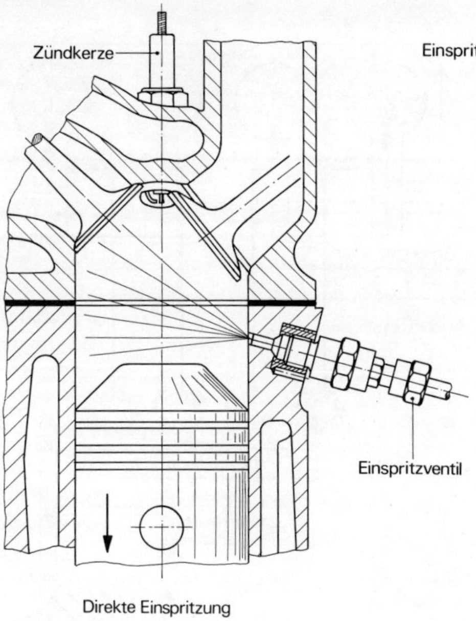

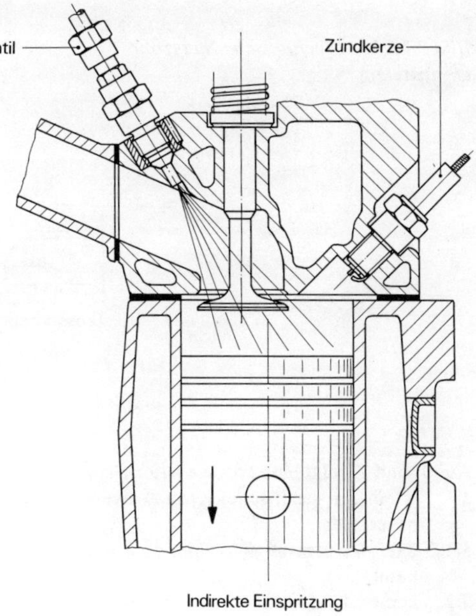

Bild 7.1.19. Direkte und indirekte Einspritzung

Die **Direkteinspritzung** bietet folgende Vorteile:
1. Gute Innenkühlung des Zylinders durch die verdampfenden Kraftstofftröpfchen; die Zylinderfüllung wird dadurch größer, und die Klopfgrenze des Motors verschiebt sich zu einem höheren Verdichtungsverhältnis.
2. Da keine Einbauten im Saugrohr den Luftstrom stören, wächst die Zylinderfüllung.
3. Kein Kraftstoffniederschlag im Saugrohr.
4. Der Motor kann mit Gemischschichtung gefahren werden, h. h., die Kraftstoffstrahlen werden so gerichtet, daß an der Zündkerze ein leicht entzündbares Gemisch, im übrigen Brennraum aber ein sehr mageres Gemisch vorliegt.

Ihre Nachteile sind:
1. Die Einspritzdüse ist den hohen Brennraumtemperaturen und -drücken ausgesetzt. Es besteht die Gefahr, daß die Düsennadel hängenbleibt, der Nadelsitz undicht wird und die Bohrung verkokt.
2. Der Einbau der Einspritzdüse kompliziert die Motorkonstruktion.
3. Größerer Pumpen- und Düsenverschleiß infolge des hohen Einspritzdrucks.

Diese Nachteile treten bei der **Saugrohreinspritzung** nicht auf; der Vorteil der guten Innenkühlung kann teilweise erreicht werden.

Heute werden die meisten Einspritzmotoren mit Saugrohreinspritzung ausgestattet. Die Direkteinspritzung findet man nur noch in Rennmotoren.

In zunehmendem Maße konkurriert die Einspritzung mit dem Vergaser. Die folgende Aufstellung soll daher nochmals die bekannten Vorteile beider Gemischbildungssysteme zusammengefaßt darlegen.

Für die **Benzineinspritzung** sprechen:

1. Verbesserte Zylinderfüllung, da
1.1. keine Drosselung des Luftstroms durch Engstellen entsteht,
1.2. große Ventilüberschneidung mit gutem Ausspülen des Verbrennungsraums möglich ist,
1.3. das Gemisch nicht beheizt werden muß,
1.4. die Saugrohre freizügig für beste Füllung gestaltet werden können.
2. Verschiebung der Klopfgrenze des Motors zu höherem Verdichtungsverhältnis, da
2.1. jeder Zylinder die gleiche Gemischmenge erhält,
2.2. die Innenkühlung des Zylinders durch verdampfenden Kraftstoff möglich ist,
2.3. durch große Ventilüberschneidung das heiße Restgas besser ausgepült wird,
2.4. Gemischschichtung mit reichem Gemisch an der Zündkerze und sehr magerem Gemisch im ferneren Brennraum herbeigeführt werden kann.

Bild 7.1.20. Mechanische Saugrohreinspritzung

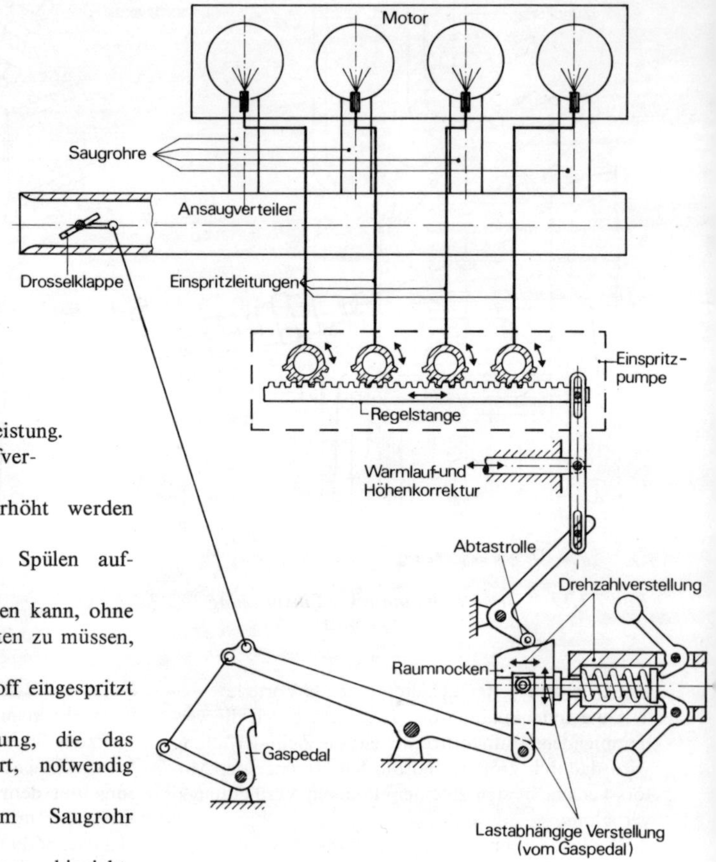

Aus 1. und 2. folgt eine größere Literleistung.

3. Kleinerer spezifischer Kraftstoffverbrauch, da
3.1. das Verdichtungsverhältnis erhöht werden kann,
3.2. keine Kraftstoffverluste beim Spülen auftreten,
3.3. das Gemisch abgemagert werden kann, ohne Verbrennungsaussetzer befürchten zu müssen, infolge von 2.1, 2.3 und 2.4,
3.4. im Schiebebetrieb kein Kraftstoff eingespritzt wird,
3.5. keine Beschleunigungseinrichtung, die das Gemisch zusätzlich anreichert, notwendig ist.
4. Kein Benzinniederschlag im Saugrohr beim Starten des kalten Motors.
5. Unempfindlichkeit des Motors hinsichtlich seiner Gebrauchslage.
6. Genauere Regulierung des Verhältnisses Benzinmenge zu Luftmenge für jede Belastung und Drehzahl.
   Dadurch ist ebenfalls eine Verbrauchssenkung möglich, und die Grenzwerte für die Schadstoffemission sind leichter einzuhalten.

Wenn man diese Aufstellung liest, muß man sich fragen, warum es überhaupt noch Vergaser gibt. Auch der **Vergaser** hat seine Vorteile:

1. Sein Aufbau ist viel einfacher und daher sein Preis wesentlich niedriger.
2. Wartung und Einstellung sind unkompliziert.

Einige der für die Einspritzung angeführten Vorteile sind dem Vergaser nicht generell verschlossen. Durch größeren Bauaufwand kann man auch den Vergaser besser den gestellten Anforderungen anpassen (z. B. Mehrfachvergaseranlagen); natürlich steigt dann sein Preis.

7.1.2.1. Mechanisch gesteuerte Saugrohreinspritzung

Bei der Saugrohreinspritzung spritzt die Düse entweder in den Einlaßkanal des Motors oder am offenen Einlaßventil vorbei in den Zylinder (Bild 7.1.19). Letztere Einspritzart wird bei der mechanisch gesteuerten Saugrohreinspritzung bevorzugt, denn sie besitzt den Vorteil, daß ein Teil des Kraftstoffs im Zylinder verdampft und durch Innenkühlung eine bessere Füllung und Erhöhung des Verdichtungsverhältnisses ermöglicht wird.

Die **Einspritzung** erfolgt mit einem **Druck von etwa 15 bis 30 bar.** Sie beginnt kurz nach Öffnen des Einlaßventils und dauert bei Vollast und Höchstdrehzahl ungefähr 100 °KW. **Die Einspritzmenge wird in erster Linie abhängig von Belastung und Drehzahl gesteuert.**

Die **Hauptteile der Steuereinrichtung** (Bild 7.1.20) sind:

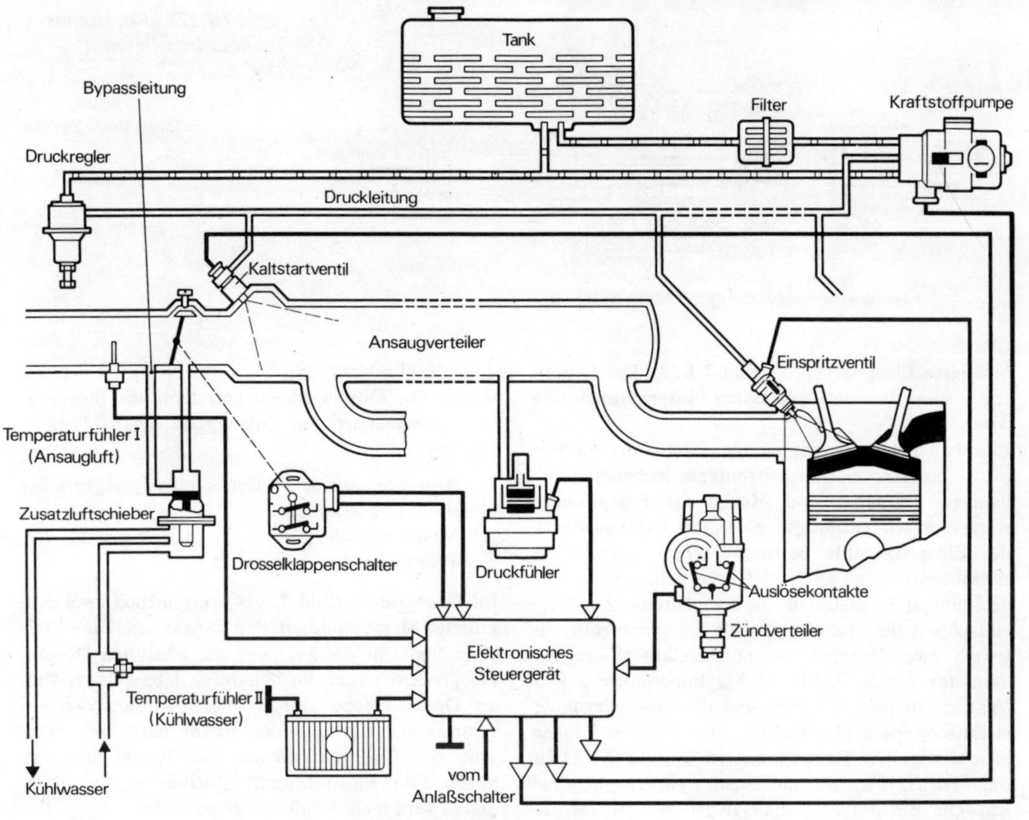

Bild 7.1.21. Elektronische Saugrohreinspritzung (Fa. Bosch)

1. **Raumnocken,** axial verschiebbar und drehbar gelagert.
2. **Abtasteinrichtung** des Raumnockens; sie stellt die Einspritzmenge an der Einspritzpumpe ein.
3. **Drosselklappe** im Ansaugverteiler, über ein Gestänge mit Raumnocken verbunden.
4. **Drehzahlverstelleinrichtung,** verstellt Raumnocken in Abhängigkeit der Motordrehzahl.

Der Raumnocken wird über das Gaspedal (Drosselklappe, lastabhängig) entweder verdreht oder auch axial verschoben. Die Drehzahlverstellung bewegt dann den Raumnocken in Richtung seines anderen Freiheitsgrades.

Die Oberfläche des Raumnockens ist das Ergebnis zahlreicher Prüfstandsversuche. Dabei wurden zu vielen Einstellungen der Drosselklappe und Drehzahlen durch Handverstellung der Einspritzpumpe die für Leistung und spezifischen Kraftstoffverbrauch günstigsten Einspritzmengen ermittelt.

Die durch den Raumnocken festgelegten Einspritzmengen erfahren für besondere Betriebszustände noch Korrekturen. So wird unmittelbar beim Anlassen des noch kalten Motors durch einen Thermozeitschalter die Kraftstoffmenge kurzzeitig erhöht. Beim Warmlaufen wird ebenfalls zur Überwindung der vermehrten Reibungsleistung die Einspritzmenge vergrößert. Bei manchen Ausführungen wird die Kraftstoffmenge auch noch der Ortshöhe angepaßt, d. h. der Luftdichte. Mit abnehmender Luftdichte wird die Einspritzmenge verkleinert.

7.1.2.2. Elektronisch gesteuerte Saugrohreinspritzung

In Bild 7.1.21 ist die von Bosch gebaute **elektronische Saugrohreinspritzanlage** schematisch dargestellt. Sie arbeitet folgendermaßen:

Die elektrisch angetriebene Kraftstoffpumpe fördert Benzin in die Druckleitung der **elektromagnetisch**

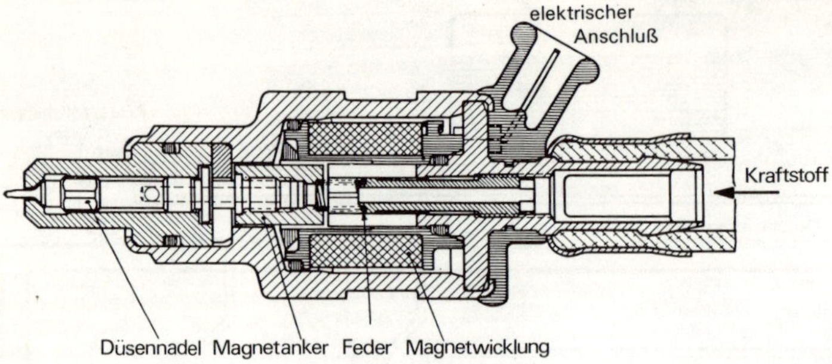

Bild 7.1.22. Elektromagnetisches Einspritzventil (Fa. Bosch)

betätigten Einspritzventile (Bild 7.1.22). Der Druckregler sorgt für einen **konstanten Einspritzdruck von 3 bar.**

Eine Hochdruckeinspritzpumpe wie bei der mechanisch gesteuerten Einspritzanlage ist nicht vorhanden. **Zeitpunkt und Menge der Einspritzung werden durch Öffnungsbeginn und Öffnungsdauer der Einspritzventile bestimmt.** Diese spritzen je Arbeitsspiel, d. h. bei zwei Kurbelwellenumdrehungen, einmal Kraftstoff in die Saugleitung. Zur Vereinfachung der Anlage sind die Einspritzventile in jeweils zwei Gruppen zusammengefaßt (Vierzylindermotor 2 × 2 Ventile, Sechszylindermotor 2 × 3 Ventile). In jeder Gruppe sind die Einspritzventile elektrisch parallelgeschaltet und öffnen daher gleichzeitig. Die Einspritzzeit ist in Bild 7.1.23 in die Arbeitszyklen der einzelnen Zylinder eingetragen. Die Einspritzzeitpunkte liegen so, daß für die Zylinder 1 und 6 der Kraftstoff bei offenen Einlaßventilen eingespritzt wird, bei allen anderen Zylindern aber sind die Ventile während der Spritzzeit geschlossen. Der **Einspritzbeginn** wird durch einen Nocken, der zwei um 180° Nockenwinkel gegeneinander versetzte Auslösekontakte im Zündverteiler betätigt, bestimmt. Die **Einspritzzeit** wird vom elektronischen Steuergerät festgelegt. Die Einspritzventile werden durch Stromimpulse zwischen 2 ms im Leerlauf und 8 ms bei Vollast offen gehalten. Die **Öffnungsdauer** und damit die Einspritzmenge **errechnet das Steuergerät** aus folgenden Hauptdaten:

1. Absoluter statischer Druck im Ansaugverteiler hinter der Drosselklappe.
2. Motordrehzahl.
3. Temperatur der Ansaugluft.

Im **Druckfühler** (Bild 7.1.24) verschieben zwei evakuierte **Membrandosen** den Anker im Eisenkreis einer Spule in Abhängigkeit des absoluten Drucks. Bei großem Druck im Saugrohr, d. h. weit geöffneter Drosselklappe, werden die Membrandosen zusammengedrückt und der Anker nach links verschoben. Dadurch wächst die Induktivität der Spule. Die Einspritzventile bleiben länger offen, und es wird mehr Kraftstoff eingespritzt.

Die **Motordrehzahl** wird mit Hilfe der **Auslösekontakte im Zündverteiler** in das elektronische Steuergerät eingegeben.

Die **Temperatur der Ansaugluft** übermittelt der vor der Drosselklappe sitzende **Temperaturfühler I** dem elektronischen Steuergerät.

Außer diesen Hauptdaten verarbeitet das Steuergerät noch weitere Daten, die zur **Korrektur der Einspritzmenge** in folgenden Betriebsfällen dienen:

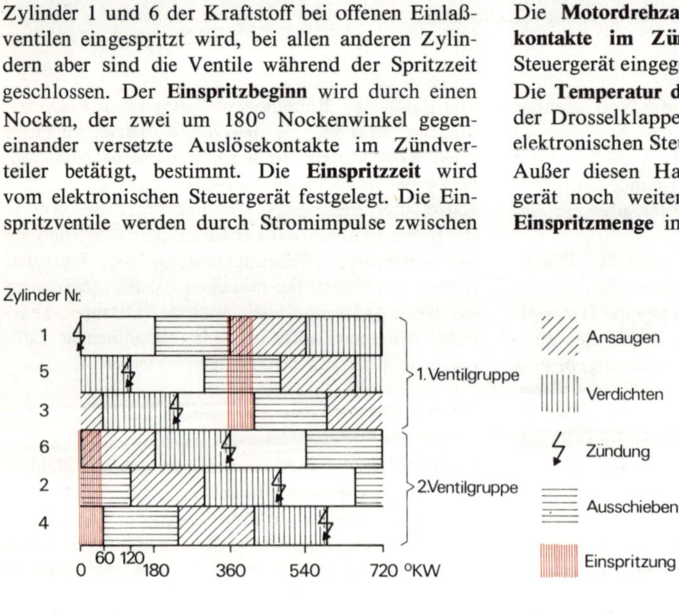

Bild 7.1.23. Einspritzzeit beim Sechszylindermotor

Bild 7.1.24. Druckfühler (Fa. Bosch)

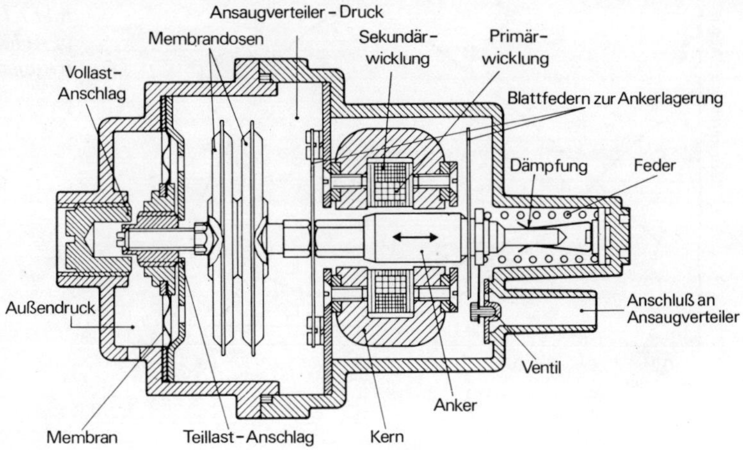

1. Kaltstart
2. Warmlaufen
3. Vollast
4. Beschleunigung
5. Schiebebetrieb

Für den **Kaltstart** muß das Gemisch mit Benzin angereichert werden. Ein **Temperaturfühler II** im Kühlwasser oder bei luftgekühlten Motoren im Zylinderkopf meldet dem Steuergerät die Temperatur. Liegt diese unter einer bestimmten Temperaturgrenze, so wird während des Anlaßvorgangs die Einspritzmenge an den Ventilen erhöht und außerdem durch ein besonderes **Kaltstartventil** Kraftstoff in den Ansaugverteiler eingespritzt.

Während der Warmlaufperiode benötigt der kalte Motor zur Überwindung der Reibungsleistung eine größere Menge Leerlaufgemisch als im warmen Zustand. Deshalb öffnet der vom **Kühlwasser gesteuerte Zusatzluftschieber** die **Bypassleitung** an der Drosselklappe. Es gelangt nun mehr Luft in den Ansaugverteiler, und der steigende Luftdruck bewirkt eine Vergrößerung der Einspritzmenge. Mit wärmer werdendem Kühlwasser schließt der Zusatzluftschieber wieder die Bypassleitung.

Die **Vollastanreicherung** wird über den **Druckfühler** gesteuert. Dazu besitzt er außer den beiden Membrandosen noch eine **Membran,** auf die auf der rechten Seite der absolute Druck im Ansaugverteiler und auf der linken Seite der Außendruck wirken. Bei Vollast, d. h. ganz geöffneter Drosselklappe, ist der Druck auf beiden Seiten der Membran fast gleich, und die Feder kann den Anker im Eisenkreis in Richtung größerer Spuleninduktivität verschieben. Die gesteigerte Induktivität hat längere Stromimpulse an den Einspritzventilen und damit eine erhöhte Einspritzmenge zur Folge.

Für die **Beschleunigung** benötigt die mechanisch gesteuerte Einspritzung keine Zusatzeinrichtung, da die Einspritzpumpe über Gaspedal und Drosselklappe, Raumnocken und Abtastgestänge direkt verstellt wird. Bei der elektronisch gesteuerten Einspritzung mußte eine solche verzögerungsfreie Verstellmöglichkeit zusätzlich geschaffen werden, da der Druckfühler nicht rasch genug anspricht. Eine **direkte Verbindung zwischen Drosselklappe und Steuergerät** besteht über den **Drosselklappenschalter.** Dieser bewirkt, daß beim Öffnen der Drosselklappe sofort auch mehr Kraftstoff eingespritzt wird. Der Drosselklappenschalter erfüllt noch eine andere Aufgabe. Er schaltet im **Schiebebetrieb** bei erhöhter Motordrehzahl die Einspritzung ganz ab. Um beim plötzlichen Auskuppeln im Schiebebetrieb ein Stehenbleiben des Motors zu verhindern, setzt die Einspritzung bei Unterschreiten einer **Grenzdrehzahl** wieder ein. Diese Grenzdrehzahl ändert sich in Abhängigkeit der Motortemperatur. Bei einer Motortemperatur unter 0 °C beträgt die Grenzdrehzahl 1500 1/min, und bei warmer Maschine ist sie 1000 1/min.

Eine **Höhenkorrektur** erübrigt sich bei der elektronischen Einspritzanlage, da die mit der Höhe veränderliche Luftdichte durch den Druckfühler im Ansaugverteiler berücksichtigt wird.

7.1.3. Einfluß der Gemischbildung auf die Schadstoffemission beim Ottomotor

Die Schadstoffemission hängt von vielen Einflußgrößen ab; eine davon ist die Gemischbildung. In

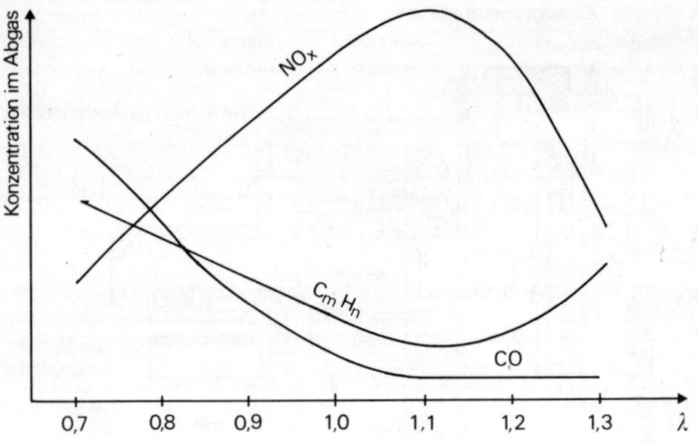

Bild 7.1.25. Schadstoffe im Abgas in Abhängigkeit des Luftverhältnisses (Ottomotor)

Bild 7.1.25 sind die **Schadstoffe Kohlenmonoxid (CO), Stickoxid (NO_x) und Kohlenwasserstoffe (C_mH_n)** über dem Luftverhältnis λ aufgetragen. Daraus geht deutlich der große Einfluß des Luftverhältnisses auf die Schadstoffemission hervor.

Damit der **CO-Anteil im Abgas** klein ist, muß das Gemisch auf mindestens $\lambda = 1{,}1$ abgemagert werden. Um magere Gemische ohne Verbrennungsaussetzer verbrennen zu können, ist es erforderlich, daß die Gemischzusammensetzung in allen Zylindern die gleiche ist und von Arbeitsspiel zu Arbeitsspiel nur wenig schwankt. Diese Forderung läßt sich am besten mit Mehrvergaseranlagen oder noch leichter mit Einspritzanlagen erfüllen. Bei Vergaseranlagen wird allerdings beim Beschleunigen der CO-Anteil infolge notwendiger Gemischanreicherung steigen. Bei beiden Gemischbildungssystemen läßt sich ein Hochschnellen des CO-Anteils bei Höchstleistung nicht vermeiden, wenn nicht auf die Vollastanreicherung ($\lambda \approx 0{,}9$) verzichtet wird. Dieser Verzicht würde natürlich bedeuten, daß die Motorhöchstleistung absinkt. Damit die im Leerlauf vorgeschriebene Grenze von 4,5 Vol.-% CO im Abgas auch mit dem Vergaser über lange Motorlaufzeit nicht überschritten wird, ist das Leerlaufsystem unterteilt in das eigentliche, vom Werk fest eingestellte Leerlaufsystem und ein verstellbares **Umgemischsystem.** An der Schraube für das Umgemischsystem können nur kleine Korrekturen vorgenommen werden.

Die **Kohlenwasserstoffemission** erreicht bei $\lambda \approx 1{,}1$ ihr Minimum, um dann im mageren Bereich wieder anzusteigen. Der Anstieg entsteht durch Verbrennungsaussetzer. Diese ließen sich durch **Gemischschichtung** verhindern. Die Temperatur der Brennraumwände beeinflußt ebenfalls die Kohlenwasserstoffemission, da die Flamme bei einer kalten Wand eher erlischt. Die Wandtemperaturen lassen sich aber nicht so weit heraufsetzen, daß das vorzeitige Erlöschen der Flamme vermieden werden könnte. Durch Verkleinerung der Wandoberfläche läßt sich ihre kühlende Wirkung verringern.

Das Maximum der **Stickoxidemission** liegt etwa bei $\lambda = 1{,}1$, weil da im Motor hohe Brennraumtemperaturen auftreten und genügend Sauerstoff vorhanden ist. Eine wirksame Verringerung der Stickoxidemission wäre nur durch eine starke Erhöhung des Luftverhältnisses möglich. Durch Verbrennungsaussetzer würde dann aber die CH-Emission hochschnellen. Die Verbrennungsaussetzer bei großen λ-Werten lassen sich nur durch Gemischschichtung verhindern; jedoch wäre dafür direkte Einspritzung in den Zylinder notwendig. Die Stickoxidemission könnte auch durch **Abgasrückführung** verringert werden. Hierbei wird eine genau dosierte Abgasmenge dem Frischluftstrom zugesetzt und so der Gemischheizwert und die Verbrennungstemperatur gesenkt. Sowohl Gemischschichtung als auch Abgasrückführung wurden für Serienmotoren bisher nicht angewandt.

Zusammenfassend kann man feststellen, daß durch die beiden Gemischbildungseinrichtungen Vergaser und Einspritzanlage nur die CO- und CH-Emission verkleinert werden kann. Während im Teillastbetrieb bei guter Abstimmung des Vergasers beide Gemischbildungssysteme in etwa dieselben Schadstoffemissionswerte erreichen, sind diese im Schiebebetrieb und beim Beschleunigen bei der Einspritzanlage kleiner als beim Vergaser.

7.2. Gemischbildung beim Dieselmotor

Im Dieselmotor wird Dieselöl verbrannt. Sein **Siedebereich** liegt bei Atmosphärendruck zwischen **200 und 360 °C,** und seine **kinematische Zähigkeit** ν beträgt bei 20 °C etwa **5 cSt** (1 cSt = $^1/_{100}$ St; 1 St = 1 cm^2/s). Ein Vergleich mit den Werten von Benzin (Siedebereich 40 bis 200 °C, $\nu \approx 0{,}6$ cSt bei 20 °C) macht deutlich, daß eine Vergasung bzw. Zerstäubung von Dieselöl in einem Vergaser nicht möglich ist. Selbst wenn diese Möglichkeit gegeben wäre, ließe es das Arbeitsverfahren des Dieselmotors nicht zu, daß der Kraftstoff schon bei der Füllung des Zylinders der Luft zugemischt würde. Das Dieselöl darf erst im Moment der Zündung mit der durch die starke Kompression hoch erhitzten Luft zusammengebracht werden. Auch darf vor der Verbrennung nicht wie beim **Ottomotor** ein **homogenes** (gleichmäßiges, an allen Stellen gleichartiges) **Gemisch** gebildet werden, da sonst infolge einer plötzlichen Entflammung im ganzen Brennraum unzulässig hohe Drücke entstehen würden.

Der Kraftstoff wird beim Dieselmotor von einer Hochdruckeinspritzpumpe mit einigen hundert Atmosphären durch das Einspritzventil in den Brennraum gespritzt. Dieses Verfahren wollte schon Rudolf Diesel anwenden, mußte aber die Versuche aufgeben, da es damals nicht gelang, die Einspritzpumpe mit der notwendigen Präzision herzustellen. Diesel fand nach langem Suchen einen Ausweg im **Lufteinblaseverfahren.** Dabei wurde der im Einspritzventil vorgelagerte Kraftstoff mit Preßluft in den Zylinder geblasen. Einblasedieselmotoren, die mit Luftdrücken von etwa 70 bar arbeiteten, wurden bis 1925 gebaut. Dann hatte sich die **Hochdruckeinspritzung,** die bereits einige Jahre vor dem ersten Weltkrieg erfolgreich ausgeführt worden war, endgültig durchgesetzt.

Zum besseren Verständnis der verschiedenen Gemischbildungsverfahren wird eine Betrachtung des **Verbrennungsablaufs im Dieselmotor** vorausgeschickt. Im Zündzeitpunkt spritzt der Kraftstoff mit großer Geschwindigkeit in den Brennraum, zerstäubt fein in der Luft, und es bildet sich ein **heterogenes** (ungleichmäßiges, uneinheitliches) **Gemisch.** In **Strahlnähe** herrscht **Sauerstoffmangel** und in **Strahlferne Sauerstoffüberschuß,** obwohl für die gesamte Mischung $\lambda > 1$ ist. Die kleinen Kraftstofftröpfchen – bei guter Zerstäubung betragen die Tröpfchendurchmesser nur wenige µm (1 µm = 10^{-6} m) – beginnen in der heißen Luft zu verdampfen und zu brennen. **Verdampfung und Verbrennung** setzen da ein, wo Wärme und Sauerstoff zuerst Zutritt haben, **an der Oberfläche.** Die Verbrennung der äußersten Schicht vollzieht sich sehr rasch, da die ursprünglichen Kraftstoffmoleküle sofort mit dem Sauerstoff reagieren. Bei großer Gesamttröpfchenoberfläche verbrennt viel Kraftstoff auf einmal, und die **Druckänderung je Grad Kurbelwinkel,** d. i. der **Differentialquotient** $\frac{dp}{d\alpha}$, und der **Maximaldruck** p_z sind groß. Eine große Gesamttröpfchenoberfläche entsteht bei sehr feiner Zerstäubung und bei großem Zündverzug. Dann ist nämlich bei Beginn der Verbrennung bereits eine große Menge Kraftstoff im Zylinder. Der Wert von $\frac{dp}{d\alpha}$ sollte möglichst 5 bar/° KW nicht überschreiten, damit der Motor mechanisch nicht zu hoch belastet wird und kein zu hartes Laufgeräusch auftritt.

Während die äußere Schale des Kraftstofftröpfchens verbrennt, steigt im Innern seine Temperatur. **Hohe Temperatur und großer Druck begünstigen bei Sauerstoffmangel das Kracken** (Spalten) **der Moleküle. Die großen Kraftstoffmoleküle zerfallen in reaktionsträgere Bruchstücke.** Besonders anfällig sind dafür die langen, geradkettigen Moleküle im Dieselöl. Nach der Verbrennung der Oberflächenschicht ergreift die Flamme die darunterliegende. In dieser Schicht sind aber bereits Molekülbruchstücke entstanden, und die Verbrennung verläuft langsamer. So wird die anfänglich große Brenngeschwindigkeit zum Verbrennungsende hin immer mehr verzögert. Das Kracken kann so weit fortschreiten, daß zum Schluß nur noch der sehr reaktionsträge Kohlenstoff übrigbleibt. Gelingt es nicht, diesen durch eine starke Luftbewegung ausreichend mit Sauerstoff in Berührung zu bringen, verbrennt er nicht mehr und färbt als Ruß das Abgas dunkel.

Die Wärmefreisetzung bei der Verbrennung wird durch das **Heizgesetz** $\frac{dQ}{d\alpha} = f(\alpha)$ ausgedrückt. In Bild 7.2.1 sind zwei Heizgesetze dargestellt. Bei **Heizgesetz 1** verbrennt sehr viel Kraftstoff schon vor OT, Druckanstieg und Spitzendruck sind groß und das Laufgeräusch ist unangenehm laut. Gegen Ende der Verbrennung verringert sich die Wärmefreisetzung sehr stark infolge von Krackreaktionen, und es besteht die Gefahr der Rußbildung. Einen wesentlich günstigeren Verlauf zeigt das **Heizgesetz 2.** Die Verbrennung beginnt langsam, steigert ihre

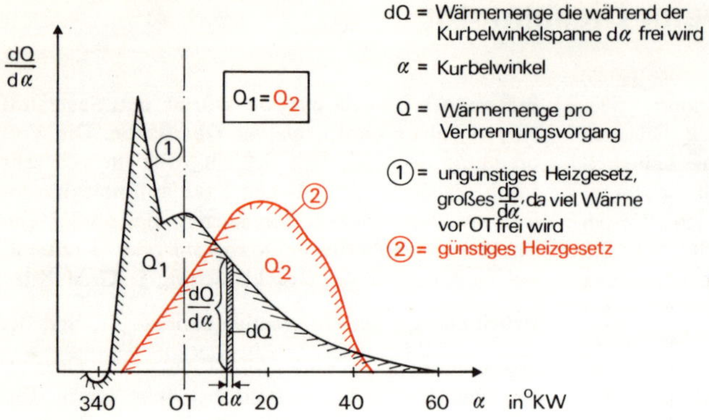

Bild 7.2.1. Heizgesetze

Bild 7.2.2. Direkteinspritzung, Verteilung des Kraftstoffs auf den ganzen Brennraum

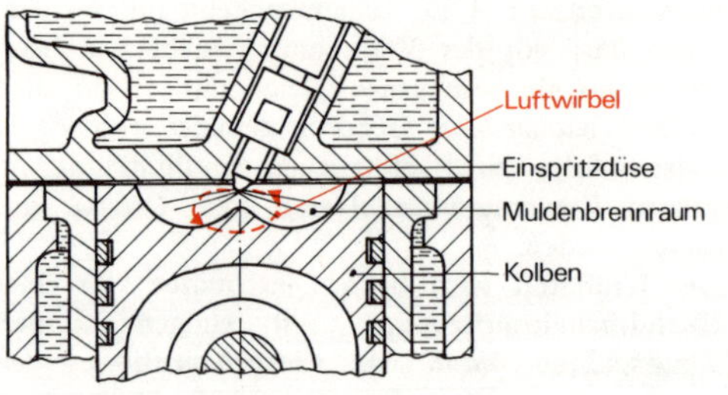

Geschwindigkeit dann aber so weit, daß trotz gleicher Gesamtwärmemenge wie bei Heizgesetz 1 der Verbrennungsschluß früher liegt.

Zur **Steuerung des Verbrennungsablaufs,** d. h. des Heizgesetzes gibt es folgende Möglichkeiten:

1. Beeinflussung des Heizgesetzes durch das **Einspritzgesetz** $\frac{dK}{d\alpha} = f(\alpha)$ (K = eingespritzte Kraftstoffmenge). Dies gelingt nur bei langsamlaufenden Motoren, da bei Schnelläufern während des Zündverzugs zu viel Kraftstoff eingespritzt wird, dessen Verbrennung über das Einspritzgesetz nicht gesteuert werden kann.
2. Eine Verzögerung der Brenngeschwindigkeit läßt sich durch frühzeitige Einleitung von **Krackvorgängen** herbeiführen. Bei diesem Verfahren neigt aber der Motor zum Rußen.
3. Der **Sauerstoffzutritt** zum Kraftstoff wird so gelenkt, daß eine zu rasche Verbrennung nicht möglich ist. Entweder wird der Kraftstoff als flüssiger Film auf eine relativ kühle Brennraumwand aufgetragen oder in die Randzone eines Luftwirbels eingespritzt.

Die **Gemischbildungsverfahren** lassen sich in zwei Gruppen einteilen:

1. **Luftverteilende Einspritzung.** Der Kraftstoff wird mehr oder weniger fein zerstäubt in die Luft eingespritzt.
2. **Wandverteilende Einspritzung.** Der Kraftstoff wird als zusammenhängender Flüssigkeitsfilm auf eine relativ kühle Brennraumwand aufgetragen.

7.2.1. Luftverteilende Einspritzung

Der Kraftstoff wird so eingespritzt, daß er sich vor und bei der Verbrennung möglichst gleichmäßig auf die gesamte Luft verteilt. Dafür gibt es zwei Verfahren:

1. Direkteinspritzung
2. Kammereinspritzung

7.2.1.1. Direkteinspritzung

Der **Brennraum** wird als **kompakte Mulde** meist in den Kolben gelegt (Bild 7.2.2). Das **Einspritzventil** sitzt zentral im Zylinderkopf und spritzt aus einer **Mehrlochdüse** mit bis zu 12 Bohrungen den Kraftstoff schräg nach unten in den Muldenbrennraum. Der **Düsenöffnungsdruck** beträgt **etwa 200 bar** und der **Einspritzdruck** an der Pumpe kann **bis** auf **1000 bar** anwachsen. Beim Einströmen wird die Luft durch einen **Drall- oder Tangentenkanal** oder **schräg gerichtete Einlaßschlitze** in eine Drehbewegung versetzt. Der **Luftwirbel** unterstützt die Verteilung des Kraftstoffs auf den ganzen Brennraum.

Die **Vorteile** dieses Verfahrens sind:

1. Kleiner spezifischer Kraftstoffverbrauch, denn die Strömungsverluste beim Ladungswechsel und die Wärmeverluste sind gering.
2. Gleichmäßige und relativ niedrige thermische Belastung der Brennraumwände.
3. Zum Starten ist keine Anlaßhilfe notwendig.

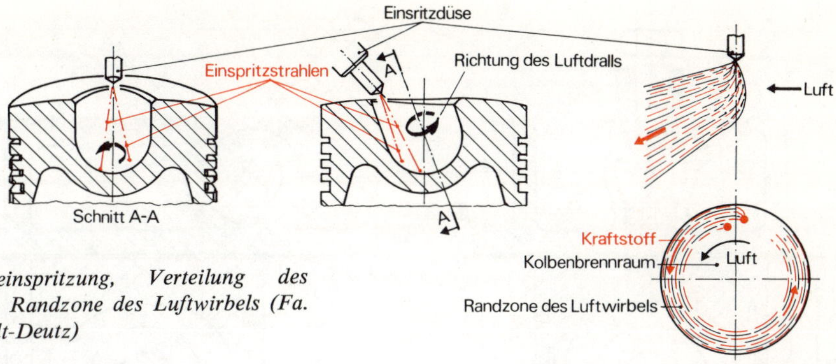

Bild 7.2.3. Direkteinspritzung, Verteilung des Kraftstoffs auf die Randzone des Luftwirbels (Fa. Klöckner-Humboldt-Deutz)

Die Direkteinspritzung hat folgende **Mängel:**

1. Durch steilen Druckanstieg und hohen Spitzendruck ist die mechanische Belastung groß und der Motorlauf laut.
2. Der Motor ist kraftstoffempfindlich, denn der Zündverzug muß klein sein.
3. Die Ansaugwege müssen so gestaltet sein, daß schon bei niedriger Drehzahl ein starker Luftwirbel entsteht. Dies führt besonders bei Motoren mit großem Drehzahlbereich zu einer Verschlechterung der Zylinderfüllung bei hohen Drehzahlen.

Die Nachteile des Verfahrens treten bei langsamlaufenden Motoren am wenigsten in Erscheinung. Diese werden deshalb meistens mit Direkteinspritzung ausgerüstet. Aber auch im Lastwagenmotorenbau herrscht heute der Direkteinspritzer vor, da er sehr wirtschaftlich ist.

Der Direkteinspritzer startet bei Temperaturen bis zu −15 °C ohne Anlaßhilfe. Die Zündungen setzen bei tiefen Temperaturen allerdings nur zögernd ein, und der Motor stößt **Weißrauch** aus.

Weißrauch entsteht, wenn bei Temperaturen unter 250 °C im Motor Zündaussetzer oder gar keine Zündungen auftreten. Das Abgas enthält dann kleinste Tröpfchen (Durchmesser etwa 1 μm) von kondensierten Kohlenwasserstoffen. Bei Temperaturen über 250 °C erscheint dieser Rauch blau, denn die Tröpfchen sind in diesem Temperaturbereich noch kleiner.

Von Klöckner-Humboldt-Deutz wurde für schnelllaufende Lkw-Motoren ein **neues Direkteinspritzverfahren** entwickelt, das die Nachteile 1 und 2 vermeidet. Wie in Bild 7.2.3 dargestellt, wird der Kraftstoff in zwei Strahlen in die Randzone des im Kolbenbrennraum kreisenden Luftwirbels gespritzt. Der Kraftstoff rotiert und verbleibt infolge seiner größeren Dichte in der Randzone und bildet dort ein sehr kraftstoffreiches Gemisch. Der Zündverzug dieses Gemischs ist so groß, daß es während der Brenndauer nicht plötzlich von selbst entflammt, sondern erst nach Zündung durch innere Gemischteile relativ langsam verbrennt. Die Verbrennung wird deshalb vom Innenrand des Gemischwirbels eingeleitet, weil dort aufgrund des größeren Luftverhältnisses der Zündverzug wesentlich kürzer ist. Die heißen Verbrennungsgase haben eine kleinere Dichte als die Luft in der Mitte des Brennraums. Es findet ständig ein Austausch zwischen der nach außen strebenden frischen Luft und den Verbrennungsgasen statt.

7.2.1.2. Indirekte Einspritzung

Der Kraftstoff wird nicht direkt in den Hauptbrennraum, sondern **in einen abgeschnürten Teilbrennraum eingespritzt.** In Bild 7.2.4 werden ein **Vorkammer**- und ein **Wirbelkammerbrennraum** gezeigt. Das Kammervolumen beträgt etwa 25 bis 60% des gesamten Brennraumvolumens. **Das Einspritzventil sitzt in der Kammer** und spritzt den Kraftstoff mit einem geringeren Druck als bei der direkten Einspritzung durch eine **Zapfendüse** (Öffnungsdruck etwa 100 bar) mäßig zerstäubt ein.

Bei der **Wirbelkammer** wird die Kraftstoffverteilung durch den **Luftwirbel** unterstützt. Dieser entsteht während des Verdichtungshubs, wenn die Luft durch den **tangentialen Schußkanal** in die Kammer gepreßt wird.

In der Vorkammer herrscht keine große Luftbewegung. Damit der Kraftstoff nach Verbrennungsbeginn in der Vorkammer rasch in den Hauptbrennraum gelangt, wird er möglichst weit nach unten in die Nähe der Brennermündung gespritzt.

In beiden Kammern herrschen **hohe Temperaturen,** die den Zündverzug stark herabsetzen. Durch die große Temperatur und den Sauerstoffmangel laufen **viele Krackreaktionen** ab. Das Kracken und die nicht ausreichende Sauerstoffmenge führen zu einer **langsamen Vorverbrennung** in der Kammer. Durch den Druckanstieg in der Kammer wird ihr ganzer Inhalt mit großer Geschwindigkeit in den Haupt-

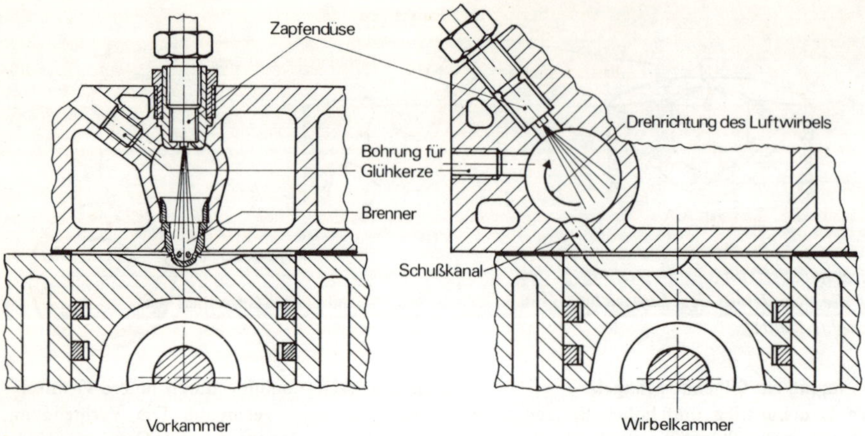

Bild 7.2.4. Indirekte Einspritzung

brennraum geschleudert. Dort findet dann die **Restverbrennung** statt. Im Hauptbrennraum entstehen starke Wirbel, und der gekrackte Kraftstoff verbrennt ohne Rußbildung.

Die indirekte Einspritzung bietet folgende **Vorteile:**

1. Die hohe Temperatur in der Kammer bewirkt auch bei sehr unterschiedlichen Kraftstoffen einen kurzen Zündverzug. Der Motor ist kraftstoffunempfindlich. Druckanstieg und Spitzendruck bleiben niedrig, denn durch Kracken und Sauerstoffmangel erfolgt eine weiche Verbrennung.
2. Der Motorlauf ist leiser als beim Direkteinspritzer.
3. Der Einspritzdruck ist niedriger als bei Direkteinspritzung; Einspritzpumpe und Düsen werden mechanisch nicht so hoch belastet.
4. Die Gefahr der Düsenverkokung ist kaum gegeben, da die Zapfendüse sich selbst reinigt.
5. Die Zylinderfüllung ist besonders bei Motoren, die in einem großen Drehzahlbereich betrieben werden, besser als bei Direkteinspritzung, da beim Einströmen kein Luftwirbel erzeugt werden muß.

Ihre **Nachteile** sind:

1. Größerer spezifischer Kraftstoffverbrauch. Es treten nämlich beim Überströmen der Ladung in die Kammer große Strömungsverluste auf, und die

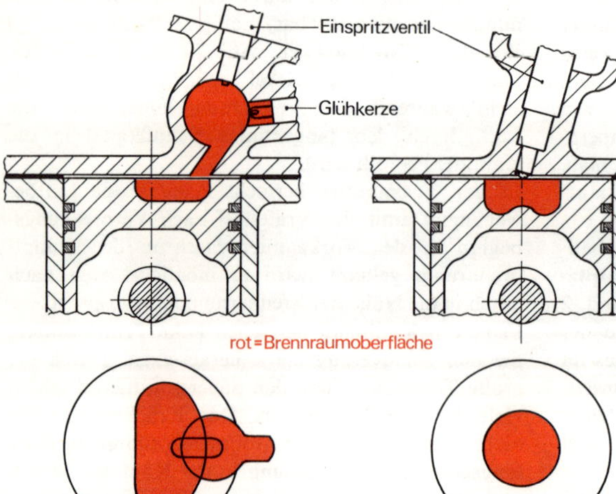

Bild 7.2.5. Oberflächenvergleich

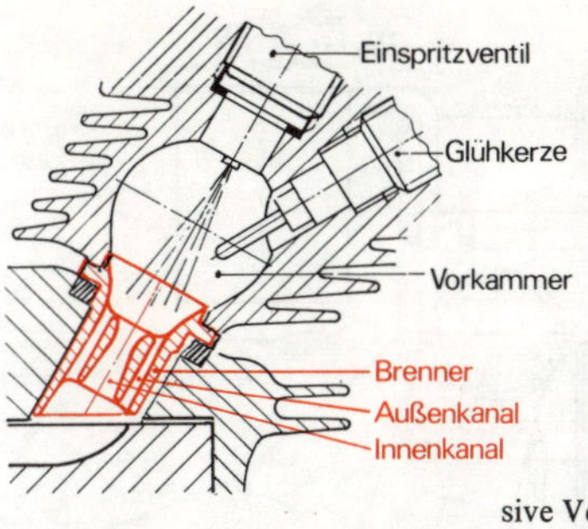

Die Luft strömt hauptsächlich durch den Außenkanal in die Vorkammer. Der Kraftstoffstrahl spritzt durch den Innenkanal und benetzt mit seinem Mantel die Kanalwand. Dort findet eine intensive Verdampfung statt.

Bild 7.2.6. Brennerform beim MWM-Gleichdruck-Vorkammer-Verfahren (Motorenwerke Mannheim)

Wärmeverluste bei der Verbrennung sind infolge größerer Brennraumoberfläche hoch (Bild 7.2.5).

2. Die Wärmebelastung ist besonders an der Kammermündung und am Kolbenboden durch den aus der Kammer schießenden Gasstrahl groß.

3. Zum Starten ist eine Anlaßhilfe (Glühkerze oder Glimmpapier) notwendig.

Der **Kammermotor** eignet sich nach kleineren Änderungen auch für **Vielstoffbetrieb.** Es können dann alle Kohlenwasserstoffe im Siedebereich von 40 bis 450 °C sowie pflanzliche Öle und notfalls auch Alkohol gefahren werden.

Für den **Vielstoffbetrieb** bedarf es folgender **Änderungen:**

1. Das Verdichtungsverhältnis muß um 2 bis 6 Einheiten erhöht und die Ansaugluft evtl. vorgewärmt werden. Durch diese Maßnahmen steigt die Kammertemperatur, und der Zündverzug ist für alle Kraftstoffe kurz. Die Zahl der Krackreaktionen wächst an, und der Verbrennungsdruck bleibt im zulässigen Bereich.

2. Für die Kammer muß ein warmfester Werkstoff verwendet werden.

3. Die Brennerform in der Vorkammer muß unter Umständen umgestaltet werden (Bild 7.2.6).

7.2.2. Wandverteilende Einspritzung

Die **wandverteilende Einspritzung** wurde vor etwa 20 Jahren bei der MAN, insbesondere von Herrn Dr. Meurer, entwickelt.

Dieses Gemischbildungsverfahren wird nach der **kugelförmigen Brennraummulde im Kolben** als **M-Verfahren** (M = Mittenkugelbrennraum) bezeichnet (Bild 7.2.7). Beim Ansaugen wird im **Drallkanal** ein Luftwirbel erzeugt, der während der Verdichtung und Verbrennung erhalten bleibt. Die **Einlochdüse** (früher Zweiloch) spritzt den Kraftstoff in Richtung der Luftdrehung auf die **Kugeloberfläche im Kolben.** Der Luftwirbel unterstützt die Ausbreitung des **Flüssigkeitsfilms** auf der Wand. Die Filmstärke beträgt bei Vollast ungefähr 15 μm. Ein geringer Anteil des Kraftstoffs sprüht vom

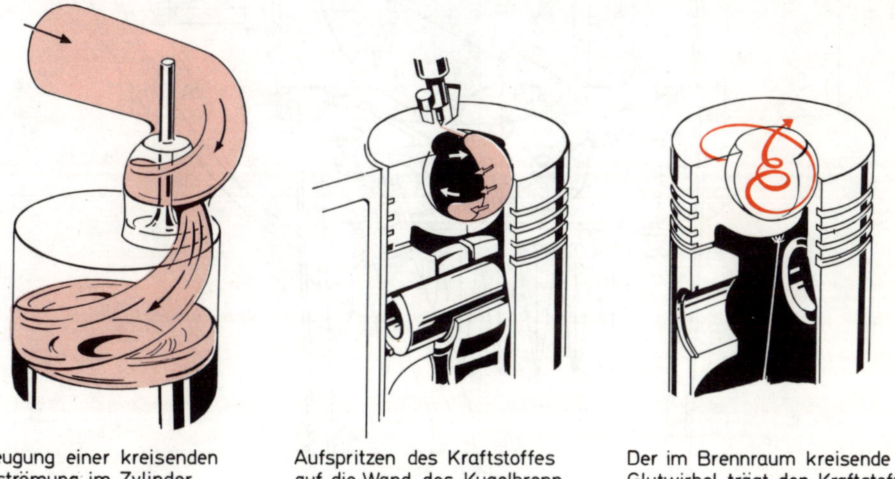

Erzeugung einer kreisenden Luftströmung im Zylinder beim Ansaughub durch besondere Formgebung des Einlaßkanals (Drallkanal).

Aufspritzen des Kraftstoffes auf die Wand des Kugelbrennraumes. Dadurch entsteht ein dünner Kraftstoff-Film, der günstigste Verdampfungs-Bedingungen ergibt.

Der im Brennraum kreisende Glutwirbel trägt den Kraftstoff schichtweise, dampfförmig von der Wand ab. Die vollständige Verbrennung schließt sich an. Kolbenkühlung durch Ölstrahl.

Bild 7.2.7a MAN-M-Verfahren (Maschinenfabrik Augsburg-Nürnberg)

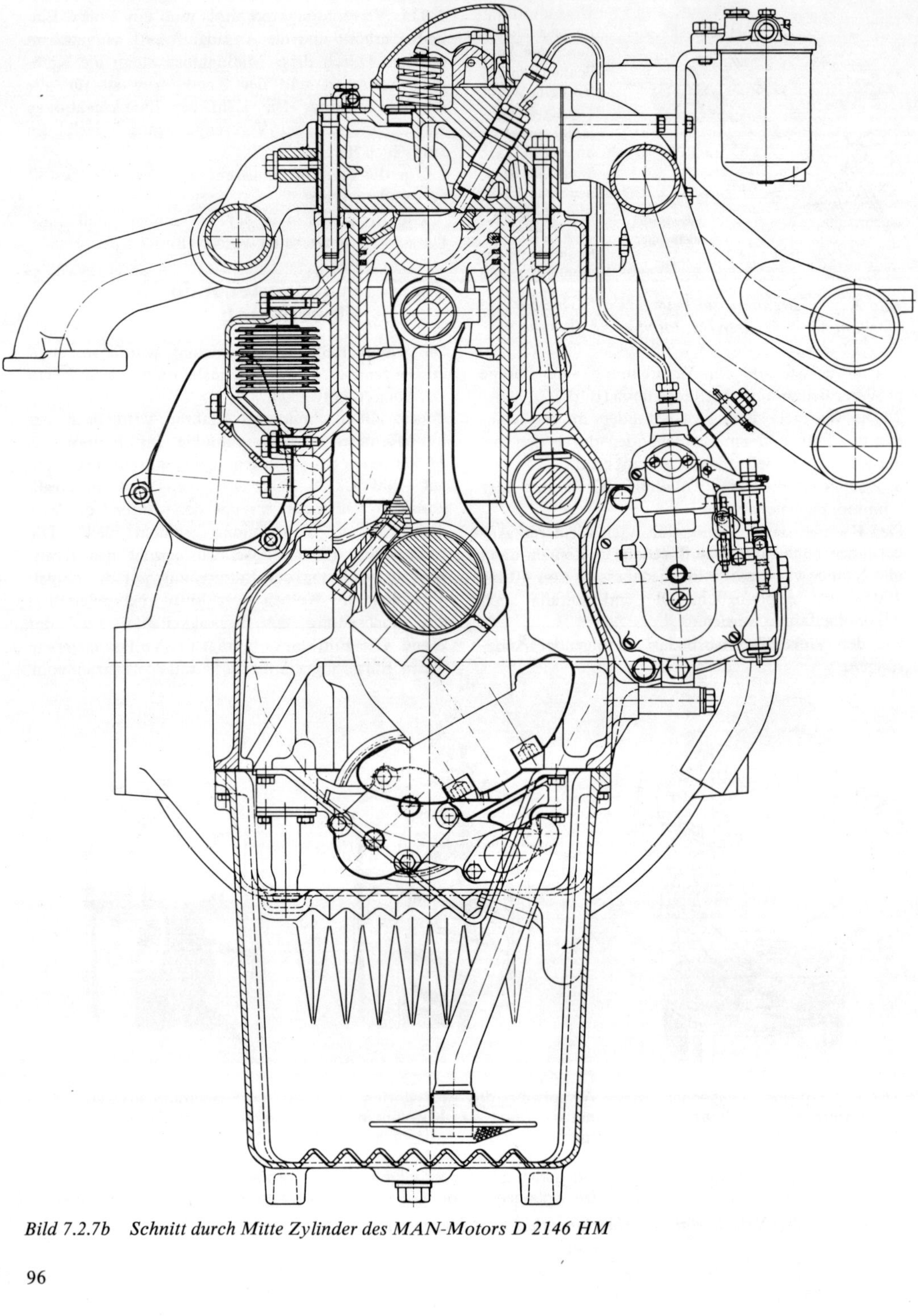

Bild 7.2.7b Schnitt durch Mitte Zylinder des MAN-Motors D 2146 HM

Hauptstrahl weg und gelangt fein zerstäubt direkt in die Luft. Diese kleine Kraftstoffmenge zündet und setzt die Verbrennung in Gang. **Der Luftwirbel dampft den Kraftstoff schichtweise von der** ölgekühlten, relativ kalten **Kolbenwand ab.** Der Kraftstoffdampf mischt sich mit der Luft und verbrennt. Die leichteren, heißen Verbrennungsgase werden durch die nach außen strebende frische Luft zur Mitte des Wirbels gedrängt, so daß zur Verbrennung stets genügend Sauerstoff zur Verfügung steht. Da der flüssige Kraftstoff auf der Kolbenwand relativ kühl bleibt, werden Krackreaktionen und damit Rußbildung weitgehend vermieden. **Die Verbrennung beginnt** zunächst **langsam.** Der immer größer werdende Glutwirbel beschleunigt die Verdampfung und die Verbrennung. Das Heizgesetz nimmt infolgedessen einen günstigen Verlauf. Druckanstieg und Höchstdruck bleiben niedrig, und **die Brenndauer ist kurz.**

Durch Weiterentwicklung entstand aus dem M-Verfahren das **HM-Verfahren.** Dabei wird die Drehgeschwindigkeit der Luft durch eine günstigere Führung und Zusammenfassung der Saugleitungen und eine bessere Abstimmung der Einlaßsteuerzeiten erhöht. Die Verbrennungsluft wird durch den schnelleren Luftkreisel besser ausgenutzt, so daß der mittlere effektive Druck erhöht werden konnte bei gleichzeitiger Senkung des spezifischen Kraftstoffverbrauchs und des Zünddrucks.

Bei beiden Verfahren verläuft die Verbrennung auch bei Kraftstoffen mit großem Zündverzug ohne unzulässig hohe Drucksteigerung. Daher eignen sie sich sehr gut für **Vielstoffmotoren.** Schwierigkeiten bereitete allerdings die Verbrennung von Superbenzin. Hier schaffte der Einbau einer Zündkerze Abhilfe (Bild 7.2.8). Das neue Verfahren wurde **FM-Verfahren** genannt (F = Fremdzündung). Aus dem reinen Dieselmotor wurde durch den Einbau der Zündkerze ein **Hybridmotor.** Dieser besitzt die Merkmale von zwei Motorgattungen, im vorliegenden Fall also von Diesel- und Ottomotor.

Das Mittenkugelbrennraum-Verfahren vereinigt Vorteile der direkten und indirekten Einspritzung. Der Motor läuft weich wie ein Kammermotor, und sein spezifischer Kraftstoffverbrauch liegt so niedrig wie beim luftverteilenden Direkteinspritzer.

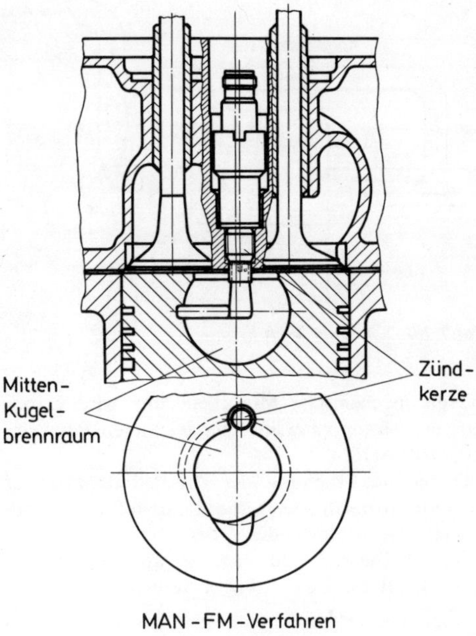

Bild 7.2.8. MAN-FM-Verfahren

7.2.3. Abgasrückführung

Beim Dieselmotor wird der mittlere effektive Druck und damit die Leistung nicht wie beim Ottomotor über die Zylinderfüllung gesteuert, sondern bei konstanter Luftfüllung durch die eingespritzte Kraftstoffmenge. Im Teillastbereich arbeitet der Dieselmotor daher mit großem Luftverhältnis λ. Die Verbrennungstemperatur geht zurück, und das ganze Temperaturniveau sinkt. Das Verdichtungsverhältnis ε muß deshalb so groß gewählt werden, daß auch im Teillastbereich und besonders beim Warmverfahren der kalten Maschine Zündung und Verbrennung betriebssicher erfolgen. Bei Abgasrückführung genügt es, das Verdichtungsverhältnis für Vollast auszulegen; es kann niedrig sein. Die für gute Verbrennung notwendige hohe Temperatur wird im Teillastbereich nämlich durch Abgasrückführung erzeugt.

Bei Abgasrückführung wird im Teillastbereich ein Teil der Abgase über eine Verbindungsleitung in die Ansaugleitung zurückgeführt (Bild 7.2.9). Die Regelung der zurückgeführten Abgasmenge arbeitet mit Hilfe eines Motortemperaturfühlers so, daß bei **fallender Motortemperatur mehr Abgas** in der Ansaugleitung zugemischt wird. Auf diese Weise wird auch im Teillastbereich das Temperaturniveau hoch gehalten. Sauerstoffmangel entsteht nicht bei der Verbrennung, da die eingespritzte Kraftstoffmenge im Teillastbereich kleiner ist.

Die Abgasrückführung bringt folgende **Vorteile:**

1. Das Verdichtungsverhältnis muß nur so hoch gewählt werden, daß der Motor bei Vollastbetrieb sicher läuft. Dadurch bleibt der Zünddruck niedrig,

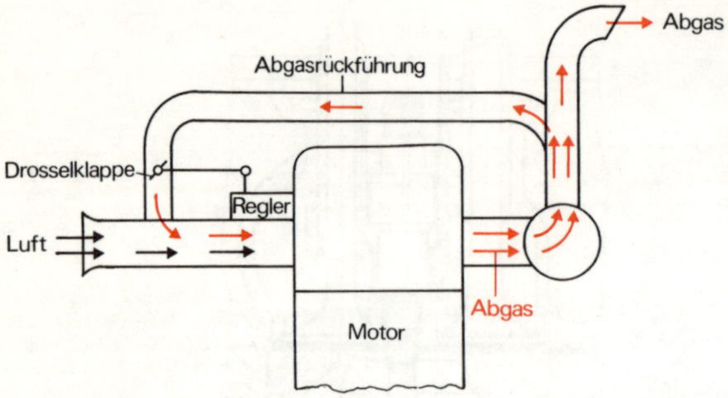

Bild 7.2.9. Abgasrückführung

und die mechanische Motorbelastung wird verringert; der Motor kann in einer leichteren Bauweise hergestellt werden.

2. Durch die Erhöhung der Ansauglufttemperatur im Teillastbereich steigt die Kraftstoffunempfindlichkeit des Motors, denn der Zündverzug wird kleiner. Es lassen sich dann sogar sehr zündunwillige Kraftstoffe, wie Alkohol, verbrennen.

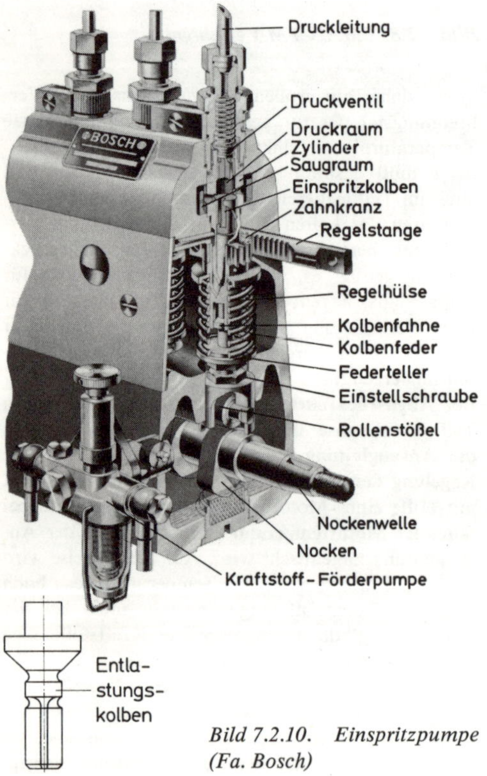

Bild 7.2.10. Einspritzpumpe (Fa. Bosch)

3. Der Verbrennungsablauf wird so beeinflußt, daß das Abgas weniger Schadstoffe enthält.

7.2.4. Einspritzsystem

Das Einspritzsystem besteht aus **Einspritzpumpe, Einspritzleitungen** und **Einspritzventilen.** Diese Bauteile werden im folgenden besprochen.

7.2.4.1. Einspritzpumpe

Die **Einspritzpumpe** muß mehrere **Aufgaben** erfüllen:

1. Förderung des Kraftstoffs mit hohem Druck (bis 1000 bar).
2. Dosierung der Einspritzmenge in Abhängigkeit der Motorbelastung.
3. Einspritzung des Kraftstoffs im richtigen Augenblick.
4. Einspritzung des Kraftstoffs nach einem vorbestimmten Einspritzgesetz.

In Bild 7.2.10 ist eine **Einspritzpumpe** dargestellt. Die vom Motor angetriebene **Nockenwelle** hebt mit Hilfe des **Rollenstößels** den **Einspritzkolben** an. Ihre Drehzahl ist beim Viertaktmotor gleich der halben und beim Zweitaktmotor gleich der ganzen Kurbelwellendrehzahl. Der **Einspritzkolben** führt einen **konstanten Hub** aus. Die **Dosierung der Einspritzmenge** geschieht **durch Verdrehung des Kolbens** um seine Längsachse (Bild 7.2.11). Die Förderung des Kraftstoffs beginnt, wenn die Kolbenoberkante beim Aufwärtshub die Saugbohrungen gerade abgeschlossen hat. Die Fördermenge und das Förderende werden durch die schräge Steuerkante bestimmt. Sobald diese an die Saugbohrungen angelaufen ist, strömt der vom Kolben verdrängte Kraftstoff über die Längsnut und die Anfräsung in den Saugraum zurück. Während der **Förderbeginn konstant** ist, **ändert sich das Förderende** mit der eingespritzten Menge. Das Verstellen der Menge, d. h. des Kolbens, geschieht mittels Regelstange. Diese greift in die Verzahnung der auf dem Kolben sitzenden Regelhülse ein. Ein Verschieben der Regelstange bewirkt eine Verdrehung des Kolbens.

Zwischen Förder- und Einspritzbeginn vergeht eine konstante Zeit, die sich aus der Länge der Einspritzleitung und der Druckfortpflanzungsgeschwindigkeit im Dieselöl ergibt. Der Verbrennungsbeginn liegt um diese Zeitspanne plus dem Zündverzug später als der Förderbeginn. Die Zeitdifferenz zwischen Förderbeginn und Verbrennungsbeginn ist unabhängig von der Drehzahl. Mit steigender Drehzahl wächst aber der Kurbelwinkel zwischen

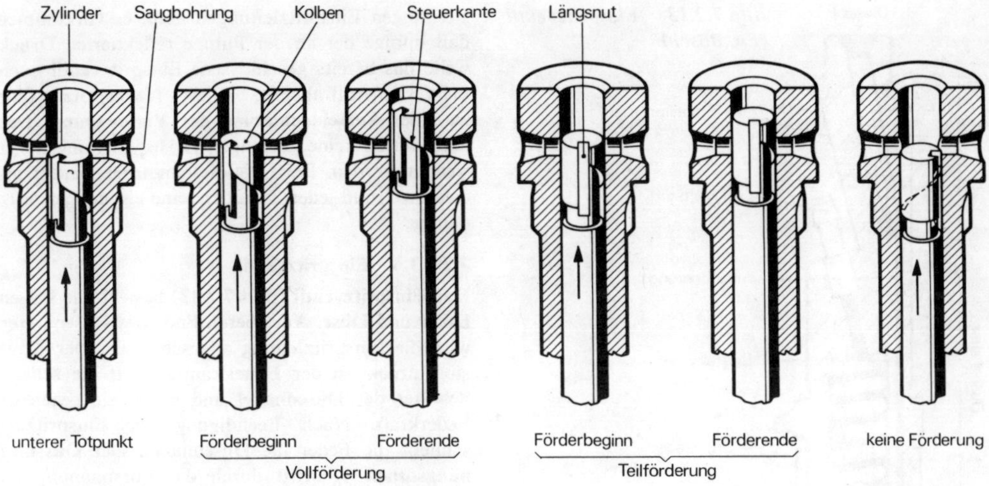

Bild 7.2.11. Dosierung der Einspritzmenge (Fa. Bosch)

Förder- und Verbrennungsbeginn, d. h., die Verbrennung beginnt immer später. Bei Motoren mit einem großen Betriebsdrehzahlbereich führte dies besonders bei hohen Drehzahlen zu einer Verschlechterung der Verbrennung. Deshalb wird bei solchen Motoren der **Förderbeginn mit wachsender Drehzahl nach früh verstellt.** Dazu wird die Einspritzpumpe mit einem **Spritzversteller** ausgestattet. Dieser verändert in Abhängigkeit der Drehzahl mit Hilfe von Fliehgewichten und einer drehbaren Kupplungsscheibe die Drehwinkellage zwischen Kurbelwelle und Nockenwelle der Einspritzpumpe.

Die **Pumpenelemente,** d. h. Einspritzkolben und Einspritzzylinder, werden mit größter Genauigkeit hergestellt und ineinander gepaßt. Sie besitzen keine besonderen Dichtelemente. Bei **Pumpen für Vielstoffmotoren** verhindert eine Nut im Einspritzzylinder, die mit dem Schmierölkreislauf des Motors verbunden ist, daß Leckkraftstoff in den Ölsumpf der Pumpe gelangt (Bild 7.2.12).

Am Ausgang des Pumpendruckraums sitzt das **Druckventil** (Rückschlagventil Bild 7.2.10). An seinem unteren Ende trägt es den Entlastungskolben. Das Druckventil erfüllt **zwei Aufgaben:**

1. Es verhindert, daß nach beendeter Einspritzung der Einspritzkolben Kraftstoff aus der Einspritzleitung zurücksaugt.
2. Beim Schließen des Druckventils nimmt das Volumen in der Einspritzleitung plötzlich um das Volumen des Entlastungskolbens zu. Dadurch wird erreicht, daß am Einspritzende der Druck in der Leitung schlagartig absinkt und das Einspritzventil sofort schließt.

7.2.4.2. Einspritzleitung

Die **Einspritzleitung** verbindet die Einspritzpumpe mit dem Einspritzventil. Sie wird aus Stahlrohr mit einem Außendurchmesser von 6 oder 8 mm und Wanddicken zwischen 1,5 und 2,5 mm hergestellt. Damit Einspritzzeitpunkt und Einspritzmenge für alle Zylinder gleich sind, müssen die **Leitungen**

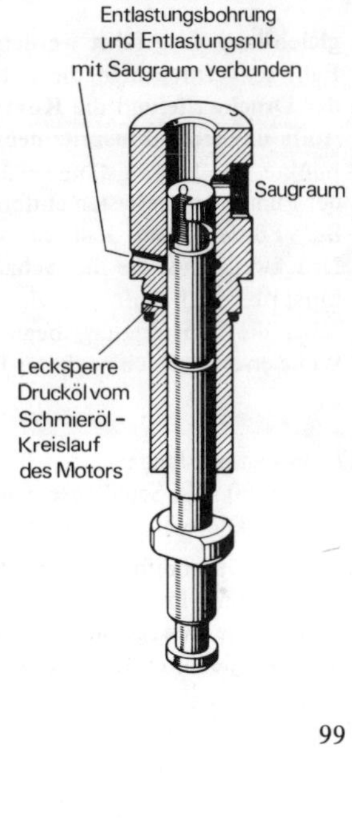

Bild 7.2.12. Pumpenelement für Vielstoffbetrieb (Fa. Bosch)

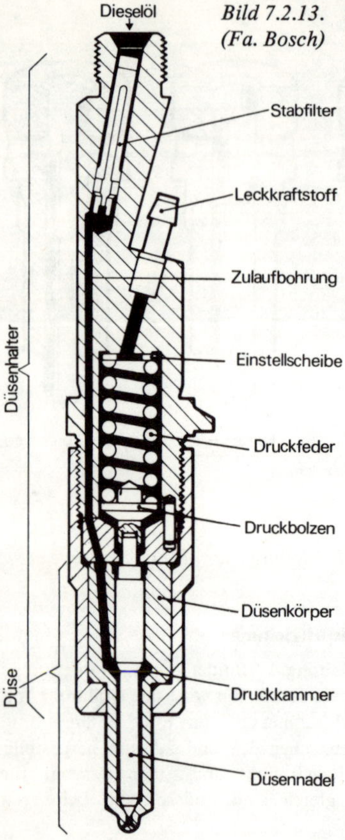

Bild 7.2.13. Einspritzventil (Fa. Bosch)

gleich lang ausgeführt werden. Wäre dies nicht der Fall, so verursachten die unterschiedliche **Laufzeit der Druckwelle** und die **Kompressibilität** des Kraftstoffs ungleiche Einspritzmengen und Einspritzzeitpunkte. Die Leitungslänge richtet sich nach dem von der Pumpe am weitesten entfernten Zylinder.

Bei Förderbeginn löst der Einspritzkolben eine Druckwelle aus, die mit **Schallgeschwindigkeit** zum Einspritzventil läuft und dort die Düsennadel anhebt; die Einspritzung beginnt. Die **Laufzeit** der Welle errechnet sich nach der Formel:

$$t = l/c_S$$

l = Leitungslänge
$c_S \approx$ 1400 m/s, Schallgeschwindigkeit im Dieselöl der Leitung

An der Düsenöffnung wird die Welle teilweise reflektiert und läuft wieder zur Pumpe zurück. Die Druckwelle bewegt sich so lange hin und her, bis ihre Energie durch Reibung aufgezehrt ist.

Bei langen Einspritzleitungen kann es vorkommen, daß infolge der an der Pumpe reflektierten Druckwelle das bereits geschlossene Einspritzventil nochmals Kraftstoff abspritzt. Dieses **Nachspritzen** führt zu einer **Verschlechterung der Verbrennung.** Deshalb dürfen keine zu langen Einspritzleitungen verwendet werden. Bei Großdieselmotoren besitzt aus diesem Grund jeder Zylinder seine eigene Einspritzpumpe.

7.2.4.3. Einspritzventil

Das **Einspritzventil** (Bild 7.2.13) besteht aus **Düsenhalter** und **Düse.** Am oberen Ende des Düsenhalters wird die Einspritzleitung angeschlossen. Der Kraftstoff drückt in der Druckkammer auf die schräge Schulter der Düsennadel und öffnet sie gegen die Federkraft. Nach Beendigung der Einspritzung schließt die Feder die Düsennadel. Der **Düsenöffnungsdruck** $p_ö$ wird durch die Vorspannung der Feder eingestellt. Dafür gilt die Formel:

$$p_ö = \frac{F_v}{\frac{\pi}{4}(D^2 - d^2)} \qquad (56)$$

F_v = Federvorspannkraft
D, d = Durchmesser, siehe Bild 7.2.14

Die Düsennadel wird sehr exakt in den Düsenkörper eingepaßt, und beide Teile können genau wie Einspritzkolben und Einspritzzylinder nur zusammen ausgetauscht werden. Der an der Düsennadel entstehende Leckkraftstoff wird in der Leckkraftstoffleitung zum Tank zurückgeführt.

Die gebräuchlichen **Einspritzdüsen** sind:

1. Lochdüse (Bild 7.2.14)

Sie wird in Motoren mit direkter Einspritzung eingebaut. Die Lochdüse wird mit bis zu 12 Bohrungen gefertigt. Die Bohrungsdurchmesser beginnen mit 0,2 mm. Die endgültige Gestalt einer Lochdüse wird im Motorenversuch festgelegt; dabei müssen die verschiedenen Düsenvarianten hinsichtlich Lochzahl, Bohrungsdurchmesser, Bohrungslänge, Winkel zwischen den Löchern und Winkel der Bohrungen zur Senkrechten in ihrem Einfluß auf Leistung und spezifischen Kraftstoffverbrauch untersucht werden.

Der Düsenöffnungsdruck liegt zwischen 150 und 250 bar.

2. Zapfendüse (Bild 7.2.15)

Die Zapfendüse findet in Kammermotoren Verwendung. Der Zapfen an der Düsennadel formt die Gestalt des austretenden Kraftstoffstrahls und hält die Düsenbohrung frei von Koksansatz. Der Düsenöffnungsdruck ist niedriger als bei der Lochdüse; er beträgt 80 bis 125 bar.

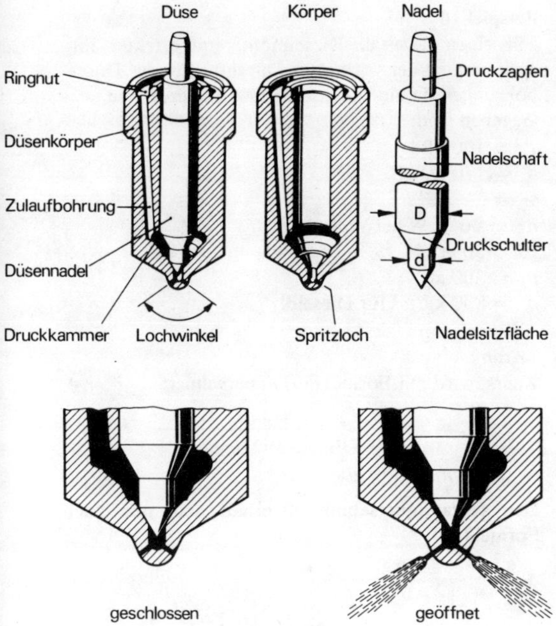

Bild 7.2.14. Lochdüse (Fa. Bosch)

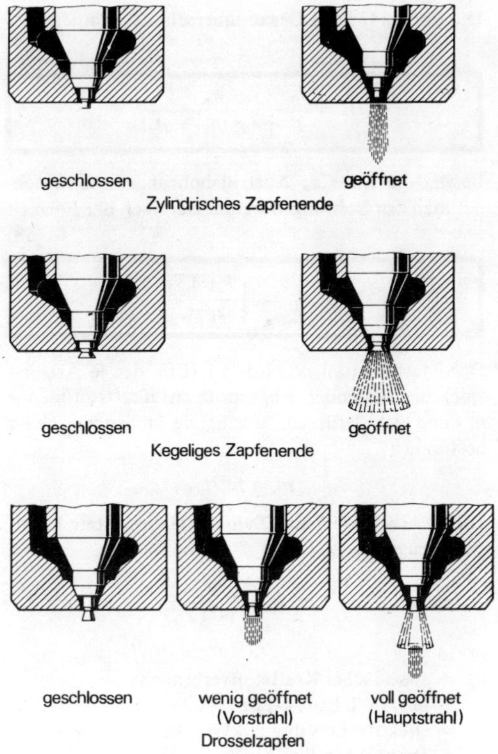

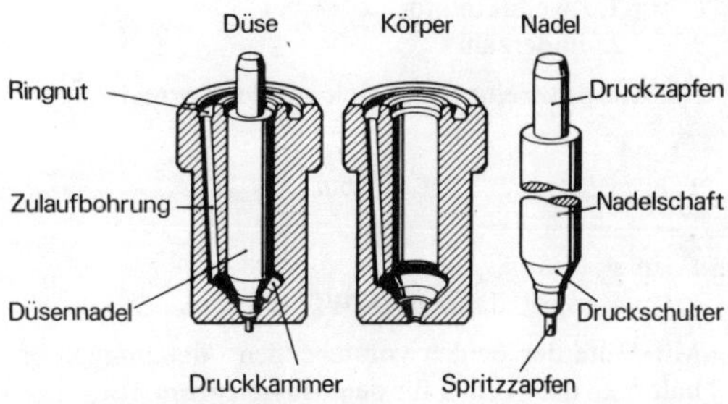

Bild 7.2.15. Zapfendüse (Fa. Bosch)

Bei der Drosselzapfendüse drosselt der Zapfen am Hubanfang die Menge des ausspritzenden Kraftstoffs. Dadurch wird der Motorlauf weicher.

7.2.4.4. Vereinfachte Berechnung der Düsenbohrung

Die endgültigen Abmessungen der Bohrungen werden auf dem Prüfstand festgelegt. Bevor man aber mit den Versuchen beginnt, liefert die Berechnung den vorläufigen Bohrungsdurchmesser.
Für die **vereinfachte Berechnung** wird angenommen, daß der Kraftstoff inkompressibel ist und der Einspritzdruck konstant bleibt.
Die Formel für den **Massenstrom** $\dot{m}$ (Masse je Zeiteinheit) ist:

$$\dot{m} = \mu \rho A c$$

μ = Ausflußzahl, für scharfkantige Öffnungen $\approx 0{,}6$
ρ = Kraftstoffdichte
A = Austrittsfläche
c = Austrittsgeschwindigkeit

Die **Austrittsgeschwindigkeit** erhält man aus der Formel:

$$c = \sqrt{\frac{2}{\rho}\,(p_E - p_V)}$$

p_E = Einspritzdruck
p_V = Verdichtungsdruck im Zylinder

Aus beiden Formeln ergibt sich:

$$\dot{m} = \mu\, A \sqrt{2 \rho\, (p_E - p_V)}$$

Die Formel für den **Gesamtquerschnitt** A lautet:

(57)

$$A = \frac{\dot{m}}{\mu \sqrt{2 \rho (p_E - p_V)}}$$

Besitzt die Düse z_B Austrittsbohrungen, so errechnet man den **Bohrungsdurchmesser** nach der Formel:

(58)

$$d_D = \sqrt{\frac{A\,4}{z_B\,\pi}}$$

Der Massenstrom $\dot{m}$ wird mit Hilfe der je Arbeitsspiel und Zylinder eingespritzten Kraftstoffmenge m' und der dafür zur Verfügung stehenden Zeit t bestimmt:

$$\dot{m} = m'/t$$

Die **je Arbeitsspiel und Zylinder eingespritzte Kraftstoffmenge** ist:

$$m' = \frac{b_e\,P_e}{n\,60\,i\,z}$$

m' in g
b_e = spezifischer Kraftstoffverbrauch in g/kWh bzw. g/PSh
P_e = effektive Leistung in kW bzw. PS
n = Drehzahl in 1/min
i = Zahl der Arbeitsspiele je Umdrehung
i = 0,5, Viertaktmotor
i = 1, Zweitaktmotor
z = Zylinderzahl

Die **Einspritzzeit** t ergibt sich aus der Formel:

$$t = \frac{\alpha_E}{6\,n}$$

t in s
α_E = Einspritzdauer in °KW

Mit Hilfe der beiden vorstehenden Gleichungen erhält man die Formel für den **Massenstrom** $\dot{m}$:

(59)

$$\dot{m} = \frac{b_e\,P_e}{10\,i\,z\,\alpha_E}$$

Achtung! Formel (59) ist eine **Zahlenwertgleichung;** es muß mit folgenden Einheiten gerechnet werden:
$\dot{m}$ in g/s
b_e in g/kWh bzw. g/PSh
P_e in kW bzw. PS
α_E in °KW

Beispiel 10
Für einen Zweitakt-Dieselmotor mit direkter Einspritzung ist der vorläufige Durchmesser der Düsenbohrungen für eine Sechslochdüse zu berechnen.
Gegeben sind:
P_e = 1000 PS
b_e = 170 g/PSh
z = 5
α_E = 20 °KW bei Vollast
p_V = 50 at
p_E = 300 at
ρ = 830 kg/m³ für Dieselöl

Lösung
Zuerst wird mit Formel (59) $\dot{m}$ berechnet:

$$\dot{m} = \frac{b_e\,P_e}{10\,i\,z\,\alpha_E} = \frac{170 \cdot 1000}{10 \cdot 1 \cdot 5 \cdot 20}$$

$$\dot{m} = 170 \text{ g/s}$$

Den **Gesamtquerschnitt** A erhält man nun nach Formel (57):

$$A = \frac{\dot{m}}{\mu \sqrt{2 \rho (p_E - p_V)}}$$

$$A = \frac{170 \frac{\text{g}}{\text{s}}}{0{,}6 \sqrt{2 \cdot 830 \frac{\text{kg}}{\text{m}^3} (300 - 50) \cdot 10^4 \frac{\text{kp}}{\text{m}^2}}}$$

$$A = \frac{170 \cdot 10^{-3}\text{ kg}}{s \cdot 0{,}6 \sqrt{2 \cdot 830 \frac{\text{kg}}{\text{m}^3} (300 - 50) \cdot 10^4 \frac{9{,}81 \text{ kg m}}{\text{m}^2\text{ s}^2}}}$$

$$\underline{A} = 1{,}4 \cdot 10^{-6}\text{ m}^2 = \underline{\underline{1{,}4 \text{ mm}^2}}$$

Der **vorläufige Durchmesser der Düsenbohrungen** ergibt sich nach Formel (58):

$$\underline{d_D} = \sqrt{\frac{1{,}4 \text{ mm}^2 \cdot 4}{6 \cdot \pi}} = \underline{\underline{0{,}545 \text{ mm}}}$$

Die Düse wird mit 6 Bohrungen mit einem Durchmesser von 0,55 mm angefertigt.

7.2.5. Schadstoffe im Abgas des Dieselmotors

Auch die Abgase des Dieselmotors enthalten Schadstoffe. So findet man wie beim Ottomotor Kohlenmonoxid (CO), Stickoxide (NO_x), Kohlenwasserstoffe (C_mH_n), Aldehyde und zusätzlich Schwefeldioxid (SO_2) und Ruß (Kohlenstoff). Die Anteile der Schadstoffe im Abgas sind beim Dieselmotor aber geringer als beim Ottomotor, weil der Dieselmotor mit größerem Luftverhältnis gefahren wird. So beträgt der **Kohlenmonoxidgehalt** nur 0,02 bis 0,12% beim Dieselmotor gegenüber 1 bis 4% beim

Ottomotor. Die Bildung von **Stickoxiden** hängt von der Temperatur und der Sauerstoffkonzentration bei der Verbrennung ab. Durch die niedrigere Brennraumtemperatur beim Dieselmotor entstehen weniger Stickoxide als beim Ottomotor. Nur **Aldehyde** sind im Abgas des Dieselmotors stärker vertreten. Sie werden nicht direkt zu den Giftstoffen gerechnet, verursachen jedoch den unangenehmen Geruch des Abgases. Während die DIN-Norm für Benzin einen **Schwefelgehalt** bis zu 0,1% zuläßt, darf dieser bei Dieselöl bis zu 1% betragen. Im **schweren Heizöl,** das in Großdieselmotoren verbrannt wird, kann der Schwefelgehalt bis auf etwa 5% ansteigen; entsprechend hoch ist die Schwefeldioxidkonzentration im Abgas.

Das Abgasproblem beim Dieselmotor besteht in der **Rußbildung.** Wenn nur ein ganz kleiner Anteil des Kraftstoffes nicht vollständig verbrennt, färbt der Ruß das Abgas sichtbehindernd dunkel. Überschreitet der Rußanteil im Abgas 0,15 g/m³, so wird er bereits für das Auge erkennbar. Der Kohlenstoff an sich ist nicht gesundheitsschädlich, aber das krebsfördernde 3,4-Benzpyren wurde im Ruß nachgewiesen. Hingegen gelang der Nachweis von Benzpyren nicht, wenn der Motor rußfrei betrieben wurde.

Die Ursache für das Rußen ist in den Krackvorgängen bei der Verbrennung zu suchen. Deshalb müssen diese z. B. durch wandverteilende Einspritzung vermieden werden, oder es muß für eine Verbrennung des Rußes im Motor durch gute Durchwirbelung gesorgt werden. Auch die Entwicklung von rußverhindernden Kraftstoffzusätzen kann hier Abhilfe schaffen.

8. Ladungswechsel

Der Verbrennungsmotor gehört zu den periodisch arbeitenden Maschinen. Eine abgegrenzte Menge des Arbeitsmediums strömt in den Zylinder ein, arbeitet dort und wird danach hinausgedrängt. Dieses **Füllen und Entleeren des Zylinders** wird als **Ladungswechsel** bezeichnet.

Die Güte des Ladungswechsels beeinflußt sehr die Literleistung des Motors. Daher sollte der Ladungswechsel so ablaufen, daß das Abgas restlos aus dem Zylinder entfernt und dieser vollständig mit Frischladung gefüllt wird.

Die Vorgänge beim Ladungswechsel sind bei Zwei- und Viertaktmotoren verschieden und werden deshalb in den folgenden Kapiteln getrennt behandelt.

8.1. Ladungswechsel beim Viertaktmotor

Der **Ladungswechsel** vollzieht sich beim Viertaktmotor **während zweier Takte.** Der Kolben saugt die frische Ladung durch den ventilgesteuerten Einlaßkanal an und schiebt nach beendetem Arbeitstakt das verbrauchte Gas bei geöffnetem Auslaßventil aus dem Zylinder hinaus. Der Verbrennungsraum, das ist der Raum über dem Kolben in OT-Stellung, kann unter Ausnutzung der Trägheit der strömenden Gassäulen bei gleichzeitig offenem Ein- und Auslaßventil ebenfalls ausgespült und mit frischer Ladung gefüllt werden.

Das Öffnen und Schließen der Gaskanäle geschieht durch **Pilzventile** (Bild 8.1.1). Pilzventile öffnen und schließen relativ langsam, da ihre Anfangs- und Endgeschwindigkeit Null ist; es treten beim Ein- und Ausströmen erhöhte Druckverluste auf. Ihr Antrieb ist besonders bei großen Drehzahlen nicht ganz problemlos. Er neigt nämlich zu Schwingungen, die zu Ventilfederbrüchen führen können. Trotz aller dieser Nachteile wurden die Pilzventile von den **Schiebersteuerungen** (Bild 8.1.2) nicht verdrängt, da sie in der Einfachheit und Güte der Abdichtung unübertroffen sind.

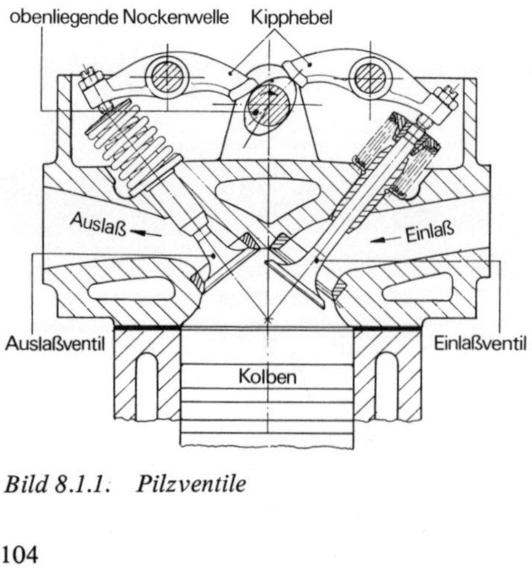

Bild 8.1.1. Pilzventile

8.1.1. Ventiltrieb

Der **Ventiltrieb** soll anhand von Bild 8.1.3. besprochen werden.

1. Nockenwelle

Die Nockenwelle setzt den Ventiltrieb in Bewegung. Ihre Drehzahl ist beim Viertaktmotor gleich der halben und beim Zweitaktmotor gleich der ganzen Kurbelwellendrehzahl. Die **untenliegende Nockenwelle** wird von der Kurbelwelle über schräg verzahnte Zahnräder angetrieben. Das größere Zahnrad besteht wegen der Geräuschminderung aus Preßstoff. Die **obenliegende Nockenwelle** – sie ist im Zylinderkopf gelagert – steht über **Ketten, Zahnriemen** oder Kegelräder mit Zwischenwelle (Bild 8.1.4) mit der Kurbelwelle in Verbindung. Die Ketten laufen im Kurbelgehäuse und werden durch Spritzdüsen mit Öl geschmiert. Der Kunststoff-Zahnriemen mit Stahldrahteinlage liegt außerhalb des Kurbelgehäuses und wird nicht geschmiert. Der als **Königswelle** bezeichnete Kegelrädertrieb ist teuer und wird heute nur noch in Rennmotoren verwendet. **Die Nockenwelle wird dann nach oben in den Zylinderkopf verlagert, wenn der Ventiltrieb besonders schwingungssteif ausgeführt werden soll.** Dies ist bei Motoren mit

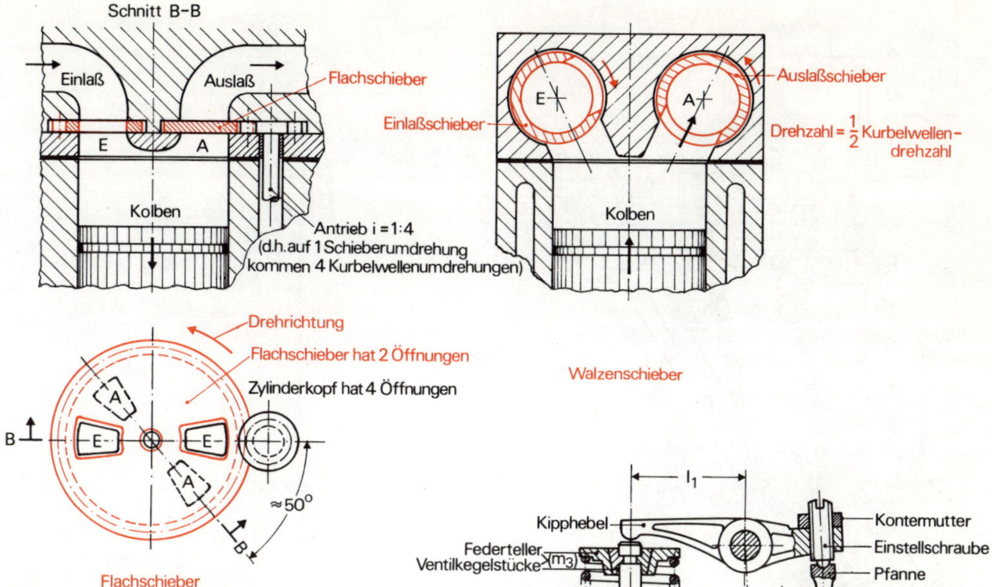

Bild 8.1.2. Schiebersteuerungen

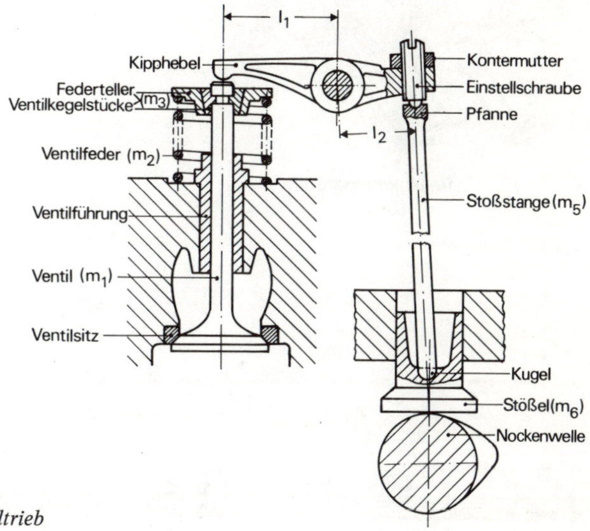

Bild 8.1.3. Ventiltrieb

großer Drehzahl notwendig, damit keine Ventiltriebsschwingungen mit Federbrüchen auftreten. Der Bruch der Ventilfeder zieht große Folgeschäden nach sich, da das Ventil in den Zylinder fällt und den Kolben zerstört. Bei den Ketten- und Zahnriementrieben sorgen **Kettenspanner** und **Führungsstücke** für einwandfreien, schwingungsarmen Lauf.
Die Nockenwelle wird aus Einsatzstahl oder härtbarem Stahl im Gesenk geschlagen oder aus Sondergußeisen gegossen. Die Nockenflanken und Lagerstellen werden gehärtet und geschliffen. Bei Gußeisenwellen erzielt man die Härte durch Abschrecken in Kokillen.

2. Stößel (Bild 8.1.5)
Der einfache **Pilzstößel** wird für kleine Kräfte eingesetzt. Die Übertragung großer Kräfte gelingt leichter mit dem **Rollenstößel,** da die Rolle auf dem Nokken abrollen kann. Sein Aufbau ist komplizierter, und er muß in seiner Laufbüchse gerade geführt werden. Der Pilzstößel hingegen darf und soll sich um seine Längsachse drehen, damit sein Verschleiß klein bleibt. Die Drehbewegung wird durch außermittigen Einbau des Pilzstößels erzwungen. Der **hydraulische Stößel** erspart das Einstellen des Ventilspiels.
Bei geschlossenem Ventil tritt aus dem Motor-

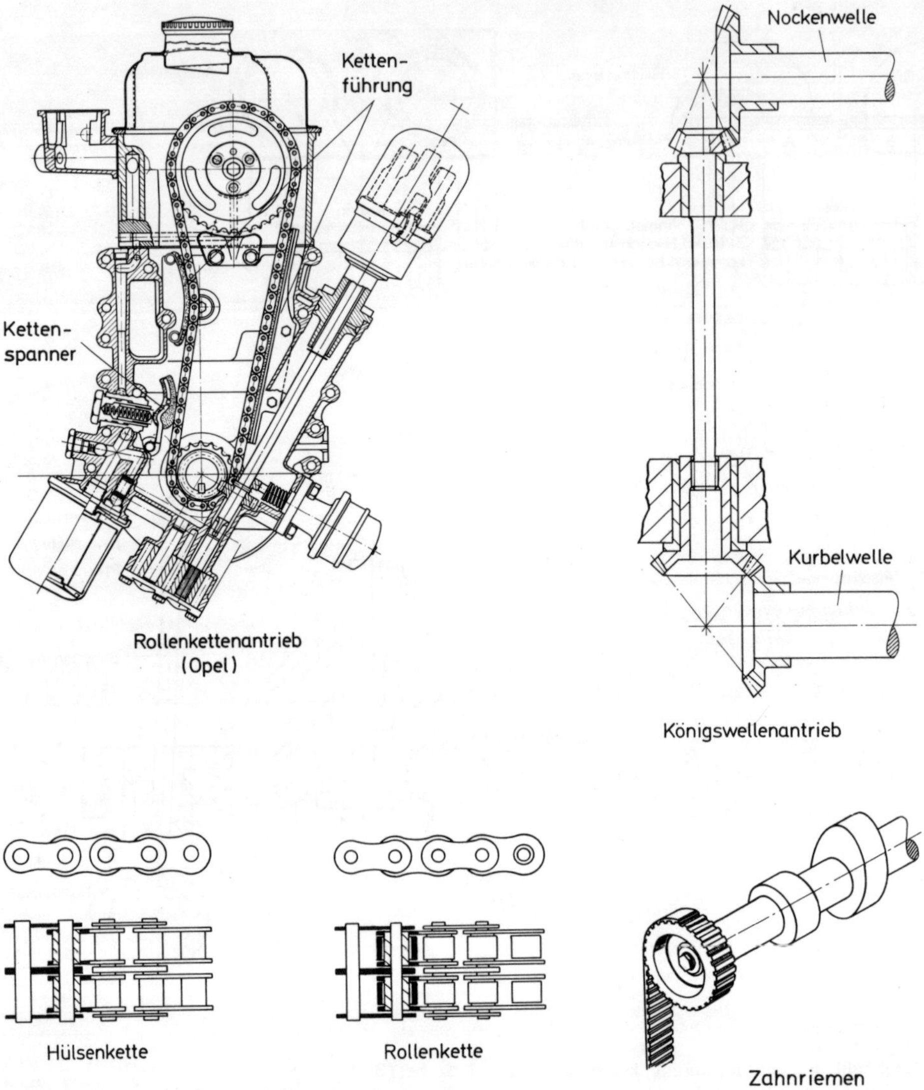

Bild 8.1.4. Antrieb der obenliegenden Nockenwelle

schmierölkreislauf so viel Öl in den Stößelzylinder ein, daß der Stößelkolben die Ventiltriebteile spielfrei aneinanderdrückt. Sobald der Nocken den Stößel anhebt, verschließt das Rückschlagventil (Kugel) die Schmierölbohrung, und Stößel und Stößelkolben bewegen sich gemeinsam nach oben.
Der Stößel wird vorwiegend aus Gußeisen hergestellt. Die Laufflächen werden gehärtet und geschliffen.

3. Stoßstange

Die Stoßstange überträgt die Kraft vom Stößel auf den Kipphebel. Sie wird mit vollem oder hohlem Querschnitt aus Stahl oder einer Aluminiumlegie-

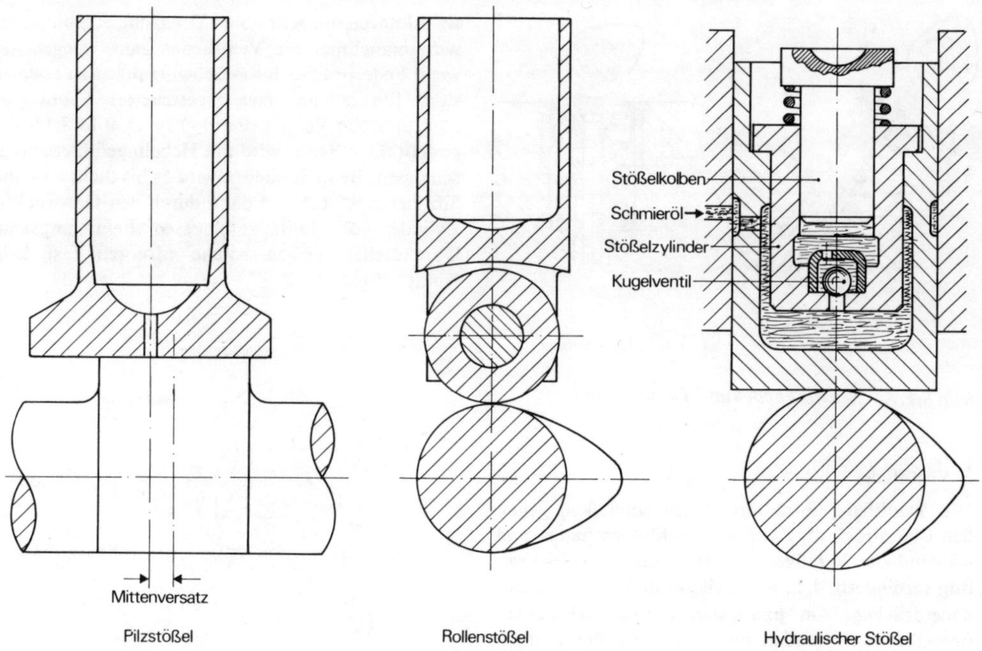

Bild 8.1.5. Stößel

rung gefertigt. An Ihren Enden trägt sie Kugel und Pfanne.

4. Kipphebel

Der Kipphebel (Bild 8.1.6) betätigt das Ventil. Er wird mit Hebelarmen gleicher oder verschiedener Länge ausgeführt. Bei ungleichen Hebelarmen zeigt der kürzere nach der Stoßstangenseite; ein kleiner Nockenhub bewirkt einen großen Ventilweg.
Kleine Kipphebel werden aus Stahl oder Stahlblech im Gesenk geschlagen.
Am Kipphebel wird das Ventilspiel eingestellt.
Das Ventilspiel muß so groß gewählt werden, daß bei betriebswarmer Maschine zwischen Kipphebel und Ventil noch ein geringes Spiel vorhanden ist, damit das Ventil mit Sicherheit dicht schließt. Ein undichtes Ventil würde nämlich durch die mit hoher Geschwindigkeit ausströmenden heißen Gase schnell verbrannt und unbrauchbar werden.
Bei obenliegender Nockenwelle kann das Ventil auch über **Schwinghebel** oder **Tassenstößel** (Bild 8.1.7) direkt von der Nockenwelle geöffnet werden. Sie haben die Aufgabe, die durch die reibende Drehbewegung des Nockens entstehende Seitenkraft vom Ventil fernzuhalten.

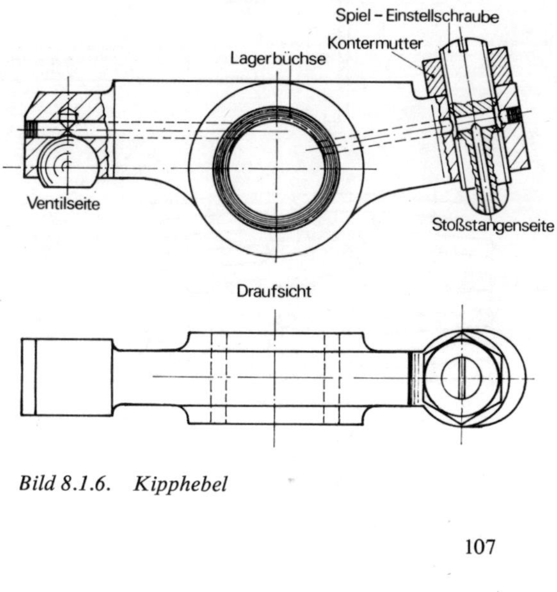

Bild 8.1.6. Kipphebel

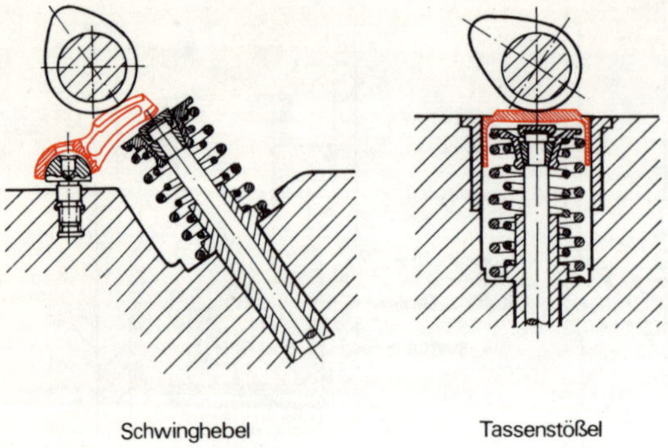

Bild 8.1.7. Schwinghebel und Tassenstößel

5. Ventilfeder

Die Ventilfeder muß das Ventil schließen, gegen den Unterdruck im Zylinder **geschlossen halten und** während der Verzögerung der Ventiltriebteile **Freiflug verhindern,** d. h. alle Teile kraftschlüssig aneinanderdrücken. Am häufigsten werden **Schraubendruckfedern** verwendet. Bei kleinen Kräften und geringer Motorhöhe baut man **Schenkelfedern** (Bild 8.1.8) ein.

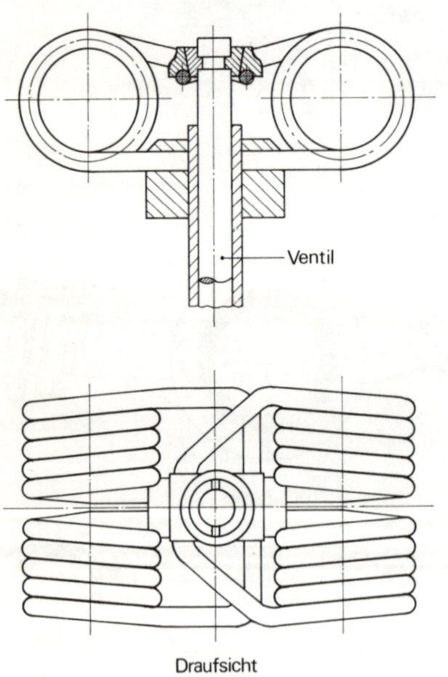

Bild 8.1.8. Schenkelfeder

Bei Motoren mit sehr hoher Drehzahl, Rennmotoren, wird manchmal die Ventilfeder ganz weggelassen, wenn Federbrüche durch Schwingungen zu erwarten sind. Ein solches **zwangsgesteuertes Ventil** (desmodromische Ventilsteuerung) ist in Bild 8.1.9 dargestellt. Das Ventil wird mit Hebeln geöffnet und geschlossen. Beim Schließen wird es bis dicht an seinen Sitz herangeführt und dann durch den Gasdruck im Zylinder vollständig geschlossen. Beim langsamen Durchdrehen zeigen solche Motoren fast keine Kompression.

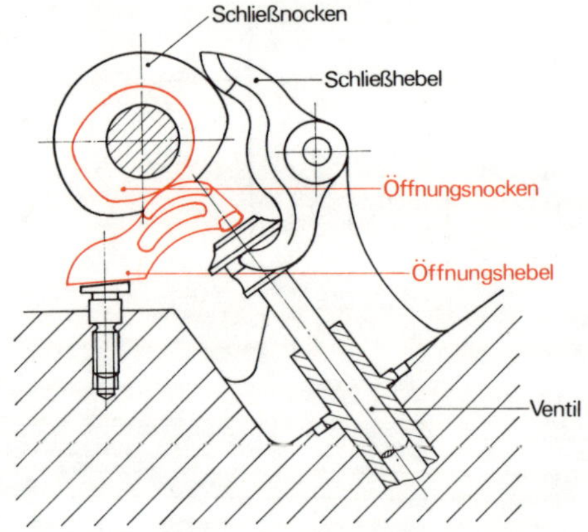

Bild 8.1.9. Zwangsgesteuertes Ventil

6. Ventil

Das **Ventil** ist großen **mechanischen und thermischen Beanspruchungen und Korrosionsangriffen** durch die Verbrennungsprodukte ausgesetzt. Bei Vollast können die Temperaturen am Ventilteller des Auslaßventils bis auf 800 °C und beim Einlaßventil bis auf 500 °C ansteigen. Nur hochlegierte Stähle großer Warmfestigkeit und guter Zunderbeständigkeit sind den Belastungen des Auslaßventils gewachsen. Zur Erhöhung seiner Lebensdauer wird der Ventilteller an der **Dichtfläche** mit einer besonders widerstandsfähigen CrNi-Legierung durch **Auftragsschweißung gepanzert** (Bild 8.1.10). Die Temperatur des Ventiltellers läßt sich um etwa 80 °C senken, wenn das **Ventil natriumgekühlt** ist (Bild 8.1.11). Der hohle Schaft ist zu ⅔ mit Natrium gefüllt. Dieses wird im Betrieb flüssig, verdampft und unterstützt den Wärmetransport vom Teller zum Schaft, der die Wärme an die Ventilführung abgibt. Das Hohlschaftventil ist außerdem unempfindlicher gegen Verzug des Ventilsitzes im Zylinderkopf.

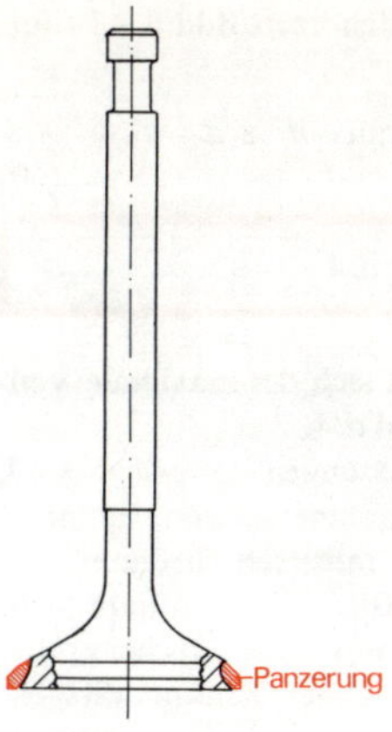

Bild 8.1.10. Ventil mit Sitzpanzerung

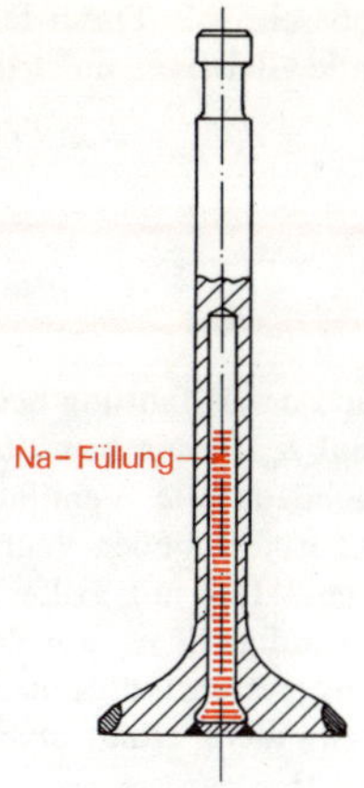

Bild 8.1.11. Natriumgekühltes Ventil

Bei hochbelasteten Motoren läßt sich die Lebensdauer des Ventils durch den Einbau einer **Drehvorrichtung** (Bild 8.1.12) um ein Mehrfaches vergrößern. Sobald das Ventil geöffnet wird, drückt die Ventilfeder die Tellerfeder der Drehvorrichtung eben,

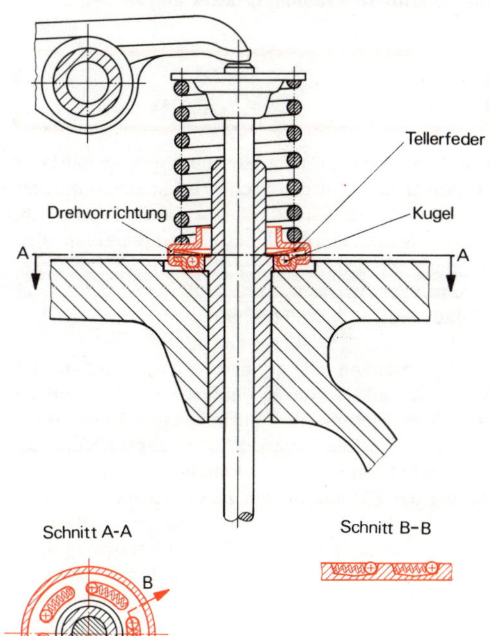

Bild 8.1.12. Ventildrehvorrichtung

die Kugeln rollen auf ihrer Bahn und drehen das Ventil ein Stück um seine Achse. Durch diese Zwangsdrehung bleiben Ventilschaftende und Teller frei von Ablagerungen, und es kann keine einseitige Erwärmung den Teller undicht werden lassen.

7. Ventilführung

Die Ventilführung wird aus Grauguß oder bei Hochleistungsmotoren aus einem Werkstoff mit großer Wärmeleitfähigkeit und guten Laufeigenschaften hergestellt. Für gute Wärmeableitung soll die Führung möglichst lang gestaltet werden, aber nicht frei in den Auslaßkanal hineinragen, da sie sonst zusätzlich Wärme aufnimmt.

8. Ventilsitz

Der Ventilsitz wird direkt in den Zylinderkopf eingefräst, wenn dieser aus Gußeisen besteht. Bei Zylinderköpfen aus einer Al-Legierung müssen besondere Ventilsitzringe aus Sondergrauguß vorgesehen werden.
Zur Erzielung einer guten Abdichtung soll die **Dichtfläche möglichst schmal** sein (1,5 bis 2,5 mm).

8.1.2. Ventilkonstruktion

Für gute Füllung des Zylinders müssen die Strömungsquerschnitte groß ausgebildet werden. Grenzen für die Ventiltellerdurchmesser ergeben sich aus der Zylinderkopf- bzw. Brennraumkonstruktion. **Parallelhängende Ventile** haben kleinere Durchmesser als **Ventile in dachförmigen Brennräumen** (Bild 8.1.13). Das **Auslaßventil** wird meistens mit einem **kleineren Durchmesser** als das Einlaßventil ausgeführt. Dafür sprechen **zwei Gründe:**
Ein großes Einlaßventil ermöglicht eine gute Zylinderfüllung.
Eine Verwechslung der Ventile beim Einbau kann nicht vorkommen. Das ist wichtig, weil das Auslaßventil aus einem besseren Werkstoff gefertigt ist.
Für **parallelhängende Ventile** wählt man folgende **Tellerdurchmesser** d:

1. Ventile gleich groß $d \approx 0{,}4\ D$
2. Ventile unterschiedlich $d_E \approx 0{,}45\ D$
   $d_A \approx 0{,}35\ D$

D = Zylinderdurchmesser
E = Einlaßventil
A = Auslaßventil

Bei nicht parallelhängenden Ventilen werden die Tellerdurchmesser konstruktiv so groß wie möglich festgelegt.
Die **Abmessungen des Ventilschaftdurchmessers** sind:

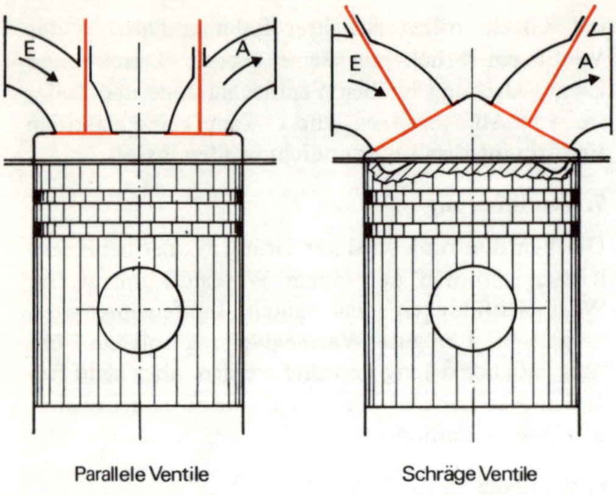

Bild 8.1.13. Ventileinbau

1. bei Motoren mit großer Drehzahl
   $d_{Sch} \approx (0{,}25 \text{ bis } 0{,}35)\, d$
2. bei Motoren mit niedriger Drehzahl
   $d_{Sch} \approx (0{,}15 \text{ bis } 0{,}25)\, d$

Der **Ventilsitzwinkel** beträgt vorzugsweise **45°** und die **Breite** des Ventilsitzes bewegt sich **zwischen 1,5 und 2,5 mm.**

Bei der Festlegung des **maximalen Ventilhubs** geht man von der Voraussetzung aus, daß der Strömungsquerschnitt am Ventil und kurz dahinter etwa gleich

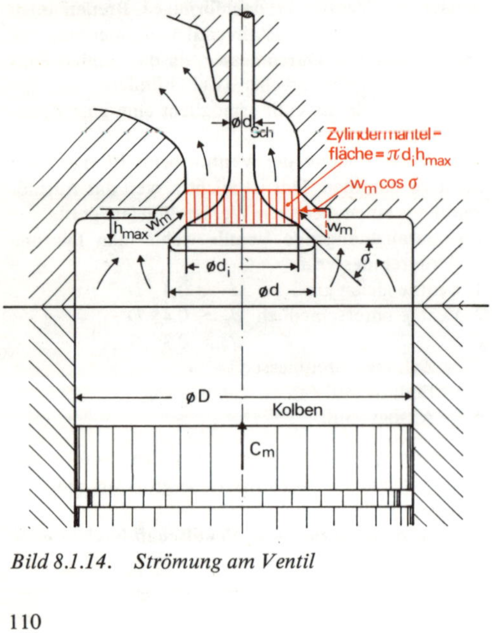

Bild 8.1.14. Strömung am Ventil

groß sein soll. Dafür läßt sich nach Bild 8.1.14 folgende **Gleichung** aufstellen:

$$\pi\, d_i\, h_{max} = \pi\, d_i^2/4 \quad \text{mit} \quad d_i \approx d \quad \text{wird} \tag{60}$$

$$h_{max} \approx d/4$$

Nach der Erfahrung bewegt sich der **maximale Ventilhub h_{max} zwischen $d/6$ und $d/4$.**

Nachdem alle Ventilabmessungen festgelegt sind, überprüft man den Ventildurchmesser und den maximalen Hub mit Hilfe der **mittleren Strömungsgeschwindigkeit w_m am Ventilsitz.** Diese mittlere Strömungsgeschwindigkeit ist nur eine Rechengröße. Ihren Wert erhält man aus der Kontinuitätsgleichung:

$$w_m \cos\sigma \cdot \pi\, d\, h_{max} = c_m\, \pi\, D^2/4$$

$w_m \cos\sigma$ ist die Geschwindigkeitskomponente, die senkrecht auf dem Querschnitt $\pi\, d\, h_{max}$ steht
c_m = mittlere Kolbengeschwindigkeit
D = Zylinderdurchmesser

Aus vorstehender Gleichung leitet sich die Formel für die **mittlere Strömungsgeschwindigkeit** w_m ab:

$$w_m = c_m \frac{D^2}{4\, d\, h_{max} \cos\sigma} \tag{61}$$

Die berechnete mittlere Strömungsgeschwindigkeit vergleicht man mit den Werten bekannter, ähnlicher Motoren. Weicht sie stark von diesen Werten ab, müssen Ventiltellerdurchmesser und Ventilhub neu festgelegt werden.

Erfahrungswerte für w_m:
Einlaßventil $w_m \approx 60$ bis 90 m/s
Auslaßventil $w_m \approx 80$ bis 120 m/s

Nach Gleichung (61) ergibt eine Verkleinerung des Ventilsitzwinkels von 45° auf 30° rein rechnerisch eine Verringerung der Strömungsgeschwindigkeit, d. h. eine Verbesserung der Strömungsverhältnisse. In Wirklichkeit ist für den Einlaß fast keine Vergrößerung der Zylinderfüllung zu verzeichnen. Für den Auslaß hingegen läßt sich eine raschere Entleerung des Zylinders feststellen. Diese Widersprüche zu Formel (61) erklären sich aus der in ihr enthaltenen, stark vereinfachten Beziehung für den **offenen Ventilquerschnitt A_v:**

$$A_v = \pi\, d\, h\, \cos\sigma$$

h = veränderlicher Ventilhub

Diese Gleichung gibt die wahren offenen Querschnitte am Ventil bei veränderlichem Hub nur sehr ungenau wieder [1]. Die Abweichungen sind bei großem Ventilhub beträchtlich. Die genaue Gleichung für den offenen Querschnitt läßt erkennen, daß bei kleinen Ventilhüben der Durchströmquerschnitt bei Übergang von 45°auf 30° Sitzwinkel merklich größer wird, nicht aber bei großen. Deshalb ist für das Füllen des Zylinders, das sich infolge der kleinen Druckdifferenzen bei mittleren und großen Hüben vollzieht, keine Veränderung zu erwarten. Der Entleerungsvorgang dagegen läuft rascher ab, da dabei gerade bei den kleinen Hüben die großen Druckdifferenzen herrschen.

8.1.3. Konstruktion des Nockens

Die Nockenform ist maßgebend für den Verlauf der Ventilbewegung. Der Nocken muß folgende **Bedingungen** erfüllen:

1. Das Ventil soll rasch bis auf den vollen Hub geöffnet und am Ende der Öffnungsdauer ebenso schnell wieder geschlossen werden, so daß der Strömungsquerschnitt möglichst lange groß bleibt.
2. Der Bewegungsablauf muß so gewählt werden, daß keine unzulässig großen Schwingungen (Federschwingungen) angeregt werden.

Ohne auf eine nähere Betrachtung der Schwingungsrechnung einzugehen, sei folgendes bemerkt: Der Ventiltrieb mit seinen Massen und Federn stellt ein schwingungsfähiges Gebilde dar. Seine Eigenfrequenz sollte durch steife und leichte Bauteile so hoch wie möglich gelegt werden. Die Schwingungen werden durch den Nocken angeregt, maßgebend ist der erste Teil der Nockenbeschleunigung. Bei den Schwingungen handelt es sich um Einschwingvorgänge. Ein stationärer Schwingungszustand kann sich nicht einstellen. Sobald das Ventil geschlossen ist, besteht nämlich infolge des Ventilspiels kein Kraftschluß mehr zwischen den schwingenden Gliedern, und die Schwingung hört auf. Wie in [2] nachgewiesen wurde, muß eine sanft anlaufende Beschleunigungskurve nicht zu einem schwingungsarmen Ventiltrieb führen. Für schnellaufende Ventiltriebe kann es durchaus günstig sein, den Nocken mit einem sprunghaften Rechteckverlauf der Beschleunigungskurve auszubilden. Die Verzögerungskurve sollte allerdings stetig sein und sehr sanft beginnen.

8.1.3.1. Festlegung der Steuerzeiten

Die **Steuerzeiten** oder besser ausgedrückt die **Steuerwinkel** geben an, wieviel Grad Kurbelwinkel Ein- und Auslaßventil offen sind. Da die Ventile relativ langsam öffnen und schließen, wählt man die Steuerwinkel größer als es dem Ansaugen und Ausschieben des Kolbens entspricht. Damit erreicht man, wie aus dem **Steuerdiagramm** (Bild 8.1.15) zu entnehmen ist, daß zu Beginn und Ende des Ansaug- und Ausschubhubs ein kleiner Querschnitt schon bzw. noch offen ist. Das Ende des Auslasses und der Beginn des Einlasses überschneiden sich, d. h. beide Ventile sind gleichzeitig offen. Durch diese **Ventilüberschneidung** gelingt es, das Abgas aus dem Verbrennungsraum ebenfalls zu entfernen. Die Abgassäule strömt infolge ihrer Trägheit auch dann noch weiter, wenn der Kolben bereits in OT steht. Dadurch entsteht im Verbrennungsraum ein Unterdruck, und durch das schon offene Einlaßventil wird frische Ladung angesaugt. Große Ventilüberschneidung ermöglicht eine gute Ausspülung der Restgase, hat aber bei Ottomotoren, ausgenommen Direkteinspritzmotoren, Kraftstoffverluste zur Folge. Hier muß ein Optimum gesucht werden, bei dem zwar das Restgas

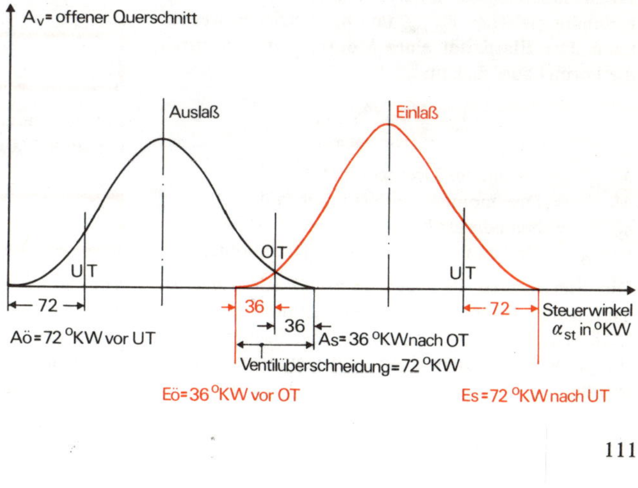

Bild 8.1.15. Steuerdiagramm

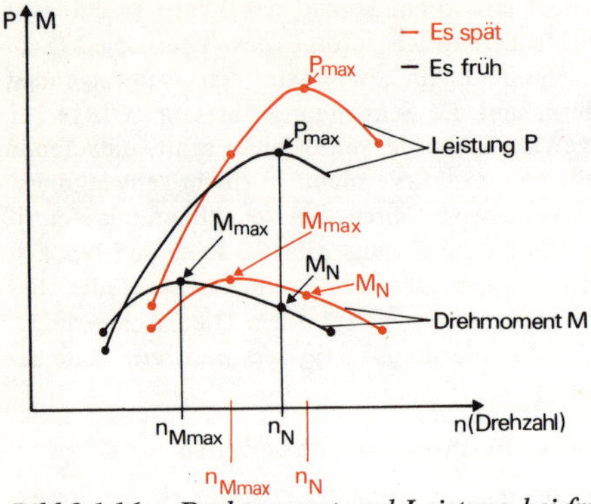

Bild 8.1.16. Drehmoment und Leistung bei frühem und spätem „Einlaß schließt"

weitgehend entfernt wird, aber noch kein Kraftstoffverlust eintritt, besonders auch im Hinblick auf die Begrenzung der Kohlenwasserstoffe im Abgas.

Das Einlaßventil schließt erst nach UT, so daß durch die Trägheit der Frischladungssäule **Nachladen** erzielt wird. Der Nachladeeffekt ist um so größer, je schneller das Gas strömt, d. h. desto höher die mittlere Kolbengeschwindigkeit bzw. Drehzahl ist. Durch spätes Schließen des Einlaßventils erreicht man bei großer Drehzahl eine hohe Motorleistung durch Nachladen, während sie bei niedriger Drehzahl nur klein ist, weil der Kolben einen Teil der Füllung wieder ausschiebt. In Bild 8.1.16 sind Drehmoment und Leistung über der Drehzahl für frühes und spätes Schließen des Einlaßventils aufgetragen. Die Elastizität des Hochleistungsmotors (Einlaß schließt spät) ist klein. Er benötigt daher mehr Getriebegänge, damit er immer im günstigen Drehzahlbereich (abfallender Ast der Drehmomentkennlinie zwischen $n_{\mathrm{M\,max}}$ und n_{N}) betrieben werden kann. Die **Elastizität eines Motors** läßt sich durch die Formel ausdrücken:

$$El = \frac{M_{\max}\; n_{\mathrm{N}}}{M_{\mathrm{N}}\; n_{\mathrm{M\,max}}}$$

$M_{\max}$ = maximales Drehmoment
M_{N} = Drehmoment bei Nenndrehzahl
n_{N} = Nenndrehzahl
$n_{\mathrm{M\,max}}$ = Drehzahl bei maximalem Drehmoment

Die Steuerzeiten legt der Konstrukteur zunächst nach seiner Erfahrung fest. Die genauen Werte für höchste Leistung und günstigen spezifischen Kraftstoffverbrauch werden dann in Prüfstandsversuchen ermittelt.

Erfahrungswerte:

Einlaß	öffnet	10 bis 50 °KW vor OT
	schließt	40 bis 80 °KW nach UT
Auslaß	öffnet	40 bis 80 °KW vor UT
	schließt	10 bis 50 °KW nach OT

8.1.3.2. Harmonischer Nocken

Der Ausdruck **harmonischer Nocken** ist leicht irreführend. Der Nocken besteht aus Zylindermantelflächen, ist also ein Kreisbogennocken. Arbeitet dieser Kreisbogennocken mit einem ebenen Stößel zusammen, so läßt sich die Stößelbewegung mit einfachen harmonischen Gleichungen beschreiben. Erst diese Paarung macht den Kreisbogennocken zum harmonischen.

Im folgenden werden die **Bewegungsgleichungen** für einen harmonischen Nocken abgeleitet, dessen Flanke aus zwei unterschiedlichen Kreisbögen gebildet wird. In Bild 8.1.17 ist der Nocken in vier Stellungen gezeichnet. In **Teilbild 1** tangiert der Stößel den Grundkreis des Nockens; der Stößelhub ist Null. Nachdem sich der Nocken in **Teilbild 2** um den Winkel Θ_1 gegen den Uhrzeigersinn gedreht hat, berührt der Stößel den ersten Kreisbogen mit Radius r_1 und hat den Weg s_1 zurückgelegt. Der Mittelpunkt M_1 wurde ebenfalls um den Weg s_1 nach oben verschoben. Die Bewegung des Stößels läßt sich daher aus der Figur MAM_1 ableiten. Im **Teilbild 3** tangiert der Stößel den zweiten Kreisbogen. Er steht um das Maß c tiefer als der in **Teilbild 4** in der höchsten Stellung gezeichnete Stößel. Der Drehwinkel des Nockens beträgt zwischen Teilbild 3 und 4 Θ_2. Das Maß c ergibt sich aus der Figur MM_2B.

Nach diesen Vorbetrachtungen kann man folgende **Gleichungen für den Stößelhub** schreiben:

1. Der Stößel tangiert am 1. Kreisbogen; der Nockenwinkel läuft von $\Theta_1 = 0$ bis $\Theta_{1\,\max}$.

(62)

$$s_1 = b_1\,(1 - \cos \Theta_1)$$

2. Der Stößel tangiert am 2. Kreisbogen; der Nockenwinkel läuft von $\Theta_2 = \Theta_{2\,\max}$ bis 0.

(63)

$$s_2 = h_{\mathrm{St}} - b_2\,(1 - \cos \Theta_2)$$

Mit diesen beiden Gleichungen wird der Aufwärtsweg des Stößels berechnet, der Abwärtsweg liegt symmetrisch dazu (Bild 8.1.18).

Die **Gleichungen für die Stößelgeschwindigkeit** erhält man durch Differentiation der Weggleichung

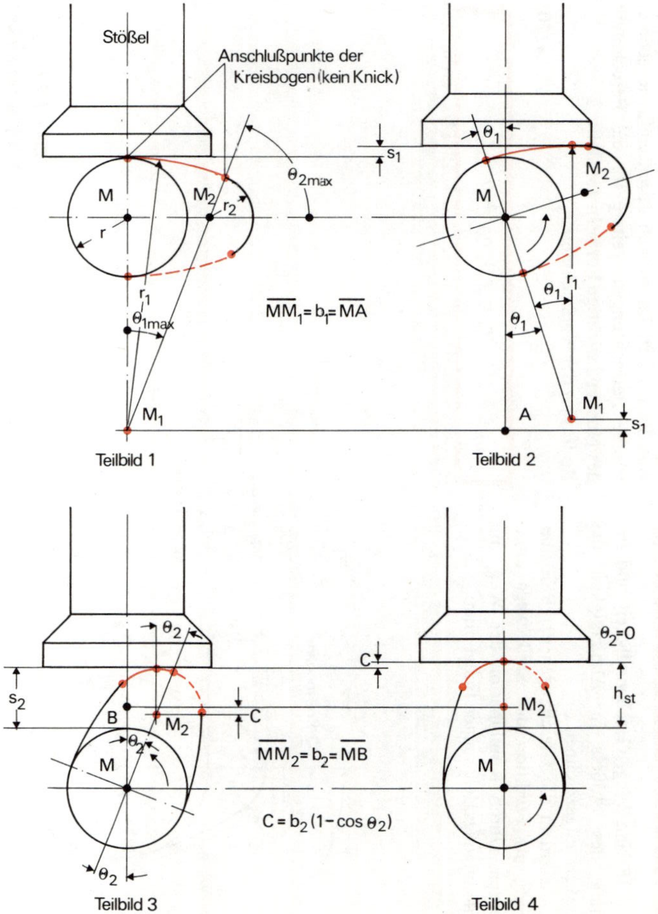

Bild 8.1.17. Stößelbewegung beim harmonischen Nocken

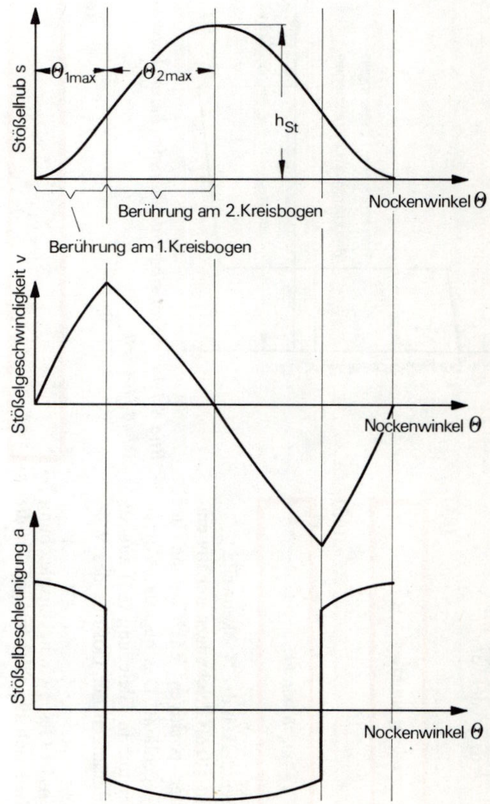

Bild 8.1.18. Bewegungsabläufe beim harmonischen Nocken

nach der Zeit: Mit $v = \frac{ds}{dt} = \frac{ds}{d\Theta}\frac{d\Theta}{dt}$ wird

(64)

$$v_1 = \omega_N \, b_1 \sin \Theta_1$$

(65)

$$v_2 = -\omega_N \, b_2 \sin \Theta_2$$

ω_N = Winkelgeschwindigkeit der Nockenwelle.
Der Winkel Θ_2 ist in allen Gleichungen negativ einzusetzen, da er der positiven Zählrichtung des Nockenwinkels entgegenläuft. Das negative Vorzeichen wirkt sich aber nur in Gleichung (65) aus, da in den anderen Gleichungen der Cosinus des Winkels Θ_2 gebildet wird.
Durch Differenzieren der Geschwindigkeitsgleichung nach der Zeit ergeben sich die **Gleichungen für die Stößelbeschleunigung:**

(66)

$$a_1 = \omega_N^2 \, b_1 \cos \Theta_1$$

(67)

$$a_2 = -\omega_N^2 \, b_2 \cos \Theta_2$$

In Bild 8.1.18 sind Weg, Geschwindigkeit und Beschleunigung des Stößels in Abhängigkeit des Nockenwinkels aufgezeichnet.
Es sollen außerdem die Gleichungen der **Stößelbeschleunigung als Funktion des Stößelwegs** angegeben werden. Durch Kombination der Weg- mit den Beschleunigungsgleichungen findet man:

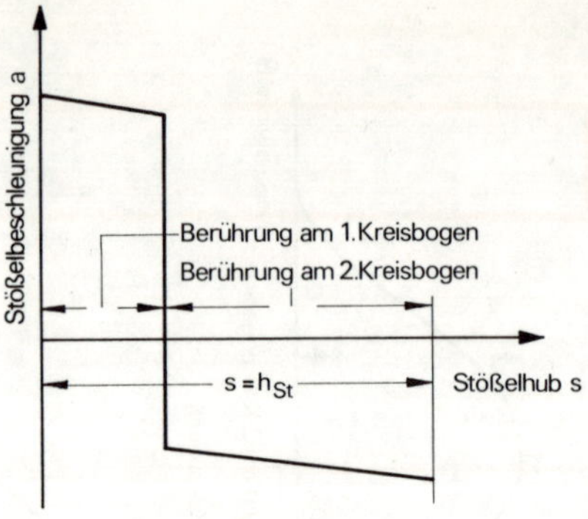

Bild 8.1.19. Stößelbeschleunigung beim harmonischen Nocken

(68)

$$a_1 = \omega_N^2 \, b_1 - \omega_N^2 \, s_1$$

(69)

$$a_2 = -\omega_N^2 \, s_2 + \omega_N^2 \, (h_{St} - b_2)$$

Die unabhängige Veränderliche ist s_1 bzw. s_2.
Mit diesen beiden linearen Gleichungen kann man den Beschleunigungsverlauf als Funktion des Stößelhubs darstellen (Bild 8.1.19).
Aus Bild 8.1.20 lassen sich durch einfache geometrische Betrachtungen weitere für die Berechnung des Nockens wichtige Formeln ableiten:
Radius an der Nockenkuppe r_2

(70)

$$r_2 = r + h_{St} - b_2$$

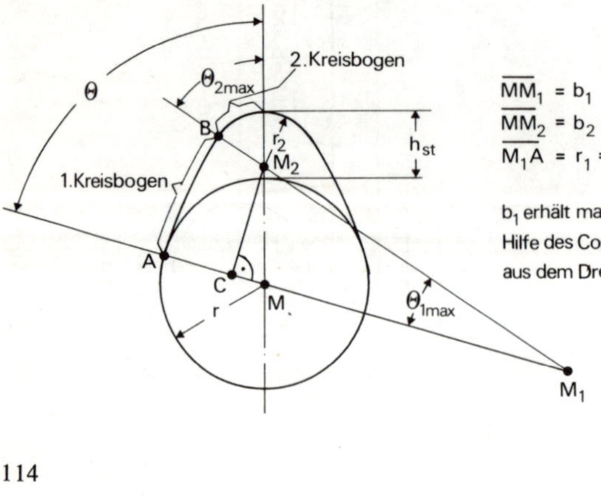

$\overline{MM_1} = b_1$
$\overline{MM_2} = b_2$
$\overline{M_1A} = r_1 = \overline{M_1B}$

b_1 erhält man mit Hilfe des Cosinussatzes aus dem Dreieck MM_1M_2

$$\sin \Theta_{1max} = \frac{\overline{CM_2}}{\overline{M_1M_2}}$$

$$\overline{CM_2} = b_2 \sin\Theta$$

Bild 8.1.20. Kreisbogennocken

Mittelpunktsabstand b_1

(71)

$$b_1 = \frac{b_2^2 - (r - r_2)^2}{2\,(r - r_2 - b_2 \cos \Theta)}$$

b_1 darf nicht negativ sein und auch nicht unendlich, da sonst der ebene Stößel mit dem Nocken nicht zusammenarbeiten kann.

Winkel $\Theta_{1\,max}$ und **$\Theta_{2\,max}$**

(72)

$$\sin \Theta_{1\,max} = \frac{b_2 \sin \Theta}{b_1 + r - r_2}$$

(73)

$$\Theta_{2\,max} = \Theta - \Theta_{1\,max}$$

8.1.3.3. Festlegung der Nockenform

Bei der **Festlegung der Nockenform** geht man zunächst von den **gegebenen Daten** aus:

1. Steuerwinkel α_{St}
2. Maximaler Ventilhub h_{max}
3. Kipphebelübersetzung $\ddot{u}$
4. Motordrehzahl n

Dazu kommen noch folgende **Erfahrungswerte:**

1. Ventilspielwinkel Θ_S in °NW
2. Ventilspiel h_s
3. Größte zulässige Verzögerung des Stößels mit Rücksicht auf die Ventilfederkraft $a_{2\,max}$
4. Durchmesser des Nockengrundkreises $2\,r$

Mit diesen Größen kann man die **Bestimmungsstücke des Nockens** ermitteln:

1. Nockenwinkel Θ

Unter der Voraussetzung eines symmetrischen Nockens, wie er meist verwendet wird, heißt die Formel:

(74)

$$\Theta = \frac{\alpha_{St}}{x} + \Theta_S$$

$x = 4$ für Viertaktmotor
$x = 2$ für Zweitaktmotor

2. Maximaler Stößelub h_{St}

(75)

$$h_{St} = \ddot{u}\,(h_{max} + h_s) \qquad \ddot{u} \leq 1$$

Die nun folgenden Formeln gelten nur für die Berechnung eines harmonischen Nockens, dessen Flanke sich aus zwei verschiedenen Kreisbogen zusammensetzt. Bei anderen Nockenformen kann man aber ähnlich vorgehen.

3. Mittelpunktsabstand b_2

Die **größte Verzögerung** tritt nach Gleichung (67) bei $\Theta_2 = 0$ auf, d. h., wenn der Stößel den Nocken an der Kuppe berührt (Bild 8.1.17, 4). Für den Nockenentwurf wird zunächst als Erfahrungswert angenommen $|a_{2\,max}| \leq 1500\ m/s^2$. Bei der Ventilfederberechnung muß dann überprüft werden, ob die Feder stark genug ist, um die notwendige Verzögerungskraft aufzubringen. Der Mittelpunktsabstand muß die **Bedingung** erfüllen:

$$b_2 < r + h_{St}.$$

Ist dies nicht der Fall, müssen $a_{2\,max}$ und r oder r allein geändert werden. Für $b_2 \geqq r + h_{St}$ kann man keinen harmonischen Nocken ausführen.

Die restlichen Bestimmungsstücke r_2, b_1, r_1 und $\Theta_{1\,max}$ werden mit den bereits bekannten Formeln berechnet und zum Schluß die angenommenen Werte mit Hilfe einer **Kontrollrechnung** überprüft.

1. Kontrolle mittels Gleichung (62)

Der **Stößelhub** s_1 für den Ventilspielwinkel Θ_s muß so groß sein, daß der Kipphebel das Ventilspiel gerade zurückgelegt hat, d. h. daß das Ventil zu öffnen beginnt.

2. Kontrolle mittels Gleichung (64)

Die **Auftreffgeschwindigkeit** des Ventils auf seinen Sitz, die bei symmetrischem Nocken gleich der Geschwindigkeit ist, mit der der Kipphebel auf das noch ruhende Ventil schlägt, soll nicht mehr als 0,8 m/s betragen. Bei zu großer Geschwindigkeit werden Ventil und Sitz beschädigt. Das Ventil federt und springt mehrmals auf und zu.

3. Kontrolle

Die **Flächenpressung** zwischen Nocken und Stößel sollte mit Rücksicht auf den Verschleiß 200 N/mm² (2000 kp/cm²) bei harmonischen Nocken nicht überschreiten. Diese Kontrolle kann erst dann durchgeführt werden, wenn die Federkraft berechnet worden ist.

Falls bei der Kontrollrechnung unzulässige Werte festgestellt werden, muß der Nocken mit neuen Annahmen nochmals bestimmt werden.

Beispiel 11

Für einen Viertaktmotor soll der harmonische Einlaßnocken entworfen werden.

Gegeben sind:
Eö = 40 °KW vor OT
Es = 40 °KW nach UT
Ventilhub $h_{max} = 6$ mm
Kipphebelübersetzung $\ddot{u} = 1$
Motordrehzahl $n = 5000$ 1/min

Lösung

Es werden folgende **Annahmen** getroffen:

Ventilspielwinkel $\Theta_s = 10\,°NW$

Ventilspiel $h_s = 0{,}2$ mm

maximale Verzögerung $a_{2\,max} = -1000\ m/s^2$

Grundkreisradius $r = 15$ mm

Berechnung der **Bestimmungsstücke** des Nockens:

1. Nockenwinkel nach Gleichung (74)

$$\underline{\Theta} = \frac{260\,°KW}{4} + 10\,°NW = \underline{75\,°NW}$$

2. Maximaler Stößelhub nach Gleichung (75)

$$\underline{h_{St}} = 1\,(6 + 0{,}2)\ mm = 6{,}2\ mm$$

3. Mittelpunktsabstand b_2 nach Gleichung (67)

$$\omega_N = \frac{1}{2}\,\omega; \quad \omega = 2 \cdot \pi\,\frac{5000\,\frac{1}{min}}{60\,\frac{s}{min}} = 524\ 1/s$$

$$\omega_N = 262\ 1/s$$

$$\underline{b_2} = \frac{1000\ m/s^2}{262^2\ 1/s^2} = 0{,}0146\ m = \underline{14{,}6\ mm}$$

4. Radius r_2 nach Gleichung (70)

$$\underline{r_2} = 15\ mm + 6{,}2\ mm - 14{,}6\ mm = \underline{6{,}6\ mm}$$

5. Mittelpunktsabstand b_1 nach Gleichung (71)

$$b_1 = \frac{(14{,}6^2 - 8{,}4^2)\ mm^2}{2\,(8{,}4 - 14{,}6\cos 75°)\ mm}$$

$$\underline{b_1 = 15{,}5\ mm}$$

6. Radius r_1

$$\underline{r_1} = b_1 + r = 15{,}5\ mm + 15{,}0\ mm = 30{,}5\ mm$$

7. Winkel nach Gleichungen (72) und (73)

$$\sin \Theta_{1\,max} = \frac{14{,}6 \sin 75°}{15{,}5 + 15 - 6{,}6} = 0{,}59$$

$$\underline{\Theta_{1\,max} = 36\,°NW}$$

$$\underline{\Theta_{2\,max} = 39\,°NW}$$

1. Kontrolle nach Gleichung 62

$$\underline{s_1} = 15{,}5\ mm\,(1 - \cos 10°) = \underline{0{,}232\ mm}$$

Dieser Wert ist nur wenig größer als h_s, also wurde der Ventilspielwinkel richtig bemessen.

2. Kontrolle nach Gleichung (64)

$$v_1 = 262\,\frac{1}{s} \cdot 15{,}5\ mm \sin 10° = 706\ mm/s$$

$$v_1 = 0{,}7\ m/s < v_{1\,zul} = 0{,}8\ m/s$$

Die Rechnung ist in Ordnung, der Nocken kann konstruiert werden.

8.1.3.4. Vornocken

In Berechnungsbeispiel 11 mußte die Auftreffgeschwindigkeit des Ventils auf seinen Sitz nachgeprüft werden, denn sie darf den zulässigen Wert nicht überschreiten. Andererseits ist aber rasches Öffnen des Ventils erwünscht. Beide Forderungen lassen sich nicht mit **einem** Kreisbogen erfüllen. Niedrige Ventilgeschwindigkeit erfordert nämlich einen kleinen Radius und hohe Geschwindigkeit einen großen. Diese Bedingungen können nur durch zwei im Radius verschiedene Kreisbögen erfüllt werden. Es wird deshalb zwischen den Kreisbogen mit dem großen Radius und den Grundkreis noch ein Kreisbogen mit kleinem Radius eingefügt, so daß der Nokken eine Flanke aus drei Zylinderflächen erhält. Die erste Fläche wird als **Vornocken oder Rampe** bezeichnet. Der Stößel berührt zunächst den Vornokken, während der Kipphebel den Weg des Ventilspiels zurücklegt. Sobald die Ventiltriebteile dann kraftschlüssig aneinanderliegen, läuft der Stößel auf die Zylindermantelfläche mit dem großen Radius auf, und das Ventil wird rasch angehoben. In Bild 8.1.21 ist ein Kreisbogennocken mit Vornocken dargestellt. Auf seine Berechnung wird verzichtet; sie verläuft ähnlich wie bei dem Nocken mit zwei Kreisbögen.

8.1.3.5. Allgemeines

Zum Antrieb des Ventils gibt es die unterschiedlichsten Nocken- und Stößelflächen (Bild 8.1.22). Ein ebener Stößel kann nur mit einem gewölbten Nokken, nicht aber mit einem Hohlnocken zusammenarbeiten. Ein Hohlnocken oder auch ein Tangentennocken verlangt als Partner einen Stößel mit gewölbter Oberfläche, z. B. einen Rollenstößel. Der Stößelradius muß kleiner als der kleinste Nockenradius gewählt werden. Für ein tiefer gehendes Studium sei auf die einschlägige Literatur verwiesen [3].

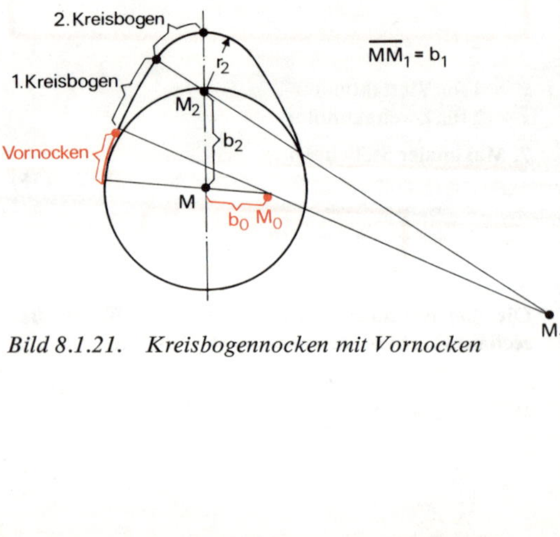

Bild 8.1.21. Kreisbogennocken mit Vornocken

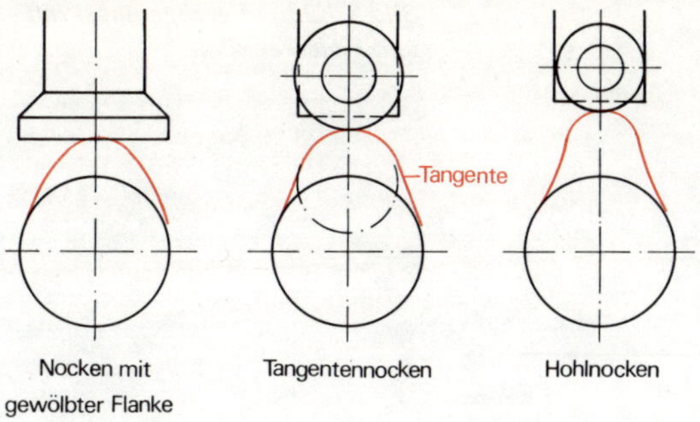

Bild 8.1.22. Nockenformen

Die Herstellung eines Nockens beginnt mit der teils maschinellen, teils manuellen Fertigung des Urnockens. Der **Urnocken** hat dieselbe Gestalt wie der endgültige Nocken. Mit Hilfe des Urnockens wird der **Meisternocken,** der die Bewegung der Nockenwellenschleifmaschine steuert, hergestellt. Die vorgefertigte Nockenwelle wird in der Nockenwellenschleifmaschine in einer schwenkbaren Halterung aufgenommen. Beim Schleifen der Nockenoberfläche dreht sich die Nockenwelle um ihre eigene Achse und wird gleichzeitig entsprechend der Nokkenform durch den Meisternocken hin und her geschwenkt.

8.1.4. Berechnung der Ventilfeder

Die **Ventilfeder** muß so ausgelegt werden, daß sie die geforderte Federkraft aufbringen kann und ihre Eigenschwingungszahl mindestens 11mal größer ist als die Nockenwellendrehzahl, um gefährliche Resonanzschwingungen zu vermeiden. Die Federkraft muß stärker als die Summe der Verzögerungskräfte aller Ventiltriebteile sein, damit der Kraftschluß gewahrt bleibt.
Die **Gesamtverzögerungskraft am Ventil,** d. h. am Angriffspunkt der Ventilfeder, erhält man aus der Formel:

(76)

$$F_v = m_{redv}\, a_v$$

m_{redv} = auf das Ventil reduzierte gesamte Masse des Ventiltriebs
a_v = Ventilbeschleunigung bzw. Verzögerung

8.1.4.1. Bestimmung der reduzierten Masse

Jede Einzelmasse des Ventiltriebs kann aus der Konstruktionszeichnung bestimmt werden. Sie wird dann so auf die Ventilseite reduziert, daß ihre reduzierte Masse, multipliziert mit der Ventilverzögerung, die gleiche Kraft auf die Feder ausübt wie die wirkliche Masse.
Für die **oszillierenden Massen** gilt daher die Beziehung:

$$m_{red}\, a_v = m\, a\, ü$$

a_v = Ventilbeschleunigung
a = Stößelbeschleunigung
$ü$ = Kipphebelübersetzung ($ü \leqq 1$)

Mit $a = ü\, a_v$ ergibt sich als **Reduktionsformel:**

(77)

$$m_{red} = m\, ü^2$$

Der **Kipphebel** führt eine Drehbewegung aus. Für ihn heißt die **Reduktionsformel:**

(78)

$$m_{red} = \Theta_K / l_1^2$$

Θ_K = Massenträgheitsmoment des Kipphebels
l_1 = Hebelarm auf der Ventilseite

Die Ventilfedermasse wird zu ⅓ eingesetzt, da nur dieser Massenanteil voll an der Ventilbewegung teilnimmt, wie sich aus einer Energiebetrachtung der schwingenden Feder ableiten läßt.
Nach Bild 8.1.3 kann man folgende Formel für die **reduzierte Gesamtmasse** schreiben:

(79)

$$m_{red} = m_1 + \frac{1}{3}\, m_2 + m_3 + \frac{\Theta_K}{l_1^2} + ü^2\,(m_5 + m_6)$$

8.1.4.2. Ermittlung der Ventilverzögerung

Die Ventilverzögerung bestimmt man aus der Stößelverzögerung. Im folgenden soll am Beispiel des harmonischen Nockens gezeigt werden, wie man vorzugehen hat.
Die **Gleichung für die Ventilverzögerung** erhält man aus Formel (67) unter Berücksichtigung des Kipphebelübersetzungsverhältnisses:

$$a_{v2} = -\omega_N^2\, \frac{b_2}{ü}\, \cos \Theta_2$$

Außerdem berechnet man mit Hilfe von Formel (63) den **Ventilhub während der Verzögerung:**

$$h = \frac{h_{St}}{ü} - \frac{b_2}{ü}\,(1 - \cos \Theta_2) - h_s$$

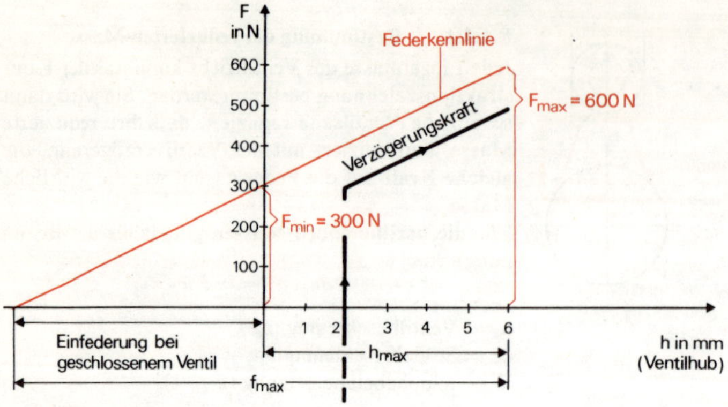

Bild 8.1.23. Verzögerungskraft und Federkennlinie

In beiden Formeln setzt man die selben Werte $\Theta_2 = \Theta_{2\,max} \cdots 0$ ein und kann nun leicht die Verzögerung $a_{v\,2}$ als Funktion des Ventilhubs h ausdrücken.

8.1.4.3. Federabmessungen

Zur Bestimmung der **Federabmessungen** benötigt man die Verzögerungskraft. Sie wird nach Formel (76) berechnet und über dem Ventilhub aufgetragen (Bild 8.1.23). Die Ventilfederkraft soll zur Sicherheit die Verzögerungskraft um 20 bis 30% überschreiten. Die Federkennlinie sollte möglichst steil verlaufen, damit die Feder eine große Eigenschwingungszahl erhält.

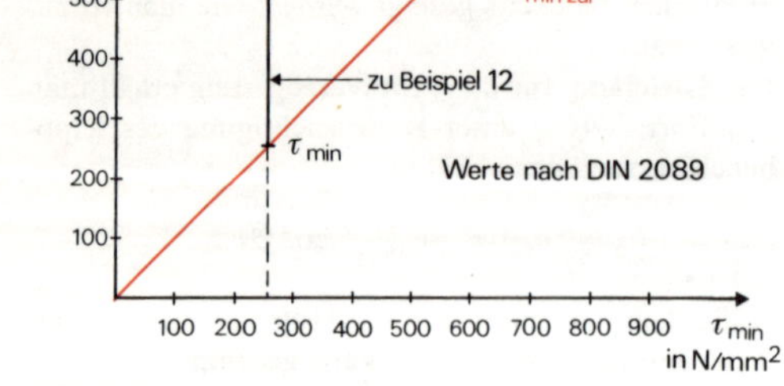

Bild 8.1.24. Dauerfestigkeitsschaubild für kugelgestrahlte Ventilfedern

Aus Bild 8.1.23 entnimmt man die maximal erforderliche Federkraft F_{max} und berechnet den **Drahtdurchmesser** d nach Formel:

(80)

$$d = \sqrt[3]{\frac{8}{\pi} \frac{F_{max}\, D_m}{\tau}}$$

Der **mittlere Windungsdurchmesser** D_m wird nach den Platzverhältnissen gewählt. Die **Torsionsspannung** τ liest man im Dauerfestigkeitsschaubild (Bild 8.1.24) ab, und setzt sie mit einem etwas geringeren Wert in der Formel ein. In Formel (80) ist nämlich die Spannungserhöhung am Innenrand der Federwindungen infolge der Krümmung nicht berücksichtigt. Der berechnete Drahtdurchmesser wird auf den nächstliegenden Normdurchmesser aufgerundet, und die **tatsächliche Torsionsspannung** nach Formel (81) bestimmt:

(81)

$$\tau_{max} = k \frac{8}{\pi} \frac{F_{max}\, D_m}{d^3}$$

$$\text{mit } k = 1 + \frac{5}{4} \frac{d}{D_m} + \frac{7}{8} \left(\frac{d}{D_m}\right)^2 + \left(\frac{d}{D_m}\right)^3$$

Aus dem angenommenen Verlauf der Federkennlinie ersieht man die **Vorspannkraft** F_{min} und berechnet τ_{min}:

(82)

$$\tau_{min} = \tau_{max} \frac{F_{min}}{F_{max}}$$

Nun prüft man im **Dauerfestigkeitsschaubild** (Bild 8.1.24) nach, ob die Spannungen zulässig sind.
Außerdem stellt man fest, ob F_{min} so groß ist, daß auch während des Ansaughubs das Auslaßventil geschlossen bleibt.

Als nächstes ermittelt man die **Zahl der federnden Windungen:**

(83)

$$i = \frac{f_{max}\, G\, d^4}{8\, D_m^3\, F_{max}}$$

mit $f_{max} = h_{max} \dfrac{F_{max}}{F_{max} - F_{min}}$

f_{max} = maximale Einfederung (Federweg)
G = 81500 N/mm² (8300 kp/mm²) für Ventilfederstahl

Die Windungszahl wird auf halbe Windungen gerundet. An beiden Federenden werden entweder ¾ oder 1 Windung beigebogen. Die Gesamtwindungszahl soll ein ungerades Vielfaches von ½ sein, so daß die Federenden auf verschiedenen Seiten in der Draufsicht der Feder erscheinen. Einseitige Verformungen der Endwindungen machen sich dadurch weniger bemerkbar.

Zum Schluß muß noch die **Eigenschwingungszahl der Feder** überprüft werden:

(84)

$$n_e = 2{,}17 \cdot 10^7 \frac{d}{i\, D_m^2}$$

Vorstehende Formel ist eine **Zahlenwertgleichung.**
n_e = Schwingungen je min
d in mm, D_m in mm, i = federnde Windungszahl

Bei großen Federkräften baut man zwei Ventilfedern ein, und nützt so den Bauraum besser aus. Der Wicklungssinn der Federn sollte dann gegenläufig gewählt werden, damit bei Federbruch die eine Feder sich nicht zwischen die Windungen der anderen schiebt.

Beispiel 12

Es soll die Ventilfeder eines Viertaktmotors berechnet werden.

Gegeben sind:
Ventilhub 6 mm, Verzögerungshub 4 mm
(Ventilhub während der Verzögerungsperiode)
maximale Verzögerungskraft 500 N
minimale Verzögerungskraft 300 N
Motordrehzahl 83 1/s (5000 1/min)
mittlerer Windungsdurchmesser 35 mm

Lösung

In Bild 8.1.23 ist der Verlauf der Verzögerungskraft über dem Ventilhub aufgetragen. Bei einem Federkraftüberschuß von 20% liest man aus dem Diagramm folgende **Federkräfte** ab:

$$\underline{F_{max} = 600\ \text{N}},\ \underline{F_{min} = 300\ \text{N}}$$

Unter der Annahme von $\tau = 500$ N/mm² erhält man nach Formel (80) den **vorläufigen Drahtdurchmesser:**

$$\underline{d} = \sqrt[3]{\frac{8 \cdot 600 \cdot 35}{\pi \cdot 500}\ \text{mm}^3} = \underline{4{,}75\ \text{mm};}$$

gewählt wird ein Normdurchmesser $\underline{d = 5\ \text{mm}}$.

Nun kann die **maximale Torsionsspannung** nach Formel (81) berechnet werden:

$$k = 1 + \frac{5}{4}\,\frac{5}{35}$$

alle weiteren Glieder werden vernachlässigt.

$$\underline{k\ \ = 1{,}18}$$

$$\underline{\tau_{max}} = 1{,}18 \frac{8 \cdot 600\ \text{N} \cdot 35\ \text{mm}}{\pi \cdot 125\ \text{mm}^3} = \underline{505\ \text{N/mm}^2}$$

Die **minimale Torsionsspannung** ergibt sich aus Formel (82):

$$\underline{\tau_{min}} = 505 \frac{\text{N}}{\text{mm}^2}\,\frac{300}{600} = \underline{253\ \text{N/mm}^2}$$

Die **Wechselspannung** von $\tau_{max} - \tau_{min} = \underline{252\ \text{N/mm}^2}$ ist zulässig.

Die **Anzahl der Federwindungen** ermittelt man nach Gleichung (83):

$$f_{max} = 6\ \text{mm}\,\frac{600}{300} = 12\ \text{mm}$$

$$\underline{i} = \frac{12 \cdot 81\,500 \cdot 625}{8 \cdot 43\,000 \cdot 600} = \underline{3}$$

Es werden 3 federnde Windungen ausgeführt. Die Gesamtwindungszahl beträgt 4,5.

Zum Schluß wird die **Eigenschwingungszahl** nach Formel (84) überprüft:

$$n_e = 2{,}17 \cdot 10^7 \frac{5}{3 \cdot 1225}$$

$$\underline{n_e} = \underline{29\,600\ 1/\text{min}} = \underline{494\ 1/\text{s}}$$

Das Verhältnis Eigenschwingungszahl zu Nockenwellendrehzahl ist größer als 11. Die Feder kann mit den berechneten Werten konstruiert werden.

8.2. Ladungswechsel beim Zweitaktmotor

Der **Ladungswechsel** findet beim Zweitaktmotor statt, während sich der Kolben in der Nähe von UT bewegt. In dieser kurzen Zeit (100 bis 150 °KW) muß der Zylinder geleert und mit frischer Ladung gefüllt werden. Der Kolben dient hierbei nur zur Steuerung der Ein- und Auslaßöffnungen. Die frische Ladung wird vom **Spülgebläse** angesaugt und mit 0,1 bis 0,4 bar Überdruck in den Zylinder gefördert. Sie spült das verbrauchte Gas zum Auslaß hinaus. Dort, wo die Gasströme aufeinandertreffen, läßt sich eine Mischung nicht ganz vermeiden.

Für den **Ladungswechsel** sind folgende **Kenngrößen** von Bedeutung:

1. Luftaufwand $\Lambda = m/m_{\text{thz}}$

2. Spülgrad $\lambda_s = \dfrac{m_z}{m_z + m_r}$

3. Fanggrad $\lambda_z = m_z/m$

m = Frischladungsmenge, die je Arbeitsspiel durch die Einlaßschlitze strömt.

m_{thz} = theoretische Frischladungsmenge, die im Zylinder wäre, wenn der Hubraum mit frischer Ladung vom Zustand vor den Einlaßschlitzen (Druck und Temperatur) gefüllt wäre.

m_z = Frischladungsmenge, die sich nach Abschluß der Schlitze tatsächlich im Zylinder befindet.

m_r = Restgasmenge (Abgas), die nach Abschluß der Schlitze noch im Zylinder verblieben ist.

Beim Ladungswechsel lassen sich **zwei Abschnitte** unterscheiden (Bild 8.2.1):

1. Vorauslaß
Am Ende des Arbeitstaktes gibt der Kolben zuerst den oberen Teil der Auslaßschlitze frei. Das noch unter hohem Druck stehende Gas pufft aus dem Zylinder aus. Der Druck fällt rasch ab und muß am Ende des Vorauslasses auf den Spüldruck gesunken sein.

2. Spülen und Laden
Auslaß- und Einlaßschlitze sind offen. Die frische Ladung spült das Abgas aus dem Zylinder hinaus. Der Zylinder füllt sich mit frischer Ladung.

Die Literleistung eines Motors hängt direkt vom Spülgrad λ_s ab. Mit einem Luftaufwand Λ zwischen 1,2 und 1,4 beim Dieselmotor läßt sich ein guter Spülgrad erreichen. Beim Vergaser-Ottomotor sollte der Fanggrad λ_z etwa 1 sein, um Kraftstoffverluste zu verhindern. Der Luftaufwand darf daher nicht zu groß gewählt werden. Deshalb ist bei Zweitakt-Vergaser-Ottomotoren die Literleistung nicht größer als bei Viertaktmotoren, obwohl die Zahl der Arbeitsspiele das Doppelte beträgt.

8.2.1. Spülverfahren

Die **Spülverfahren** kann man nach der Strömungsrichtung der Spülluft einteilen:

1. Gleichstromspülung,
2. Umkehrspülung,
3. Querspülung.

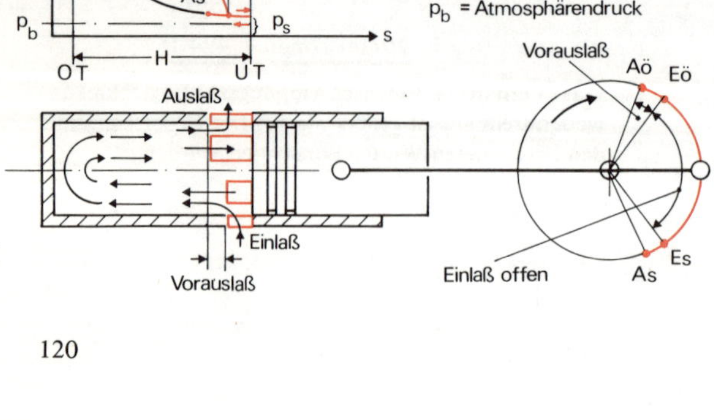

Bild 8.2.1. Ladungswechsel

Bei allen Spülverfahren ist darauf zu achten, daß die Spülluft durch die Zylinderwand geführt wird, da eine freie Strömung im Raum sich leicht aus ihrer Richtung ablenken läßt. Auch sollte der Spülluftstrom sich so bewegen, daß keine Toträume, d. h. ungespülten Ecken, entstehen. Ferner muß verhindert werden, daß die frische Ladung im Kurzschluß direkt zum Auslaß hinausströmt.

8.2.1.1. Gleichstromspülung

Bei der **Gleichstromspülung** (Bild 8.2.2) tritt die frische Ladung durch Einlaßschlitze in den Zylinder und schiebt das Abgas nach oben durch ein oder mehrere Auslaßventile aus. Die Einlaßschlitze sind tangential gerichtet, um dem Spülluftstrom eine Drehbewegung zu erteilen. Dadurch entsteht eine stabile Strömung, und der Luftwirbel, der auch noch während des Verdichtungshubs anhält, hilft bei der Verteilung des eingespritzten Kraftstoffs auf den Brennraum. Bei der Gleichstromspülung gelingt es, mit kleinem Luftaufwand ($\Lambda \approx 1{,}2$) einen guten Spülgrad zu erzielen. Da auch der Spülluftdruck niedrig ist, kommt man mit kleiner Spülgebläseleistung aus.

Bei den ersten Gleichstromspülungen trat die Luft durch Ventile im Zylinderkopf ein und strömte durch Schlitze in der Zylinderbüchse aus. Die spätere Umkehrung der Strömungsrichtung brachte folgende **Vorteile:**

1. Das Auslaßventil kann nach einem unsymmetrischen Steuerdiagramm arbeiten. Es öffnet früh für den Vorauslaß, schließt aber bereits zusammen mit den Einlaßschlitzen. Dadurch geht nach Abschluß der Einlaßschlitze keine Frischladung mehr verloren, und man kann sogar nachladen.
2. Die Zylinderbüchse wird in UT nicht zusätzlich durch ausströmende heiße Gase aufgeheizt.
3. Der Auslaß kann sich nicht mit Verbrennungsrückständen zusetzen.

Der Spüleffekt ist bei der Gleichstromspülung groß, aber auch der Bauaufwand. Man wendet sie deshalb dort an, wo eine große Literleistung erreicht werden soll.

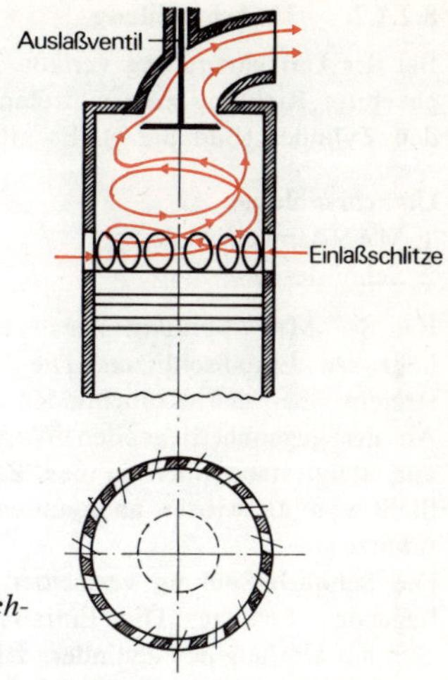

Bild 8.2.2. Gleichstromspülung

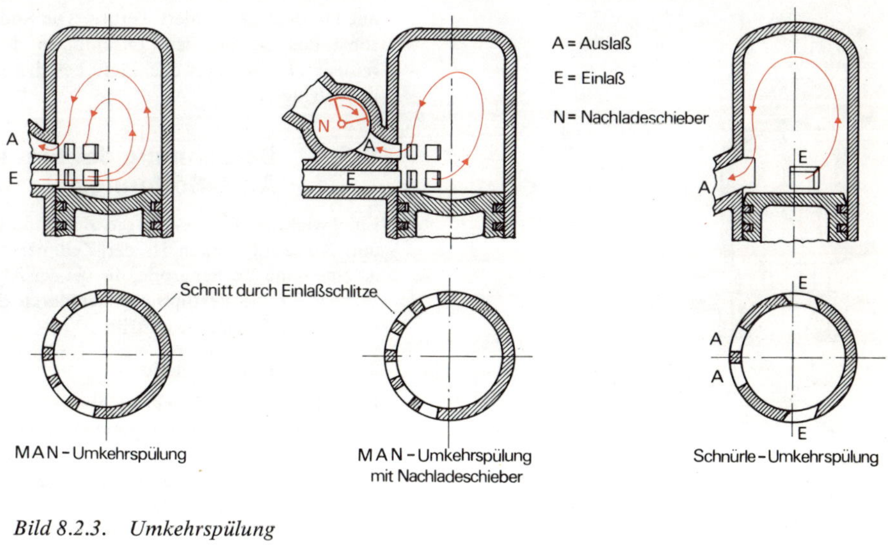

Bild 8.2.3. Umkehrspülung

8.2.1.2. Umkehrspülung

Bei der **Umkehrspülung** verläßt das Abgas in umgekehrter Richtung zum eintretenden Spülluftstrom den Zylinder (Bild 8.2.3). Es gibt **zwei Arten der Umkehrspülung:**

1. MAN-Umkehrspülung,
2. Schnürle-Umkehrspülung.

Bei der **MAN-Spülung** liegen die Auslaßschlitze über den Einlaßschlitzen. Die einströmende Luft streicht über den Kolbenboden und kühlt diesen. An der gegenüberliegenden Wand richtet sie sich auf, steigt nach oben in den Zylinderdeckel und fließt von da wieder nach unten zu den Auslaßschlitzen.

Die **Schnürle-Spülung** vermeidet die übereinanderliegenden Schlitze. Die Einlaßschlitze erstrecken sich am Umfang des Zylinders zu beiden Seiten der Auslaßschlitze. Die Spülluft strömt wie bei der MAN-Spülung in der den Auslaßschlitzen gegenüber liegenden Zylinderhälfte nach oben.

Bei beiden Spülverfahren muß man darauf achten, daß nicht in der Mitte des Zylinders ein ungespülter Raum entsteht.

Der Spüleffekt ist bei der Umkehrspülung etwas schlechter als bei der Gleichstromspülung; dafür entfällt aber der teure Ventiltrieb.

Die MAN-Spülung wird besonders bei nicht aufgeladenen Motoren mit einem **Nachladeschieber** im Abgaskanal ausgeführt. Dieser Schieber schließt den Kanal, bevor noch der Kolben die Abgasschlitze bedeckt und verhindert so Ladungsverluste.

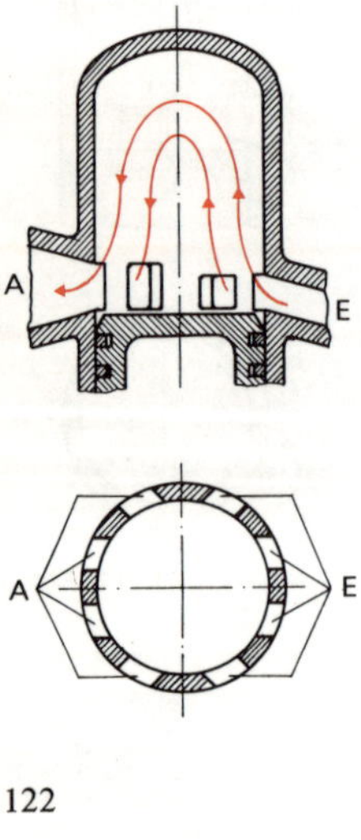

Bild 8.2.4. Querspülung

8.2.1.3. Querspülung

Die **Querspülung** ist im Aufbau am einfachsten, hat aber auch den kleinsten Spüleffekt. Der Spülluftstrom wird durch schräg nach oben gerichtete Einlaßschlitze zum Zylinderdeckel gelenkt, kehrt dort seine Richtung um und drängt das Abgas zum Auslaß hinaus (Bild 8.2.4). Da Einlaß- und Auslaßschlitze einander gegenüberliegen, besteht die Gefahr, daß frische Ladung im Kurzschluß verloren geht.

Früher wurde zur Ablenkung des Spülluftstroms bei kleinen Motoren ein Nasenkolben eingebaut. Diese Bauart verschwand mit steigender Literleistung, da der Kolben eine zu große wärmeaufnehmende Oberfläche hatte.

8.2.2. Spülgebläse

Das **Spülgebläse** fördert die frische Ladung mit geringem Überdruck in den Zylinder. Es verrichtet dabei die Arbeit, die der Kolben beim Viertaktmotor übernimmt, nämlich Ansaugen und Ausschieben.

Zur Förderung der Spülluft werden **Drehkolbengebläse** (Bild 3.1.2), **Hubkolbengebläse** und auch die **Kolbenunterseite** (Bild 8.2.5) eingesetzt.

Kurbelkammergebläse liefern wenig Spülluft und werden deshalb nur bei Ottomotoren verwendet. Bei Vergaser-Ottomotoren darf der Luftaufwand nur gerade so groß sein, daß der Fanggrad etwa 1 beträgt. Bei kleinerem Fanggrad ginge nicht nur Luft, sondern auch Kraftstoff verloren.

Motoren mit Kurbelkammergebläse können nicht mit Drucköl geschmiert werden. Die Spülluft würde sonst das Öl aus dem Ölsumpf in den Zylinder reißen. Die Kurbelwelle läuft bei diesen Motoren in Wälzlagern.

8.2.3. Berechnung der Ein- und Auslaßöffnungen

Eine wichtige Größe für die Berechnung der Ein- und Auslaßöffnungen ist der **Zeitquerschnitt** z. Er ist eine reine Rechengröße, die bei der Ableitung der Formel für die Bestimmung der durch die Schlitze strömenden Gasmasse auftritt.

8.2.3.1. Zeitquerschnitt

Es soll nun eine Gleichung abgeleitet werden, mit der die während der Spülperiode durch die Einlaßschlitze strömende **Frischladungsmasse** berechnet werden kann. Dabei werden zur **Vereinfachung der Rechnung** folgende **Annahmen** gemacht:

1. Die Einströmgeschwindigkeit w sei konstant.

Bild 8.2.5. Spülgebläse

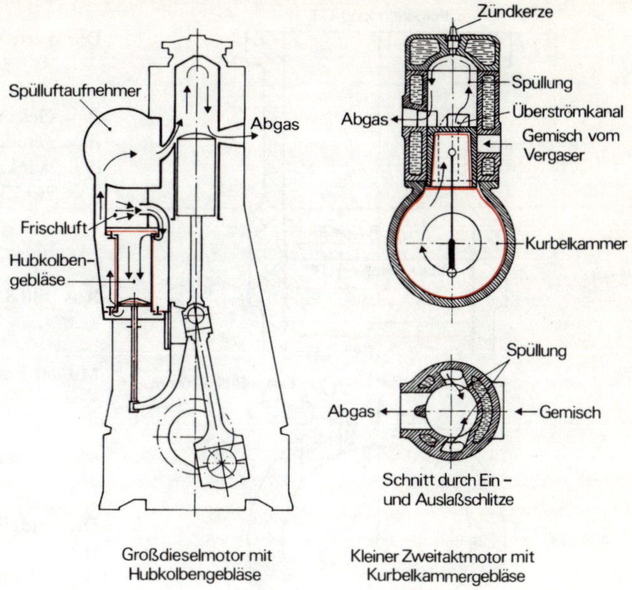

Dies stimmt angenähert, da während der Spülperiode der Druck vor und hinter den Schlitzen nahezu konstant ist.

2. Die Durchflußzahl sei 1.

Da der freie Öffnungsquerschnitt veränderlich ist, er wird ja vom Kolben gesteuert, schreibt man zunächst die Gleichung nur für **ein** einströmendes **Massenelement** dm:

$$\mathrm{d}m = \rho\, w\, A\, \mathrm{d}t$$

ρ = Dichte der einströmenden Ladung
w = Strömungsgeschwindigkeit
A = gerade offener Querschnitt senkrecht zur Strömungsrichtung
dt = Zeitelement, während dem die Masse dm einströmt

Die **gesamte Frischladungsmasse** erhält man durch Integration:

$$m = \rho\, w \int_{t_1}^{t_2} A\, \mathrm{d}t$$

t_1 = Zeitpunkt, zu dem der Kolben den Schlitz gerade öffnet
t_2 = Zeitpunkt, zu dem der Kolben den Schlitz gerade wieder schließt

Das Integral stellt den **Zeitquerschnitt** z dar:

$$z = \int_{t_1}^{t_2} A\, \mathrm{d}t$$

Der augenblicklich offene Querschnitt A läßt sich leicht als Funktion des Kurbelwinkels ausdrücken. Der **Zeitquerschnitt** wird daher meist in der Form angegeben:

Mit

$$t = \frac{\alpha}{360\, n}$$

t = Zeit, α = °KW, n = Drehzahl

und

$$\frac{\mathrm{d}t}{\mathrm{d}\alpha} = \frac{1}{360\, n} \quad \text{erhält man}$$

(85)

$$z = \frac{1}{360\, n} \int_{\alpha_1}^{\alpha_2} A\, \mathrm{d}\alpha$$

Mit dem Zeitquerschnitt z berechnet man die einströmende **Frischladungsmasse** nach der Formel:

(86)

$$m = \rho\, w\, z$$

Beispiel 13

Es soll der Zeitquerschnitt für die skizzierten Einlaßschlitze (Bild 8.2.6) bestimmt werden.

Gegeben sind:

Skizze der Schlitze
Drehzahl = 2000 1/min
Hub = 120 mm
Pleuellänge = 240 mm

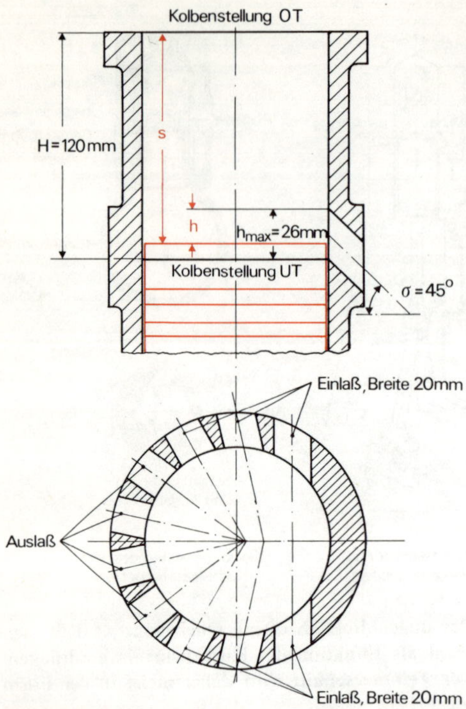

Bild 8.2.6. Zylinderbüchse zu Beispiel 13

Lösung

Das Integral $\int_{\alpha_1}^{\alpha_2} A \, d\alpha$ läßt sich am schnellsten grafisch ermitteln. Die Kurve $A = f(\alpha)$ verläuft symmetrisch zu $\alpha = 180$ °KW. Es genügt daher, die halbe Kurve aufzuzeichnen und die Fläche darunter auszuzählen. Zweckmäßigerweise trägt man die 2. Hälfte der Kurve auf, weil sich dann ganz von selbst ihr Schnittpunkt mit der α-Achse, bis zu dem integriert werden muß, ergibt.

Die **Werte von** A errechnet man nach der Formel:

$$A = B\, h \cos \sigma$$

B = Gesamtschlitzbreite
h = gerade offene Schlitzhöhe
σ = Winkel zwischen Schlitzachse und Senkrechten zur Zylinderachse

$$A = 6 \cdot 20 \text{ mm } h \cos 45°$$
$$A = 85 \text{ mm } h$$

Aus Bild 8.2.6 entnimmt man:

$$h = s - (H - h_{max})$$

Mit der Formel für den Kolbenweg erhält man:

$$h = r\left(1 - \cos\alpha + \frac{\lambda}{2}\sin^2\alpha\right) - (H - h_{max})$$

$$h = 60 \text{ mm } (1 - \cos\alpha + 0{,}125 \sin^2\alpha) - - (120 - 26) \text{ mm}$$

Die **endgültige Formel für den Augenblicksquerschnitt** heißt dann:

$$A = 85 \text{ mm } [60 \text{ mm } (1 - \cos\alpha + 0{,}125 \sin^2\alpha) - - 94 \text{ mm}]$$

Die Werte für A werden mit Hilfe einer Tabelle berechnet.

Nun wird A über α aufgetragen (Bild 8.2.7). Das Auszählen der Fläche ergibt einen Wert von 2257 mm², d. h.

$$\int_{180\,°\text{KW}}^{242\,°\text{KW}} A \, d\alpha = 2257 \text{ mm}^2 \frac{40 \text{ mm}^2}{\text{mm}} \frac{1\,°\text{KW}}{\text{mm}} = = 90\,280 \text{ mm}^2\,°\text{KW}$$

Der **Zeitquerschnitt** für die Einlaßschlitze beträgt:

$$\underline{z} = \frac{1 \text{ min}}{360\,°\text{KW } 2000}\, 2 \cdot 90\,280 \text{ mm}^2\,°\text{KW} = \underline{= 0{,}25 \text{ min mm}^2}$$

α °KW	$\cos\alpha$	$\sin\alpha$	$1 - \cos\alpha$	$0{,}125 \sin^2\alpha$	s mm	h mm	A mm²
180	−1,000	0	2,000	0	120,0	26,0	2210
190	−0,985	−0,174	1,985	0,0038	119,2	25,2	2140
200	−0,940	−0,342	1,940	0,0145	117,2	23,2	1970
210	−0,866	−0,500	1,866	0,0312	113,8	19,8	1683
220	−0,766	−0,643	1,766	0,0516	109,0	15,0	1275
230	−0,643	−0,766	1,643	0,0735	103,0	9,0	765
240	−0,500	−0,866	1,500	0,0937	95,5	1,5	127
250	−0,342	−0,940	1,342	0,110	87,2	−6,8	−578

Bild 8.2.7. *Offener Augenblicksquerschnitt A, dargestellt über dem Kurbelwinkel (zu Beispiel 13)*

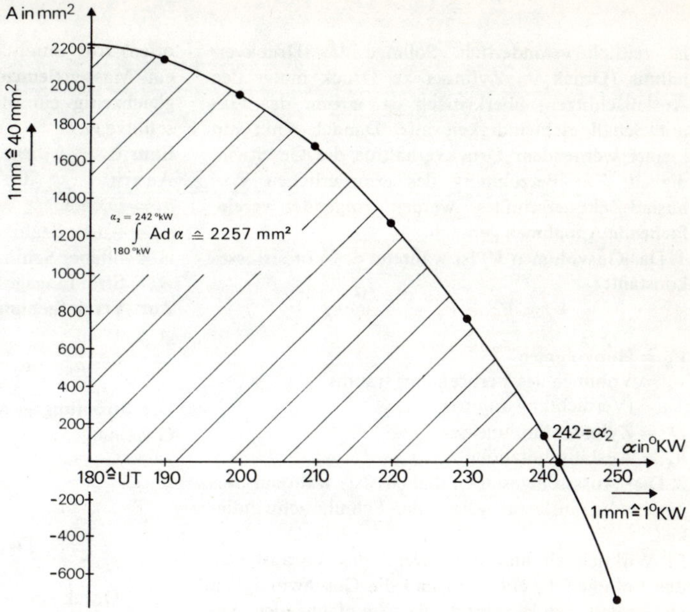

8.2.3.2. Abmessungen der Einlaßschlitze

Zuerst wählt man das **Spülverfahren.** Danach legt man die **Schlitzbreite** für die Einlaß- und Auslaßschlitze rein konstruktiv fest. Zwischen den Einzelschlitzen müssen zur Führung der Kolbenringe Stege stehenbleiben. Die Breite des einzelnen Schlitzes wird so bemessen, daß die Kolbenringenden (Kolbenringstoß) nicht in den Schlitzen hängenbleiben und abbrechen. Bei kleinen Zylindern werden die Kolbenringe meistens durch Stifte fixiert, so daß die Kolbenringenden nicht den Schlitz überschleifen, sondern nur auf dem Steg laufen. Da sich diese Kolbenringe nicht drehen können, besteht erhöhte Verschmutzungsgefahr für die Kolbenringnut. Die Ringe kleben dann fest, liegen nicht mehr federnd an der Zylinderwand an und die Gase blasen aus dem Zylinder in das Kurbelgehäuse durch.

Die **Einlaßschlitzhöhe** wird aufgrund von Erfahrungen mit anderen Motoren zunächst angenommen. Diese Annahme wird danach mit Hilfe der zulässigen Strömungsgeschwindigkeit in den Schlitzen überprüft.

Durch Umformung von Gleichung (86) erhält man eine Formel für die **Strömungsgeschwindigkeit:**

$$w = \frac{m}{\rho\, z}$$

Die durchströmende Masse m wird wie folgt ausgedrückt.

$$m = \Lambda\, m_{\mathrm{thz}} \text{ und } m_{\mathrm{thz}} = \rho\, V_{\mathrm{h}}$$

Die endgültige Formel für die **Strömungsgeschwindigkeit** lautet:

(87)

$$w = \frac{\Lambda\, V_{\mathrm{h}}}{z}$$

Erfahrungswerte für die Strömungsgeschwindigkeit:

langsam- und mittelschnellaufende Motoren

(n = 100 bis 500 1/min) $w_{\mathrm{zul}} \approx$ 70 bis 90 m/s

Schnellaufende Motoren $w_{\mathrm{zul}} \approx$ 100 m/s

Weicht der nach Formel (87) errechnete Wert für die Strömungsgeschwindigkeit stark von w_{zul} ab, so muß für die Schlitzhöhe eine neue Annahme getroffen werden.

8.2.3.3. Vorauslaß

Die Auslaßschlitze müssen vor den Einlaßschlitzen öffnen, damit durch den **Vorauslaß** der Druck im Zylinder auf den Spüldruck absinken kann. Deshalb wählt man die Auslaßschlitzhöhe etwas größer als die Höhe der Einlaßschlitze und orientiert sich dabei an ähnlichen, bereits gebauten Motoren. Dann bestimmt man den **Vorauslaß-Zeitquerschnitt** z_{VA} und vergleicht ihn mit dem nach Formel (88) berechneten **erforderlichen Vorauslaß-Zeitquerschnitt** z_{VAe}. Bei ungenügender Übereinstimmung dieser beiden Werte muß die Auslaßschlitzhöhe abgeändert werden.

Das Ausströmen während des Vorauslasses ist ein instationärer Vorgang, denn die Geschwindigkeit ist zeitlich veränderlich. Solange das Druckverhältnis (Druck im Zylinder zu Druck hinter den Auslaßschlitzen) überkritisch ist, strömt das Gas mit Schallgeschwindigkeit aus. Danach sinkt mit kleiner werdendem Druckverhältnis die Geschwindigkeit. Zur Berechnung des erforderlichen Vorauslaß-Zeitquerschnitts werden folgende **vereinfachende Annahmen** gemacht:

1. Das Gasvolumen V_1 ist während des Vorauslasses konstant:

$$V_1 = V_h + V_c - \frac{\pi D^2}{4} h_A$$

V_h = Hubvolumen
V_c = Volumen des Verbrennungsraums (Verdichtungsraums)
D = Zylinderdurchmesser
h_A = Auslaßschlitzhöhe

2. Die Ausströmgeschwindigkeit ist während des ganzen Vorauslasses gleich der Schallgeschwindigkeit.

In Wirklichkeit nimmt während des Vorauslasses das Volumen V_1 etwas zu und die Geschwindigkeit ab, so daß sich die durch die vereinfachenden Annahmen entstehenden Fehler etwa ausgleichen.

Die Formel für den erforderlichen Vorauslaß-Zeitquerschnitt lautet (Ableitung siehe [4]):

(88)

$$z_{VAe} = 0{,}423 \frac{V_1}{\mu \sqrt{T_1}} \left[\left(\frac{p_1}{p_s} \right)^{0{,}143} - 1 \right]$$

$[z_{VAe}] = m^2\,s$; $[V_1] = m^3$
Ausflußzahl: $\mu \approx 0{,}9$
Temperatur des Gases im Zylinder bei Aö:
$T_1 \approx 1000$ K; p_1, p_s Absolutdrücke
Druck des Gases im Zylinder bei Aö: $p_1 = 3$ bis 5 bar
Der Spüldruck p_s muß zunächst geschätzt werden.

Wenn dann die Einlaß- und Auslaßschlitze festliegen, kann der Spüldruck, wie im nächsten Kapitel gezeigt, berechnet werden. Weicht dieser Wert stark vom Schätzwert ab, muß der Vorauslaß geändert und die Berechnung nochmals durchgeführt werden. Diese Methode der schrittweisen Annäherung an den richtigen Wert erscheint und ist auch sehr zeitraubend, wenn man von Hand rechnen muß. Da es aber heute üblich ist, für solche Rechnungen elektronische Rechenanlagen einzusetzen, erhält man, nachdem man einmal das Rechenprogramm aufgestellt hat, den richtigen Wert in kürzester Zeit.

8.2.4. Spüldruck

Wenn die Abmessungen der Ein- und Auslaßschlitze festliegen, kann der **Spüldruck** berechnet werden. Während der Spülperiode (Aus- und Einlaßschlitze offen) tritt durch die Einlaßschlitze in der **Zeit** dt ein **Massenelement** dm in den Zylinder ein und gleichzeitig ein Massenelement durch die Auslaßschlitze aus.

Eintritt $\quad dm = \rho_E \, \mu_E \, A_E \, w_E \, dt$
Austritt $\quad dm = \rho_A \, \mu_A \, A_A \, w_A \, dt$

ρ = Dichte
μ = Ausflußzahl
A = offener Schlitzquerschnitt
w = Strömungsgeschwindigkeit

Zur **Vereinfachung** der Ableitung werden gleichgesetzt:

$$\rho_E = \rho_A = \rho \text{ und } \mu_E = \mu_A = \mu$$

Die **Strömungsgeschwindigkeit** erhält man aus den Gleichungen:

$$w_E = \sqrt{\frac{2}{\rho} (p_s - p_z)}$$

$$w_A = \sqrt{\frac{2}{\rho} (p_z - p_a)}$$

p_s = Druck vor den Einlaßschlitzen, Spüldruck
p_z = Druck im Zylinder während der Spülperiode
p_a = Druck hinter den Auslaßschlitzen

Für das **Massenelement** kann man folgende Gleichungen schreiben:

$$dm = \mu A_E \sqrt{2 \rho (p_s - p_z)}\, dt$$

$$dm = \mu A_A \sqrt{2 \rho (p_z - p_a)}\, dt$$

Beide Gleichungen werden nach p_z aufgelöst und dann gleichgesetzt:

$$p_z = p_s - \frac{dm^2}{2 \rho \mu^2 A_E^2 dt^2}$$

$$p_z = \frac{dm^2}{2 \rho \mu^2 A_A^2 dt^2} + p_a$$

$$p_s - \frac{dm^2}{2 \rho \mu^2 A_E^2 dt^2} = \frac{dm^2}{2 \rho \mu^2 A_A^2 dt^2} + p_a$$

Durch Integration findet man die **durchströmende Gesamtmasse** m:

$$dm = \mu \sqrt{2 \rho (p_s - p_a)} \frac{dt}{\sqrt{\frac{1}{A_A^2} + \frac{1}{A_E^2}}}$$

$$m = \mu \sqrt{2 \rho (p_s - p_a)} \int_{t_1}^{t_2} \frac{dt}{\sqrt{\frac{1}{A_A^2} + \frac{1}{A_E^2}}}$$

Dieses Integral wird als **reduzierter Zeitquerschnitt** bezeichnet.

$$z_{red} = \int_{t_1}^{t_2} \frac{dt}{\sqrt{\frac{1}{A_A^2} + \frac{1}{A_E^2}}} = \frac{1}{360\,n} \int_{\alpha_1}^{\alpha_2} \frac{d\alpha}{\sqrt{\frac{1}{A_A^2} + \frac{1}{A_E^2}}}$$

Bei der grafischen Bestimmung des reduzierten Zeitquerschnitts trägt man

$$\frac{1}{\sqrt{\frac{1}{A_A^2} + \frac{1}{A_E^2}}} = \frac{A_A A_E}{\sqrt{A_A^2 + A_E^2}}$$

über α auf und geht wie in Kapitel 8.2.3.1. vor.

Aus $m = \mu \sqrt{2 \rho (p_s - p_a)}\, z_{red}$ ergibt sich der Spüldruck:

$$p_s = \frac{m^2}{\mu^2 z_{red}^2\, 2 \rho} + p_a$$

Die Masse m läßt sich nach Kapitel 8.2.3.2. schreiben:

$$m = \Lambda \rho V_h$$

Die endgültige Gleichung für den **Spüldruck** lautet:

(89)

$$p_s = \frac{\Lambda^2 \rho V_h^2}{2 \mu^2 z_{red}^2} + p_a$$

9. Aufladung

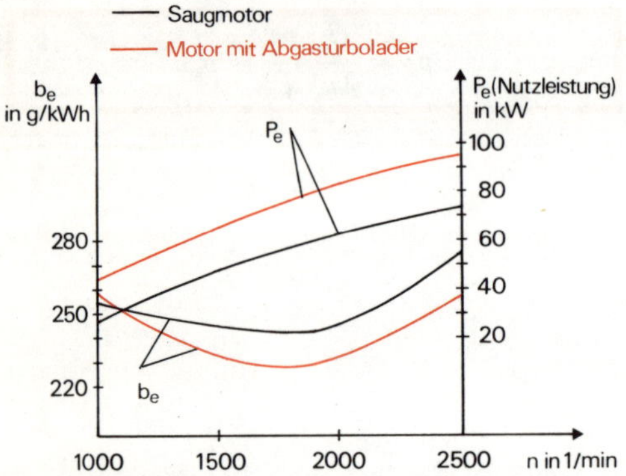

Bild 9.1. Vergleich zweier Lastwagenmotoren mit gleicher Zylinderzahl und gleichem Hubraum

Bei einem aufgeladenen Motor wird die **Frischladung** meist durch ein Gebläse – den Lader – dem Zylinder mit **Überdruck** zugeführt. Dadurch wächst die Frischladungsmenge m_z, es kann mehr Kraftstoff verbrannt werden, und die Nutzleistung steigt ungefähr proportional mit m_z.

Heute werden alle großen Schiffsdieselmotoren aufgeladen. Auch in den Bereichen kleiner Leistung dringt die Aufladung vor, z. B. bei Lastwagenmotoren. Bei Ottomotoren fand die Aufladung bisher nur zögernd Eingang.

Für die **Aufladung** sprechen zwei **Gründe:**

1. Erhöhung der Nutzleistung, oft verbunden mit einer Senkung des spezifischen Kraftstoffverbrauchs, bei gleichbleibenden Motorabmessungen und Drehzahlen (Bild 9.1).
2. Ausgleich der mit größer werdender Aufstellungs- oder Flughöhe sinkenden Motorleistung (Höhenaufladung).

9.1. Möglichkeiten der Leistungssteigerung

Aufschluß über die Maßnahmen zur **Steigerung der Nutzleistung** gibt Formel (40):

$$P_e = p_e V_h z n i$$

Der Übergang vom Viertakt- auf das Zweitaktverfahren führt nach der Formel zu einer Verdoppelung der Leistung. Dies ist aber ein Trugschluß, denn der mittlere effektive Kolbendruck p_e ist beim Zweitaktmotor kleiner als beim Viertaktmotor. Meistens ist es aber gar nicht möglich, die Leistung durch Änderung des Arbeitsverfahren zu erhöhen, da für seine Wahl noch andere Gesichtspunkte maßgebend sind.

Bei einer Vergrößerung des Hubraums V_h oder der Drehzahl n darf die zulässige mittlere Kolbengeschwindigkeit c_m nicht überschritten und das optimale Hubverhältnis k nicht geändert werden. Aus diesen Forderungen ergibt sich, daß eine Vergrößerung des Hubraums bzw. der Drehzahl eine Veränderung der Zylinderzahl und Drehzahl bzw. der Zylinderzahl und des Hubraums nach sich zieht.

Für die **Verknüpfung der Größen** V_h, n, k und c_m läßt sich folgende Formel ableiten:
Kombiniert man die Gleichungen

$$V_h = \frac{\pi D^2}{4} H, \; k = \frac{H}{D} \text{ und } c_m = 2 H n,$$

erhält man

$$V_h = \frac{\pi}{32} \frac{1}{k^2} \frac{c_m^3}{n^3} \tag{90}$$

In der folgenden Tabelle sind die Größen der Gleichung (40) aufgeführt für eine Leistungssteigerung um 100%, d. h. Verdoppelung der Leistung. Die Leistungssteigerung soll durch Vergrößerung von p_e, V_h, z und n erzielt werden. Die Größen i, k und c_m bleiben bei dieser Betrachtung konstant.

Tabelle 3
Leistungssteigerung

Leistung	mittl. eff. Kolbendruck	Hubraum	Zylinderzahl	Drehzahl
P_{e0}	p_{e0}	V_{h0}	z_0	n_0
$P_e = 2\,P_{e0}$	$p_e = 2\,p_{e0}$	$V_h = V_{h0}$	$z = z_0$	$n = n_0$
$P_e = 2\,P_{e0}$	$p_e = p_{e0}$	$V_h = 2\,V_{h0}$	$z = z_0 \sqrt[3]{2}$	$n = \frac{n_0}{\sqrt[3]{2}}$
$P_e = 2\,P_{e0}$	$p_e = p_{e0}$	$V_h = V_{h0}$	$z = 2\,z_0$	$n = n_0$
$P_e = 2\,P_{e0}$	$p_e = p_{e0}$	$V_h = \frac{V_{h0}}{2^3}$	$z = z_0\,2^3$	$n = 2\,n_0$

P_{e0} = Ausgangsleistung
P_e = verdoppelte Leistung
$_0$ = Index der Ausgangsgrößen
rot = Größe die zur Leistungserhöhung verdoppelt wird

Die Tabelle zeigt, daß eine Vergrößerung der Nutzleistung durch Erhöhung des mittleren effektiven Drucks oder der Zylinderzahl ohne eine Änderung einer anderen Größe möglich ist. Eine Leistungssteigerung durch Anheben der Drehzahl ist praktisch nicht durchführbar, weil die Zylinderzahl dann mit der 3. Potenz des Leistungsverhältnisses wachsen müßte. Eine Vergrößerung von Hubraum oder Zylinderzahl ist nur dort anwendbar, wo genügend Einbauraum vorhanden ist und das erhöhte Motorgewicht in Kauf genommen werden kann. Ist dies nicht der Fall, so bleibt nur die Leistungssteigerung durch Erhöhung des mittleren effektiven Kolbendrucks.

Über die Möglichkeiten zur **Anhebung des mittleren effektiven Kolbendrucks** gibt Gleichung (47) Auskunft:

$$p_e = \eta_{th}\,\eta_g\,\eta_m\,\lambda_l\,H_G\,\frac{\rho_a}{\rho_0}$$

Der thermische Wirkungsgrad η_{th} wächst mit dem Verdichtungsverhältnis ε. Beim Ottomotor ergibt sich die Grenze für das Verdichtungsverhältnis aus der Forderung, daß der Motor nicht klopfen darf. Der Dieselmotor arbeitet meistens schon mit einem so hohen Verdichtungsverhältnis, daß eine Steigerung den mechanischen Wirkungsgrad stärker abnehmen ließe als der thermische anstiege.

Durch Vorverlegen des Zündzeitpunkts und Verringerung der Strömungsverluste beim Ladungswechsel, z. B. durch Polieren der Gaskanäle, kann der Gütegrad η_g etwas gesteigert werden. Auch beim Dieselmotor bringt eine raschere, härtere Verbrennung einen verbesserten Gütegrad.

Der mechanische Wirkungsgrad η_m wächst, wenn anstelle von Gleitlagern Wälzlager für die Kurbelwelle verwendet werden.

Der Gemischheizwert H_G liegt durch den Heizwert des Kraftstoffs und das benötigte Luftverhältnis fest. So bleibt als wirksamstes Mittel zur Erhöhung des mittleren effektiven Kolbendrucks nur die Vergrößerung des Liefergrads λ_l übrig. Der Liefergrad wird durch die Aufladung gesteigert.

9.2. Aufladeverfahren

Zur Erhöhung des Liefergrads, d. h. zur **Aufladung** eines Motors gibt es folgende **Verfahren:**

1. Fremdaufladung,
2. mechanische Aufladung,
3. Abgasturboaufladung,
4. Aufladung durch Druckschwingungen.

Bei den Verfahren 1, 2 und 3 fördert ein Gebläse die vorverdichtete Frischladung in den Zylinder, während bei 4 die Schwingungen in den Gasleitungen ausgenutzt werden, um den Zylinder mit Überdruck zu füllen.

9.2.1. Fremdaufladung, mechanische Aufladung

Fremdaufladung und mechanische Aufladung unterscheiden sich durch den Laderantrieb.

Bei der **Fremdaufladung** treibt eine besondere Maschine, z. B. ein Elektromotor, den Lader an. Die Liefermenge des Laders kann unabhängig von der Motordrehzahl auf den gewünschten Aufladegrad einreguliert werden. Eine solche Ladeeinheit ist teuer. Man findet sie daher heute höchstens noch

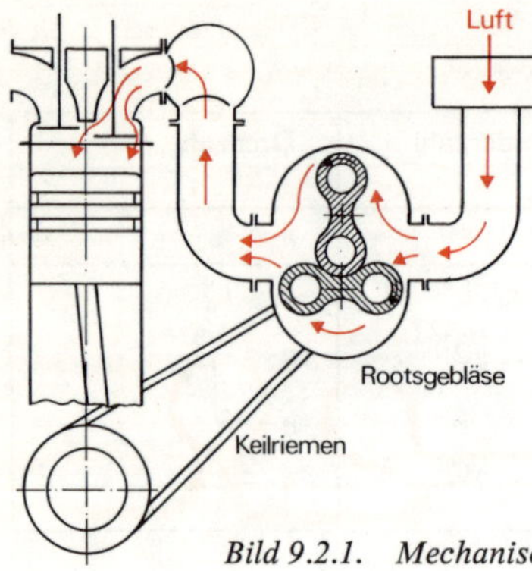

Bild 9.2.1. Mechanische Aufladung

als Zusatzlader bei Zweitaktmotoren mit Abgasturboaufladung.

Die **mechanische Aufladung,** bei der der Lader direkt vom Motor über Keilriemen, Kette oder Zahnräder angetrieben wird, ist einfach und relativ billig (Bild 9.2.1). Sie wird hauptsächlich bei kleinen Motoren angewandt, weil bei diesen die Abgasturboaufladung den Anschaffungspreis stark erhöhen würde. Außerdem arbeiten Abgasturbolader bei kleinen Gasströmen mit schlechtem Wirkungsgrad.

Als Lader werden meist **Drehkolbengebläse** (Roots-Gebläse) eingesetzt. Die Liefermenge dieser Gebläse ändert sich proportional der Drehzahl und ist fast unabhängig vom Gegendruck. Da das Schluckvermögen des Motors auch proportional der Drehzahl wächst, eignet sich der Drehkolbenlader sehr gut zur Aufladung.

In Bild 9.2.2 sind die **p,V-Diagramme** eines Saugmotors und eines aufgeladenen Motors eingetragen. Es ist daraus ersichtlich, daß der Kolben des aufgeladenen Motors bereits beim Füllen des Zylinders eine positive Arbeit verrichtet. Dabei wird die Energie, die das Gebläse auf die Frischladung überträgt, zurückgewonnen. Bei „Auslaß öffnet" ist der Druck im Zylinder des aufgeladenen Motors höher als beim nicht aufgeladenen, und daher geht mit dem Abgas mehr Energie verloren.

Der spezifische Kraftstoffverbrauch liegt besonders im Teillastbereich bei einem mechanisch aufgeladenen Motor über dem des nicht aufgeladenen gleicher Abmessungen. Allerdings ist dieser Vergleich nicht ganz korrekt, da beide Motoren unterschiedliche Nutzleistung abgeben. Vergrößert man die Abmessungen (Hubraum, Zylinderzahl) des nicht aufgeladenen Motors, damit er auf dieselbe Nutzleistung wie der aufgeladene Motor kommt, so steigt, wie in [5] nachgewiesen, die Reibungsleistung stärker an als die Verlustleistung durch den Lader. Bei günstiger Auslegung kann dann der aufgeladene Motor den besseren spezifischen Kraftstoffverbrauch haben.

9.2.2. Abgasturboaufladung

Die Abgase des Motors strömen nicht direkt ins Freie, sondern geben vorher ihre Energie, die besonders bei aufgeladenen Motoren groß ist, in einer Abgasturbine ab. Diese treibt den auf der gleichen Welle sitzenden Verdichter an. Der Verdichter saugt die frische Ladung an und schiebt sie mit Überdruck in die Zylinder (Bild 9.2.3). Die Baueinheit Turbine und Verdichter wird als **Abgasturbolader** bezeichnet.

Der Erfinder der Abgasturboaufladung ist der Schweizer Dr. A. Büchi. Kurz nach der Jahrhundertwende wurde dem jungen Ingenieur Büchi die Aufgabe übertragen, eine Gleichdruckgasturbine zu bauen. Die Versuche mit dieser Turbine ließen erkennen, daß sie nicht zur Betriebsreife gebracht werden konnte, denn die Schwierigkeiten infolge großer Wärmebelastung und schlechtem Wirkungsgrad waren damals unüberwindlich. Büchi beschäftigte sich danach mit der Verbesserung des Verbrennungsmotors und meldete 1905 ein Patent über die **Gleich-**

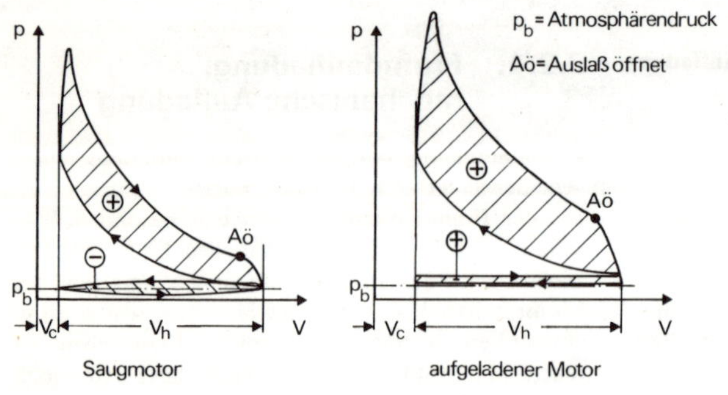

Bild 9.2.2. p,V-Diagramm

Bild 9.2.3. Abgasturbolader

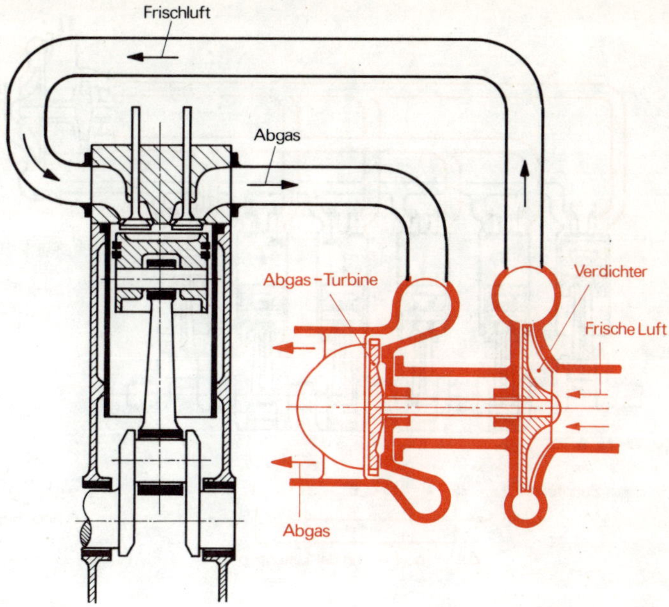

druck- oder Stauaufladung an. Bei ihr strömen die Motorabgase in einen Sammelbehälter, werden dort aufgestaut und fließen mit **konstantem Druck zur Abgasturbine.**

Kurz vor dem 1. Weltkrieg wurde bei Sulzer in Winterthur eine Versuchsanlage mit Abgasturboaufladung in Betrieb genommen. Trotz guter Ergebnisse hinsichtlich Leistungserhöhung und spezifischem Kraftstoffverbrauch wurden die Versuche wieder eingestellt. Die ersten mit Abgasturboaufladung ausgerüsteten Motoren waren in MAN-Lizenz gebaute Viertakt-Dieselmotoren für zwei Schiffe, die 1925 in Dienst gestellt wurden. Die Leistungserhöhung dieser Motoren betrug etwa 40%. Im gleichen Jahr erhielt Dr. Büchi ein weiteres Patent auf ein neues Aufladeverfahren, die **Impuls- oder Stoßaufladung.** Bei diesem Verfahren treibt genau wie bei der Gleichdruckaufladung die Abgasturbine einen Verdichter an, aber der **Druck vor der Turbine** ist **nicht konstant.** Die Abgase werden durch enge, kurze Einzelrohrleitungen direkt vom Auslaß des Zylinders zur Düsengruppe der Turbine geleitet. Beim Öffnen des Auslasses ist der Druck zunächst hoch und sinkt dann unter den Spüldruck ab, so daß ein **kräftiges Durchspülen des Zylinders** erleichtert wird. Die Abgasenergie, die besonders bei Beginn des Auslasses groß ist, wird besser genutzt. Die Auslegung der Turbine gestaltet sich schwieriger, da sie ein unterschiedliches Druckgefälle mit gutem Wirkungsgrad verarbeiten soll. Es dürfen nur solche Zylinder an eine gemeinsame Rohrleitung angeschlossen werden, bei denen sich der Auslaßvorgang nicht überschneidet, d. s. maximal 3 Zylinder. Deshalb führen bei vielzylindrigen Motoren mehrere Leitungen zur Turbine (Bild 9.2.4).

Bei der Abgasturboaufladung ist die Ladeeinheit nur durch die Gasströme mit dem Motor gekoppelt. Es taucht daher die Frage auf, wie schnell der **Lader auf Leistungsänderungen des Motors reagiert.** Bei Leistungserhöhung durch Vergrößerung der Einspritzmenge (Dieselmotor) ist im ersten Moment weniger Luft vorhanden, als der eingespritzten Kraftstoffmenge entspricht. Dies kann kurzzeitig (Zeitspanne etwa 1 s) bei Unterschreitung des Mindestluftverhältnisses zu einem Rußstoß führen. Die Abgastemperatur steigt ebenfalls für kurze Zeit über den Normalwert an, bis die Turbine, der durch die heißen Abgase mehr Energie zugeführt wird, die Ladeeinheit auf den neuen Betriebszustand beschleunigt hat. Der aufgeladene Motor erreicht den neuen Betriebszustand fast genau so rasch wie der nicht aufgeladene.

Das Ladegebläse verdichtet die frische Ladung. Dabei steigt nicht nur der Druck, sondern auch die Temperatur. Die Dichte wächst deshalb nur unterproportional mit dem Druck und ebenso die Zylinderfüllung. Der Zylinder wird mit weniger Masse gefüllt als der reinen Druckerhöhung entspricht. Diese Verringerung der Masse infolge Temperaturerhöhung macht sich besonders bei großem Ladedruck-

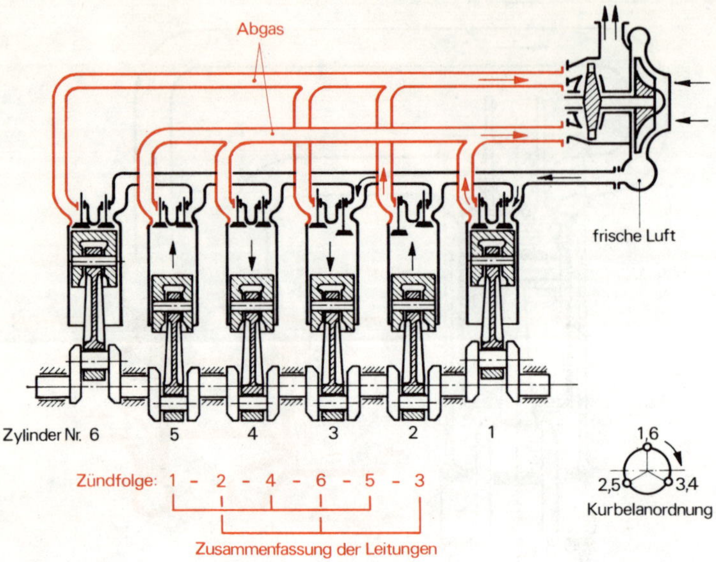

Bild 9.2.4. Stoßaufladung

verhältnis bemerkbar. Deshalb wird bei **hoher Aufladung** die Luft nach der Verdichtung im Lader in einem **Ladeluftkühler** heruntergekühlt, ehe sie in den Zylinder eintritt. Der Preis für die Ladeeinheit steigt zwar mit dem Ladeluftkühler, aber man gewinnt folgende **Vorteile:**

1. Vergrößerung der Frischladungsmasse.
2. Die relativ kalte Frischladung senkt das Temperaturniveau des Zylinders.

Durch die Vergrößerung der Frischladungsmasse und die Erniedrigung des Temperaturniveaus kann bei Ladeluftkühlung die Motorleistung besonders stark erhöht werden.

Führt man bei einem aufgeladenen Motor eine Wärmebilanz durch, so stellt man fest, daß die im Kühlwasser spezifisch abgeführte Wärme kleiner ist als beim nicht aufgeladenen Motor. Dagegen wächst die im Abgas je kWh abgeführte Wärme, weil der Zylinder kräftig durchgespült wird.

9.2.2.1. Abgasturboaufladung von Viertakt-Dieselmotoren

Der **Viertakt-Dieselmotor** kann sowohl mit **Stau-** als auch mit **Stoßaufladung** betrieben werden. Zusätzliche Lader sind nicht nötig. Schwierigkeiten bei der Entfernung der Abgase aus dem Zylinder entstehen nicht, da der Kolben die Gase auch gegen den durch die Turbine erhöhten Gegendruck ausschiebt.

Die Verbrennung wird weicher, da infolge der vergrößerten Sauerstoffkonzentration der Zündverzug kleiner wird.

Man unterscheidet **Nieder-** und **Hochdruckaufladung.** Die Grenze zwischen beiden liegt etwa bei 50% Leistungssteigerung.

Für die **Niederdruckaufladung** kann der normale, nicht verstärkte Motor verwendet werden. Die Ventilüberschneidung beträgt zwischen 100 und 140 °KW, damit der Verdichtungsraum gut durchgespült wird und dadurch die Temperaturen niedrig bleiben. Durch gute Innenkühlung mit Spülluft liegt die Abgastemperatur beim aufgeladenen Motor nicht höher als beim nicht aufgeladenen.

Bei einer Leistungssteigerung von mehr als 50% spricht man von **Hochdruckaufladung.** Der Motor muß für die erhöhte mechanische und thermische Belastung konstruiert sein. Es treten Zünddrücke bis zu 120 bar auf. Bei einer Verdoppelung der Leistung beträgt der Ladedruck etwa 2,5 bar. Die Grenze für ungekühlte Aufladung liegt ungefähr bei einem Ladedruck von 1,8 bar und einer Temperatur nach dem Verdichter von 110 °C. Deshalb muß bei Hochdruckaufladung ein Ladeluftkühler verwendet werden. Es ist zweckmäßig, in diesem die Luft auf 50 bis 60 °C herunterzukühlen. Durch den Ladeluftkühler fließt das Kühlwasser des Motors. Die Abgastemperatur wird durch die für die Turbine zulässigen Temperaturen von 600 °C für Dauerbetrieb und 650 °C für Kurzbetrieb begrenzt.

9.2.2.2. Abgasturboaufladung von Zweitakt-Dieselmotoren

Die Abgasturboaufladung bei Zweitakt-Dieselmotoren ließ lange auf sich warten. Zunächst fehlte für den Zweitaktmotor der Anreiz, die Leistung zu steigern, weil er dem Viertaktmotor ohnehin überlegen war. Schwierigkeiten, wie die hohe Wärmebelastung von Kolben und Zylinder, mußten überwunden werden. Beim Zweitaktmotor wird nämlich die Höchstleistung nicht nur durch die Rauchgrenze, sondern auch durch die höchstzulässige Kolbentemperatur bestimmt. Neue Aufladeverfahren mußten deshalb entwickelt werden, bei denen die Wärmebelastung praktisch dieselbe wie beim unaufgeladenen Motor blieb. Um die Wärmebelastung niedrig zu halten, wird die Luft hinter dem Lader vor Eintritt in den Zylinder gekühlt und mit großem Luftaufwand gefahren. Die Aufladung des Zweitaktmotors gestaltet sich auch deshalb schwierig, weil die Abgase nicht vom Kolben ausgeschoben, sondern von der Frischladung aus dem Zylinder verdrängt werden. Darum muß der **Spüldruck ständig höher** sein **als** der **Abgasdruck** vor der Turbine. Diese Forderung ist besonders beim Zweitaktmotor schwer zu erfüllen, wie nachstehende Betrachtung zeigt.

Die **Leistung der Abgasturbine bzw. des Laders** darf bei kleinem Druckverhältnis nach der **Näherungsformel** berechnet werden:

$$P = \dot{V}\,\Delta p$$

$\dot{V}$ = Volumenstrom (Volumen je Zeiteinheit)
Δp = Druckdifferenz

Den Volumenstrom erhält man aus der **allgemeinen Gasgleichung:**

$$\dot{V} = \dot{m}\,R\,T/p$$

$\dot{m}$ = Massenstrom
R = spezielle Gaskonstante
T = absolute Temperatur
p = absoluter Druck

Die von der Turbine abgegebene Leistung muß gleich der sein, die der Lader aufnimmt:

$$P_T = P_L$$

T = Turbine
L = Lader

Mit den Wirkungsgraden für Turbine η_T und Lader η_L ergibt sich:

$$\frac{\dot{m}_T\,R_T\,T_T}{p_T}\,\Delta p_T\,\eta_T = \frac{\dot{m}_L\,R_L\,T_L}{p_L}\,\Delta p_L\,\frac{1}{\eta_L}$$

Nimmt man nun an, daß $\dot{m}_T \approx \dot{m}_L$, $R_T \approx R_L$ und $p_T \approx p_L$ sind, dann heißt die Formel für die vor der Turbine **notwendige Abgastemperatur:**

$$T_T = \frac{\Delta p_L}{\Delta p_T}\,\frac{1}{\eta_T\,\eta_L}\,T_L$$

Mit für die Stauaufladung üblichen Zahlenwerten $p_L = 1{,}6$ bar, $p_T = 1{,}4$ bar, Atmosphärendruck $p_b = 1$ bar, $\eta_T\,\eta_L = 0{,}6$ und $T_L = 300$ K findet man die notwendige Abgastemperatur

$$T_T = \frac{1{,}6 - 1}{1{,}4 - 1}\,\frac{1}{0{,}6}\,300\text{ K} = 750\text{ K}$$

$$T_T \approx 480\,°\text{C}$$

Das vorstehende Beispiel zeigt, daß bei Gleichdruckaufladung (Stauaufladung) die Abgastemperatur etwa 500 °C betragen muß, wenn die Turbinenleistung für den Antrieb des Laders ausreichen soll. Da die Abgastemperatur bei **Zweitaktmotoren** nur etwa 350 °C erreicht, kann der Motor mit **Stauaufladung allein nicht** gefahren werden. Es muß ein **Zusatzlader** zwischen Abgasturbolader und Motor geschaltet werden.

Erst die **Stoßaufladung** ermöglichte es, auch den Zweitaktmotor nur mit Abgasturboaufladung zu betreiben. Die Abgasenergie wird auf Kosten der Motorleistung durch vorzeitiges Öffnen des Auslasses erhöht. Dieses Verfahren kann aber nur bei gleichstromgespülten Motoren, mit unsymmetrischem Steuerdiagramm (frühes Öffnen des Auslaßventils) angewandt werden. Bei den anderen Zweitaktmotoren hilft man sich mit **Zusatzladern,** die meistens **parallel,** aber auch in **Serie zum Abgasturbolader** geschaltet sind (Bild 9.2.5).

Die Leistungssteigerung beträgt beim Zweitaktmotor etwa 30%.

9.2.2.3. Abgasturboaufladung von Ottomotoren

Zur Zeit gibt es nur wenige **Ottomotoren mit Abgasturboaufladung.** Noch wird der größere leistungsstärkere Motor dem kleinen aufgeladenen vorgezogen.

Die Laufräder von Turbine und Lader müssen mit kleinem Durchmesser ausgeführt werden, weil die durchfließenden Gasvolumen bei den kleinen Hubräumen der Ottomotoren gering sind. So beträgt z. B. der Laufraddurchmesser für einen 3-l-Motor 65 mm, und die Raddrehzahl liegt bei 100 000 1/min. Solche kleinen Räder arbeiten natürlich mit schlechtem Wirkungsgrad.

Bei Ottomotoren steigt der Zünddruck etwa proportional dem Ladedruck an. Die Aufladegrenze muß so gewählt werden, daß kein Klopfen auftritt. Um die Klopfgefahr zu vermindern, wird das Verdichtungsverhältnis meistens herabgesetzt.

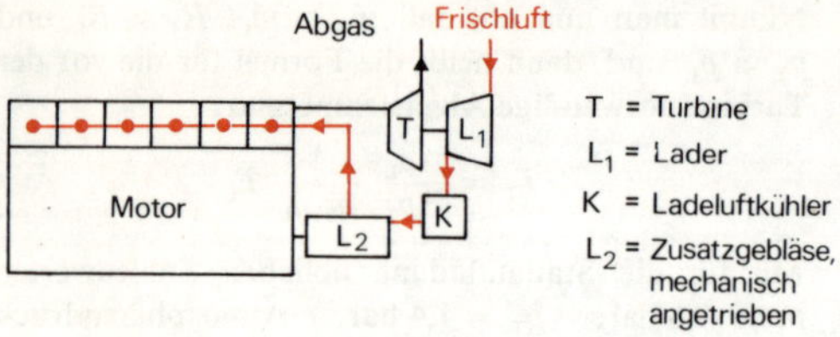

Serienschaltung von Abgasturbolader und Zusatzgebläse

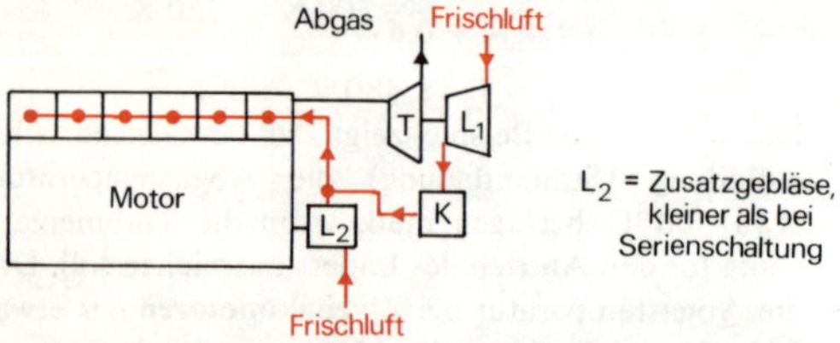

Parallelschaltung von Abgasturbolader und Zusatzgebläse

Bild 9.2.5. Zweitaktmotor mit Abgasturbolader und Zusatzgebläse

Bei voll offener Drosselklappe beginnt die eigentliche Aufladung bei der halben Nenndrehzahl des Motors, weil erst dann die Turbine genügend Abgas erhält. Der Ladedruck steigt mit der Motordrehzahl rasch an und erreicht schon bei ¾ Nenndrehzahl den maximal zulässigen Wert. Aus dieser Betrachtung ersieht man, daß durch die Abgasturboaufladung ein ungünstiger Verlauf des Motordrehmomentes entsteht (Bild 9.2.6). Zur Verbesserung des Drehmomentverlaufs – bei niedriger Drehzahl soll das Drehmoment groß sein und dann mit steigender Drehzahl fallen – muß die Ladeeinheit geregelt werden. Meistens wird nach Erreichen des größten zulässigen Ladedrucks ein Teil des Abgases unter Umgehung der Turbine direkt in die Auspuffanlage geführt.

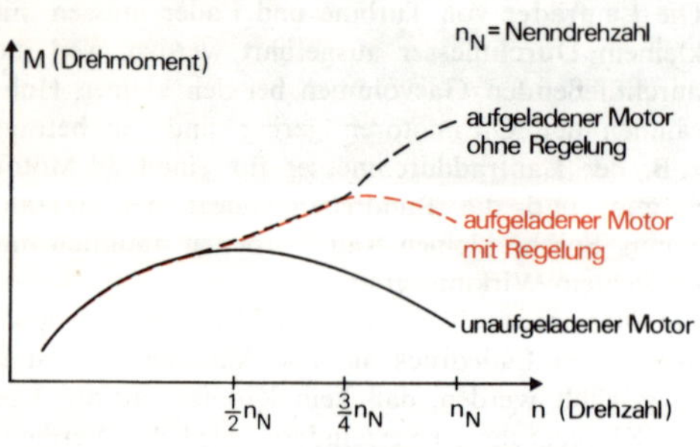

Bild 9.2.6. Drehmomentkennlinien von Ottomotoren

Der Vergaser kann sowohl vor dem Lader als auch dahinter als Druckvergaser angeordnet werden. Vergasermotoren haben aber den Nachteil, daß keine wirksame Durchspülung des Verdichtungsraums möglich ist; es würden zu große Kraftstoffverluste auftreten. Damit trotzdem die für die Abgasturbine zulässigen Temperaturen eingehalten werden, muß man die Abgasrohre so im Kühlluftstrom des Motors verlegen, daß bei normal ausgeführten Schaufelrädern 750 °C und bei hochwarmfesten Rädern 850 °C bei Vollast nicht überschritten wird.
Bei den Benzineinspritzmotoren kann wie bei den Dieselmotoren der Verdichtungsraum gut durchgespült werden, so daß die Wärmebelastung des Motors und die Abgastemperatur leichter in den zulässigen Grenzen zu halten sind. Damit keine Kraftstoffverluste beim Spülen entstehen, darf der Kraftstoff erst dann eingespritzt werden, wenn das Auslaßventil geschlossen ist, d. h., für jeden Zylinder muß das Einspritzventil gesondert gesteuert werden.

9.2.3. Aufladung durch Druckschwingungen

Die Gassäulen in den Ansaug- und Abgasleitungen eines Motors werden beim Ladungswechsel zu **Druckschwingungen** angeregt. Unter Ausnutzung dieser Schwingungen läßt sich ein Aufladeeffekt erzielen. Dafür müssen Frequenz und Phasenlage der Schwingung der Arbeitsspielfrequenz des Motors angepaßt werden. Man bezeichnet dies als **„Abstimmen“** des Gaswechselsystems auf den Motor.
Eine **gute Zylinderfüllung** wird beim **Viertaktmotor** unter folgenden Bedingungen erreicht:
1. Niedriger Druck im Zylinder gegen Ende der Öffnungsperiode des Auslaßventils, damit möglichst wenig Restgas im Zylinder verbleibt und er gut durchgespült wird.
2. Beim Schließen des Einlaßventils soll der Druck im Zylinder groß sein.
Durch Abstimmung der Leitungslängen und Querschnitte lassen sich vorstehende Bedingungen erfüllen. In Bild 9.2.7 sind die Druckschwingungen am Ein- und Auslaßventil aufgezeichnet. Bei Beginn des Ansaugens (Eö) ist der Druck vor dem Einlaßventil klein, und der saugende Kolben regt die Schwingung in der Ansaugleitung an. Nach Durchlaufen einer Halbwelle, d.h. beim Druckmaximum, schließt das Einlaßventil (Es). Die Druckschwingung läuft nun in der Leitung so weiter, daß beim nächsten Eö ein Wellental am Einlaßventil vorliegt und das Spiel von neuem beginnen kann.
Beim Öffnen des Auslaßventils (Aö) erfährt der Druckberg hinter dem Ventil durch den Abgasstoß

Bild 9.2.7. Druckschwingungen in den Ansaug- und Abgasleitungen beim Viertaktmotor

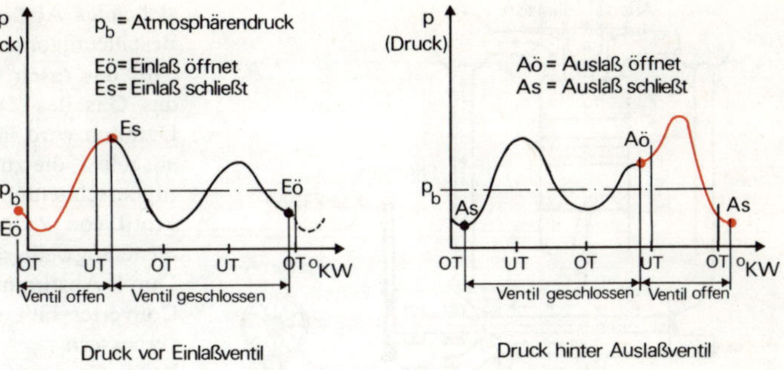

einen steilen Anstieg. Es wird eine Schwingung angeregt, die so verläuft, daß gegen Schließende des Auslaßventils und gleichzeitig offenem Einlaßventil der Druck im Zylinder sehr niedrig ist. Dadurch entsteht eine Sogwelle, die frischen Ladung in den Zylinder saugt.

Auch der **Zweitaktmotor** läßt sich ohne Spülgebläse durch Abstimmen der Leitungen aufladen (Bild 9.2.8). Während der Spülperiode muß im Zylinder ein niedriger Druck herrschen, der dann zum Nachladen rasch ansteigt.

Abstimmung ist nur für einen engen Drehzahlbereich möglich, da die Eigenfrequenzen der Gassäulen von den Leitungslängen abhängen. Wollte man die Eigenfrequenzen allen Drehzahlen des Motors anpassen, so wäre ein zu großer technischer Aufwand erforderlich, denn es müßten die Leitungslängen in Abhängigkeit der Motordrehzahl verändert werden.

Eine weitere Möglichkeit, Druckwellen zur Verbesserung der Zylinderfüllung auszunutzen, bietet der **Pulse-Converter** (Bild 9.2.9). Er besteht aus zwei nebeneinanderliegenden Düsen, die in ein gemeinsames Mischrohr mit anschließendem Diffusor münden. Im Diffusor wird durch Umwandlung von Geschwindigkeits- in Druckenergie so viel Druck erzeugt, daß die Abgase in die Atmosphäre abströmen können. Die Abgasleitungen der einzelnen Zylinder müssen derart an den Pulse-Converter angeschlossen werden, daß abwechselnd einmal die eine und dann die andere Düse vom Abgas durchströmt wird. Der Pulse-Converter kann nur bei solchen Motoren angebaut werden, bei denen die Zündabstände kleiner als die Öffnungsdauer der Auslaßventile sind. Seine Arbeitsweise wird am Beispiel der Zylinder 1 und 5, die in der Zündfolge unmittelbar hintereinanderliegen, kurz beschrieben.

Das Abgas des Zylinders 1 strömt durch die Düse I. Gegen Ende dieses Vorgangs öffnet das Auslaßventil von Zylinder 5, und sein unter großem Druck

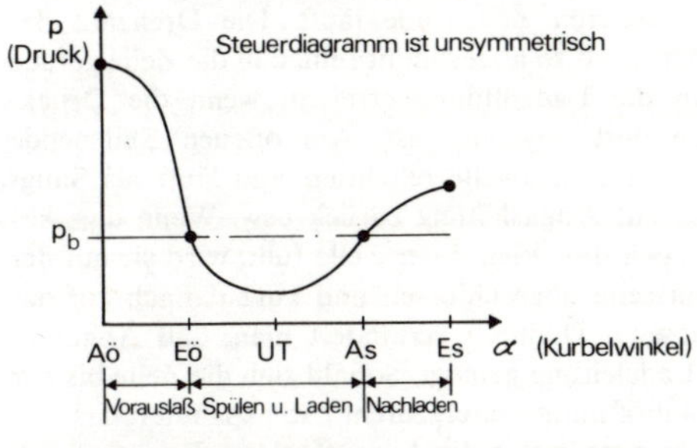

Bild 9.2.8. Druckschwingung im Zylinder während des Ladungswechsels beim Zweitaktmotor

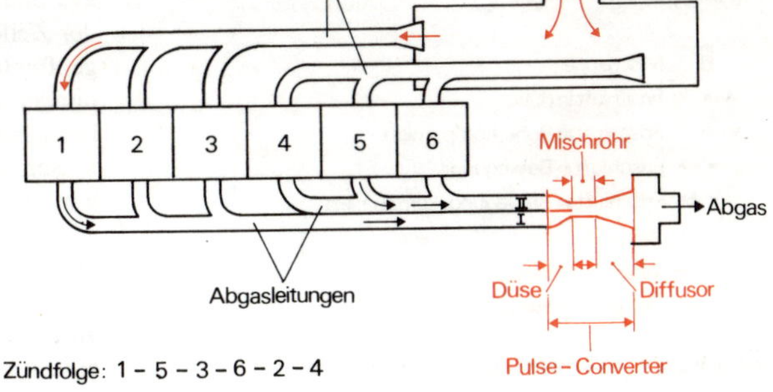

Bild 9.2.9. Sechszylinder-Viertaktmotor mit Pulse-Converter (PC)

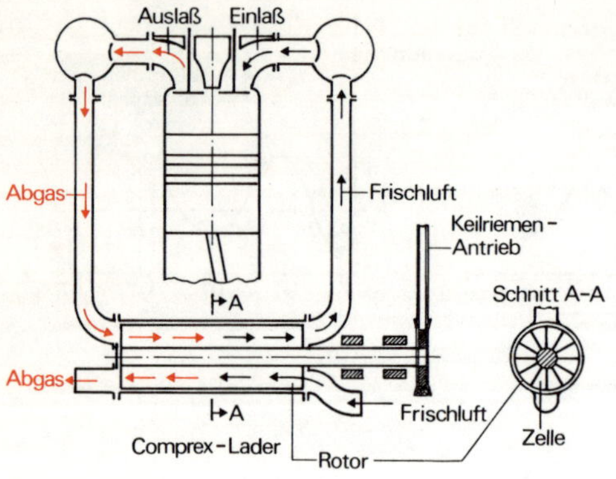

Bild 9.2.10. Comprex-Lader

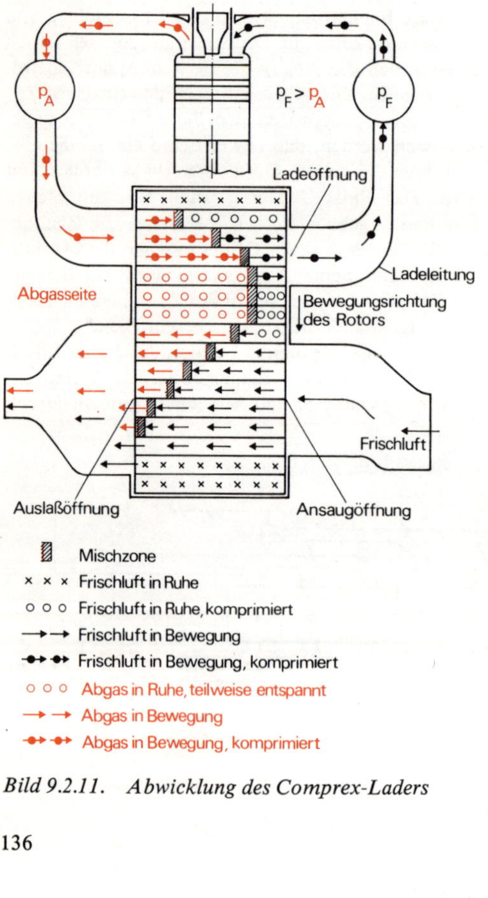

Bild 9.2.11. Abwicklung des Comprex-Laders

stehendes Abgas erfährt in der Düse II eine starke Beschleunigung und Druckabnahme. Im Mischrohr trifft das rasch strömende Gas des Zylinders 5 auf das Gas des Zylinders 1 und beschleunigt dieses. Dadurch wird in der Leitung I eine starke Sogwelle ausgelöst, die zum Zylinder 1 läuft. Infolge der Ventilüberschneidung hat sich inzwischen das Einlaßventil von Zylinder 1 geöffnet, und die angekommene Sogwelle saugt frische Ladung in den Zylinder. Durch Abstimmung der Ansaugrohre auf den Pulse-Converter läßt sich die Zylinderfüllung wesentlich verbessern.

Beim **Comprex-Lader** (Bild 9.2.10) werden ebenfalls die Druckschwingungen in den Gassäulen zur Aufladung des Motors ausgenutzt.

Der Lader besteht aus einem fliegend gelagerten Rotor, der durch radiale Trennwände in viele Zellen unterteilt ist, und dem feststehenden Gehäuse mit vier Öffnungen auf beiden Seiten. Der Rotor wird über Keilriemen vom Motor angetrieben. Die Antriebsleistung beträgt etwa 1% der Motorleistung und dient nur zur Überwindung mechanischer Reibungsverluste.

Die **Arbeitsweise** des Laders soll anhand von Bild 9.2.11 beschrieben werden. Das Abgas strömt in die Zellen ein, verdichtet die darin befindliche Frischladung und schiebt sie aus, sobald die Zellen beim Weiterdrehen des Rotors vor die Ladeöffnung kommen.

Das in die Zelle eintretende Abgas löst eine Druckwelle aus, die mit Überschallgeschwindigkeit nach dem anderen Zellenende läuft. Die Drehzahl des Laders muß so abgestimmt sein, daß die Zelle gerade dann die Ladeöffnung erreicht, wenn die Druckwelle dort angelangt ist. Am offenen Zellenende wird die Druckwelle reflektiert und läuft als Saugwelle zur Abgasleitung zurück usw. Wenn das Abgas etwa drei Viertel der Zelle füllt, wird sie auf der Abgasseite abgeschlossen und kurz danach auf der Ladeseite. Dadurch verhindert man, daß Abgas in die Ladeleitung gelangt. Sobald sich die Zelle bis zur Auslaßöffnung weitergedreht hat, expandiert das Abgas und strömt in die Auspuffanlage. Es entsteht in der Zelle ein Unterdruck, so daß auf der inzwischen geöffneten Saugseite Frischladung eintritt. Die Öffnungen auf der Auslaß- und Saugseite sind so groß bemessen, daß das Abgas durch die nachströmende Frischladung restlos ausgespült wird. Der Rotor wird dabei gleichzeitig gut gekühlt. Die Öffnungszeiten der Ein- und Austrittsquerschnitte und damit die Rotordrehzahl sind auf die Wellengeschwindigkeit und die Strömungsgeschwindigkeit der Gase abgestimmt. Deshalb dürfte sich die Rotordrehzahl eigentlich nur mit der Wellengeschwindigkeit, d. h.

mit der Temperatur der Gase, ändern. Dieser Bedingung steht aber die Forderung nach einfachem Antrieb gegenüber. Durch Taschen in den Stegen zwischen den Öffnungen erreicht man, daß der Lader im ganzen Betriebsdrehzahlbereich des Motors arbeitet, obwohl er mit konstantem Übersetzungsverhältnis vom Motor angetrieben wird.
Die Ein- und Austrittsöffnungen sind paarweise im Gehäuse angebracht, um die thermische Belastung des Rotors und die mechanische Beanspruchung der Lager symmetrisch zu halten. Außerdem spart man Baulänge, da jede Rotorzelle je Umdrehung zwei Arbeitsspiele durchläuft.

Der Ladedruck zeigt einen flachen Verlauf über der Drehzahl, so daß der Motor eine günstige Drehmomentkennlinie erhält. Bei Beschleunigung spricht der Comprex-Lader schneller an als der Abgasturbolader. Der spezifische Kraftstoffverbrauch liegt beim Comprex-Lader niedrig. Er kann allerdings nur bei Stauaufladung eingesetzt werden, und das Ladedruckverhältnis sollte zwischen 1,8 und 3 liegen, damit die Abmessungen des Laders nicht zu groß werden. Der Comprex-Lader eignet sich daher nicht für kleine Druckverhältnisse.

9.3. Freikolben-Gaserzeuger

Der **Freikolben-Gaserzeuger** (Bild 9.3.1) ist ein Dieselmotor mit **höchster mechanischer Aufladung.** Der Ladedruck beträgt bei Höchstleistung etwa 4 bar. Der Motor selbst kann keine Nutzleistung abgeben, er liefert nur Abgas für die **Nutzleistungsturbine.** Bei dieser Anlage ist im Gegensatz zur Abgasturboaufladung nicht die Turbine Hilfsmaschine, sondern der Motor. Er erzeugt das Treibgas für die Turbine mit einem Wirkungsgrad von 42% bei Vollast. Der Gesamtwirkungsgrad der Anlage beträgt etwa 34%. Vergleicht man diesen Wirkungsgrad mit dem einer nach dem offenen Prozeß arbeitenden Gasturbine

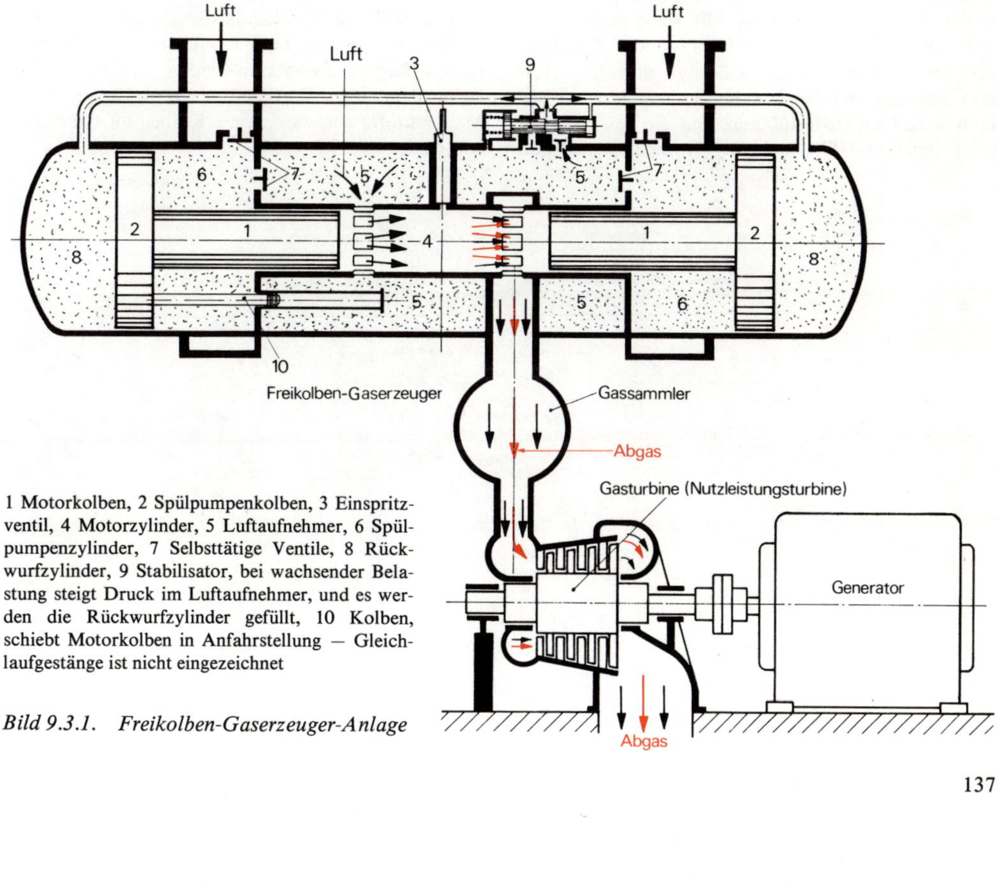

1 Motorkolben, 2 Spülpumpenkolben, 3 Einspritzventil, 4 Motorzylinder, 5 Luftaufnehmer, 6 Spülpumpenzylinder, 7 Selbsttätige Ventile, 8 Rückwurfzylinder, 9 Stabilisator, bei wachsender Belastung steigt Druck im Luftaufnehmer, und es werden die Rückwurfzylinder gefüllt, 10 Kolben, schiebt Motorkolben in Anfahrstellung – Gleichlaufgestänge ist nicht eingezeichnet

Bild 9.3.1. Freikolben-Gaserzeuger-Anlage

(etwa 20%), so erkennt man den Vorteil des Freikolben-Gaserzeugers.

Anhand von Bild 9.3.1 soll die Maschine kurz beschrieben werden. Zwei gegenläufige Motorkolben, die mit ihren Spülpumpenkolben fest verschraubt sind, steuern die Ein- und Auslaßschlitze des im Zweitakt arbeitenden Dieselmotors. Ein Gestänge erzwingt den Gleichlauf der Kolben. Es muß nur den Unterschied der Kolbenreibungskräfte übertragen und dient zum Antrieb von Einspritz- und Ölpumpe. Sechs Einspritzdüsen spritzen in der inneren Totpunktstellung der Kolben den Kraftstoff in den Zylinder. Durch die Explosion fliegen die Kolben nach außen. Die Luft in den Rückwurfzylindern wird verdichtet und schleudert die Kolben wieder nach innen. Die großen Spülpumpenkolben fördern 2,5-mal so viel Spülluft, wie an Luft im Zylinder verbleibt ($\Lambda \approx 2{,}5$). Da das Luftverhältnis bei der Verbrennung ungefähr 2 ist, beträgt es, bezogen auf die Gesamtluftmenge, etwa 5. Die Abgastemperatur erreicht maximal nur 430 °C, und es gibt keine Wärmeprobleme für die Turbine. Die Kolben bewegen sich gewissermaßen zwischen Federn, den Luftpolstern im Motorzylinder, in den Spülpumpenzylindern und den Rückwurfzylindern. Ihre Arbeitsspielzahl und ihr Hub hängen daher von den Drükken in diesen Zylindern ab. Mit wachsender Belastung steigt der Druck im Motorzylinder. Die Kolben werden heftiger nach außen geschleudert, Hub und Spielzahl nehmen zu. Bei Vollast erreicht der Hub je Kolben etwa 460 mm, und die Spielzahl beträgt ungefähr 600 1/min. Der Kompressionsdruck erhöht sich auf 70 bar und der Zünddruck auf 100 bar. Diese großen Drücke lassen sich ohne Schwierigkeiten beherrschen, da ja kein Triebwerk vorhanden ist. Bei abnehmender Belastung wird der Hub kürzer. Er darf aber nicht so klein werden, daß die Kolben die Aus- und Einlaßschlitze nicht mehr freigeben. Deshalb wird der Druck in den Rückwurfzylindern verringert. Ein Regler, der Stabilisator, paßt den Druck in den Rückwurfzylindern der Belastung an.

Die Maschine wird mit Druckluft angelassen. Dazu werden zunächst die Kolben über das Gleichlaufgestänge durch einen kleinen, mit Druckluft beaufschlagten Kolben in die äußeren Totpunkte geschoben. Dann strömt Druckluft in die Rückwurfzylinder ein, schleudert die Kolben nach innen, und das Arbeitsspiel beginnt.

Der Freikolben-Gaserzeuger gibt bei Vollast eine isentrope Gasleistung von 920 kW (1250 PS) ab. Infolge der Verluste bei der Umsetzung dieser Leistung in Wellenleistung in der Turbine beträgt ihre Nutzleistung 740 kW (1000 PS). Die Gaserzeugerleistung läßt sich durch Verminderung der Einspritzmenge bis auf Viertellast herunterregeln. Bei noch kleinerer Belastung geben die Kolben die Schlitze nicht mehr frei, und die Maschine bleibt stehen. Soll die Turbinenleistung noch weiter vermindert werden, so muß das überschüssige Abgas vor der Turbine abgeblasen werden.

Beim Freikolben-Gaserzeuger treten keine freien Massenkräfte auf, da sich die Kolben im Gleichlauf entgegengesetzt bewegen.

10. Bauteile

Ein Motor setzt sich aus verschiedenen Baugruppen zusammen, die aus einzelnen Bauteilen bestehen. Einige wichtige und schwierige Bauteile sollen in diesem Kapitel in Kurzform behandelt werden.

10.1. Kolben

Der **Kolben** arbeitet unter schwerster mechanischer und thermischer Belastung; dabei muß er folgende **Aufgaben** erfüllen.

1. Umwandlung von Druckenergie in mechanische Arbeit.
2. Abdichtung des Zylinderraums gegen das Kurbelgehäuse.
3. Geradführung des oberen Endes der Pleuelstange bei Tauchkolbenmotoren.
4. Steuerung der Ein- und Auslaßschlitze bei Zweitaktmotoren.

Um allen Anforderungen zu genügen, müßte der Kolben folgende **Eigenschaften** aufweisen:

1. Geringe Masse, damit auch bei hohen Drehzahlen die oszillierenden Massenkräfte klein bleiben.
2. Große Steifigkeit am Kolbenboden, nachgiebige Kolbennabe und elastischer Schaft.
3. Große Festigkeit in der Ringpartie, um ein Einschlagen der Kolbenringe zu verhindern.
4. Hohe Warmfestigkeit, besonders am Boden.
5. Gute Wärmeleitung, damit keine großen Temperaturunterschiede im Kolbenmaterial auftreten.
6. Geringe Wärmedehnung und dadurch kleines Laufspiel.

Die Kolbenkonstruktion kann nur eine Kompromißlösung sein.

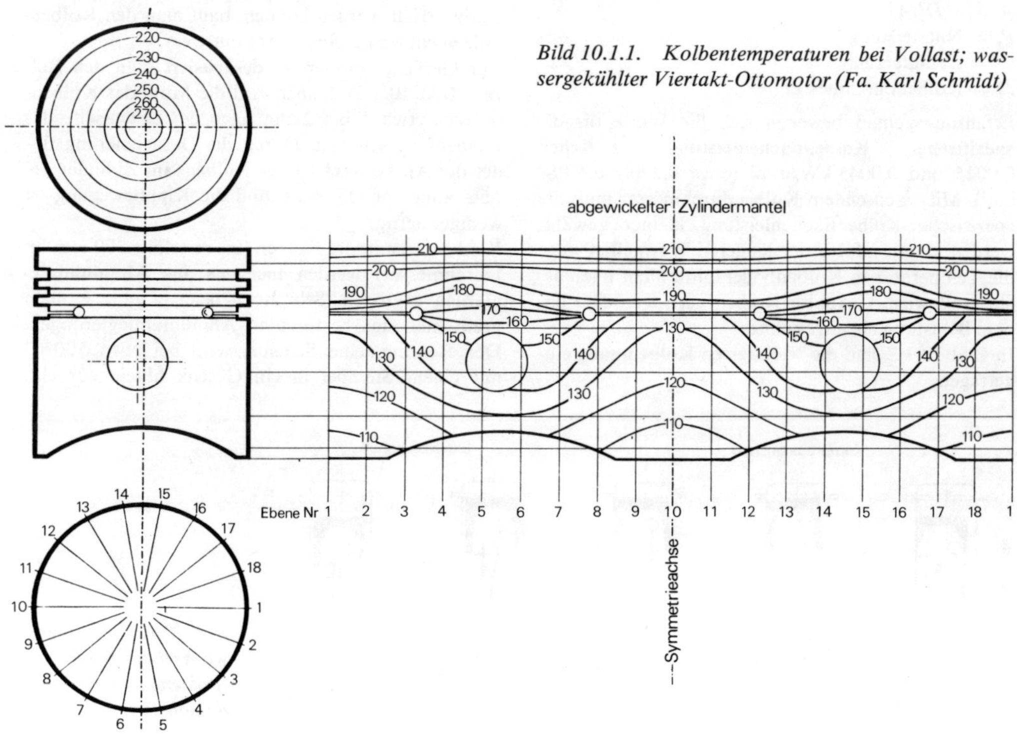

Bild 10.1.1. Kolbentemperaturen bei Vollast; wassergekühlter Viertakt-Ottomotor (Fa. Karl Schmidt)

Auf den **Kolbenboden** wirken folgende **Zünddrücke:**
40 bis 70 bar bei Ottomotoren,
60 bis 100 bar bei unaufgeladenen Dieselmotoren,
bis zu 140 bar bei aufgeladenen Dieselmotoren.

Die **größte Spannung am Kolbenboden** läßt sich mit der Formel berechenen:

$$\sigma_{br} = \frac{D_i^2 \, p_z}{4 \, s^2}$$

σ_{br} = radiale Biegespannung
D_i = Innendurchmesser des Bodens (Bild 10.1.2)
p_z = Zünddruck
s = Bodendicke

Die **Kolbentemperatur** hängt von vielen Einflußgrößen ab, wie Arbeitsverfahren, Verbrennungsverfahren, Art der Kühlung, Motorbelastung usw. Für einen wassergekühlten Viertakt-Ottomotor sind die Kolbentemperaturen bei Vollast in Bild 10.1.1 dargestellt.

Ein Maß für die Belastung des Kolbens ist die **spezifische Kolbenflächenleistung** P_A.

(91)

$$P_A = \frac{P_e}{z \, A}$$

$A = \pi \, D^2/4$
P_e = Nutzleistung
z = Zylinderzahl
D = Kolbendurchmesser

Erfahrungsgemäß bewegen sich die Werte für die **spezifische Kolbenflächenleistung** zwischen 0,0015 und 0,0045 kW/mm² (etwa 0,2 bis 0,6 PS/cm²). Mit wachsendem Kolbendurchmesser muß die spezifische Kolbenflächenleistung kleiner gewählt werden, damit infolge der längeren Wärmefließwege die Temperatur in Kolbenbodenmitte nicht unzulässig groß wird. Gekühlte Kolben vertragen eine höhere Belastung als ungekühlte.

In Bild 10.1.2 sind die wichtigsten **Kolbenmaße** eingetragen.

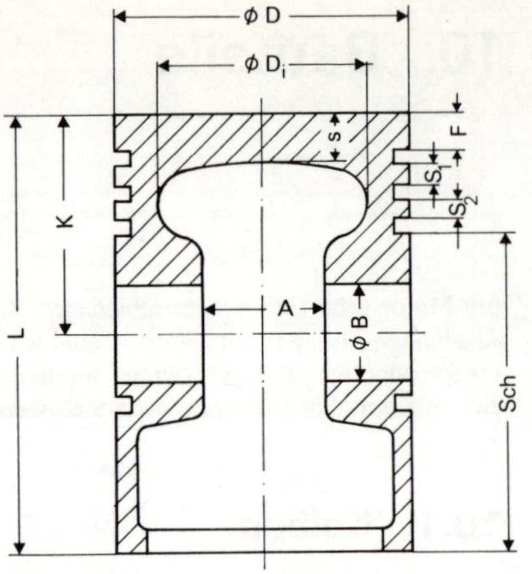

Bild 10.1.2. Kolbenmaße

Die **Lage des Kolbenbolzens** wird von zwei Faktoren bestimmt. Um Kippbewegungen des Kolbens zu vermeiden, sollte sein Schwerpunkt auf der Achse des Bolzens liegen. Andererseits müßte der Kolbenbolzen in der Mitte des Schaftes befestigt sein, damit die Normalkraft gleichmäßig auf die Zylinderwand übertragen wird. Da beide Forderungen nicht gleichzeitig erfüllt werden können, baut man den Kolbenbolzen ein wenig über Schaftmitte ein.

Zur Geräuschminderung **desachsiert** man den **Bolzen** (Bild 10.1.3). Dabei wird die Mitte des Kolbenbolzens etwa 1 bis 2 mm nach der **Druckseite** des Kolbens verschoben. Durch die Desachsierung findet der Anlagewechsel des Kolbens im Zylinder bereits kurz vor OT statt, und die Kippbewegung ist weniger heftig.

Kleine und mittlere Kolben (bis ungefähr 500 mm im Durchmesser) werden meistens aus **Aluminiumlegierung gegossen.** Sehr hoch beanspruchte Kolben **preßt** man aus bestimmten Aluminiumlegierungen. Der Rohling, eine Scheibe, wird bei etwa 500 °C mit einem Stempel in ein Gesenk hineingedrückt.

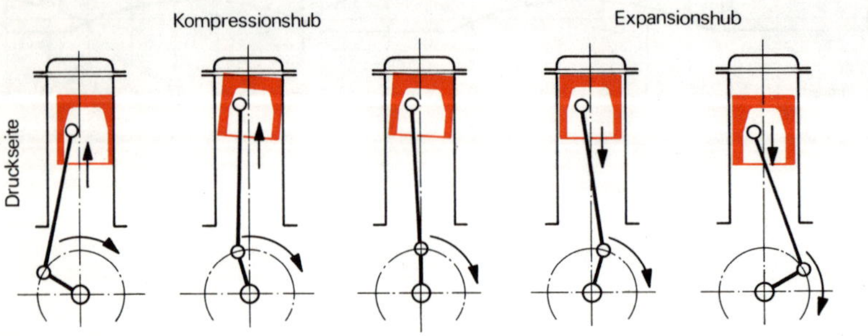

Bild 10.1.3. Anlagewechsel des Kolbens (Bolzen zur Druckseite desachsiert)

Zu Bild 10.1.2.

D = Kolbendurchmesser
D_i = Innendurchmesser
L = Kolbenlänge
K = Kompressionshöhe
s = Bodenstärke
A = Nabenabstand
B = Bolzendurchmesser
Sch = Schaftlänge
F = Feuersteghöhe
S_1 = 1. Ringsteghöhe
S_2 = 2. und weitere Ringsteghöhen

(Kolbenmaße siehe Tabelle 6, Seite 151)

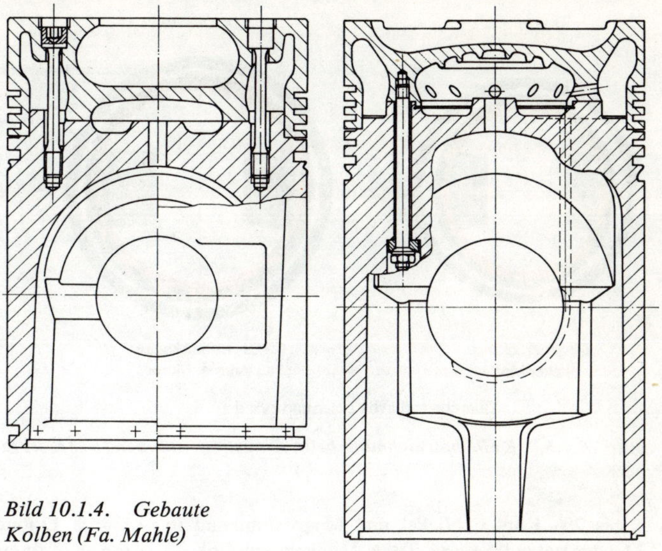

Bild 10.1.4. Gebaute Kolben (Fa. Mahle)

Die Kolbengestalt darf beim Pressen keine Hinterschneidungen aufweisen, da diese mechanisch nachgearbeitet werden müßten.
Große Kolben bestehen aus zwei oder mehr Teilen. Der Kolbenboden aus Stahl oder Gußeisen wird mit dem Schaft aus Sondergußeisen oder einer Aluminiumlegierung zusammengeschraubt (Bild 10.1.4).
Für die Kolbenherstellung finden verschiedene **Aluminiumlegierungen** Verwendung. Neben Aluminium enthalten sie 11 bis 25% Silizium, jeweils

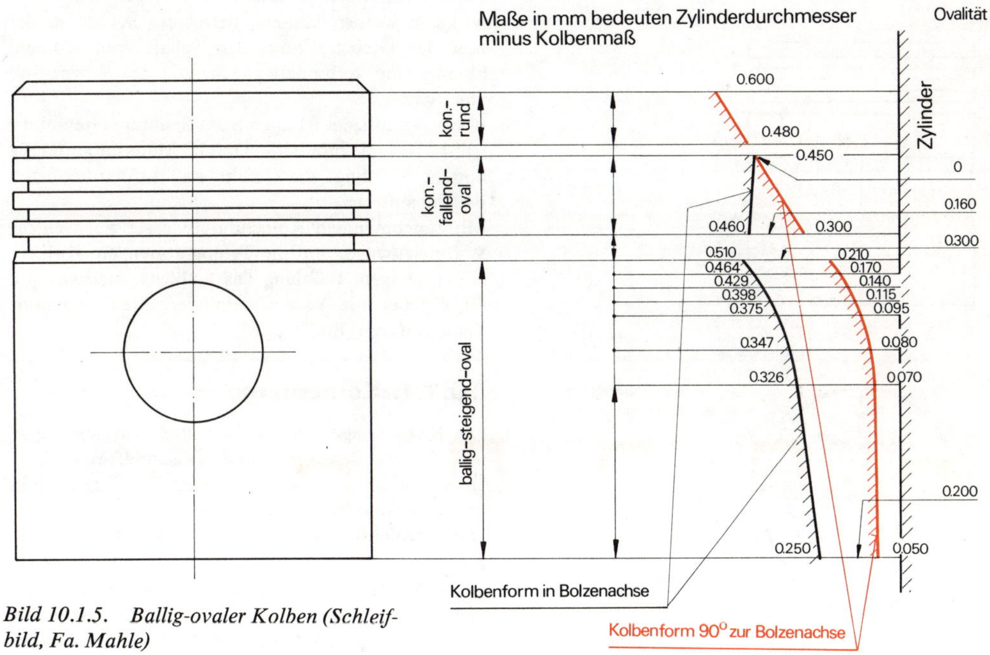

Bild 10.1.5. Ballig-ovaler Kolben (Schleifbild, Fa. Mahle)

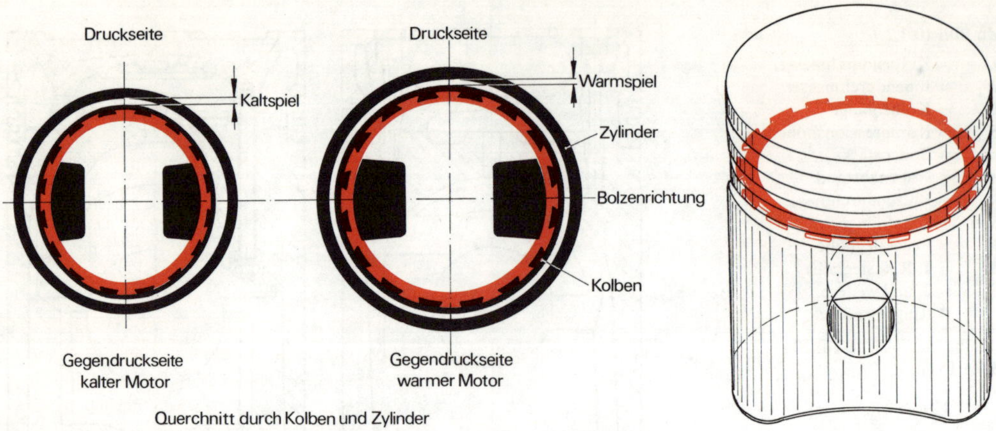

Bild 10.1.6. Kolbenausdehnung beim Ringstreifenkolben (Fa. Karl Schmidt)

1 bis 2% Kupfer, Nickel und Magnesium und in Mengen unter 1% Eisen, Titan, Mangan und Zink.
Der Kolben dehnt sich im Betrieb stärker aus als der ihn umgebende Zylinder. Deshalb muß das **Einbauspiel** im kalten Zustand relativ groß vorgesehen werden. Die äußere **Kolbenform** ist **ballig-oval** im kalten Zustand, so daß sich aufgrund der Temperatur- und Massenverteilung im Betrieb die zylindrische Form einstellt (Bild 10.1.5).

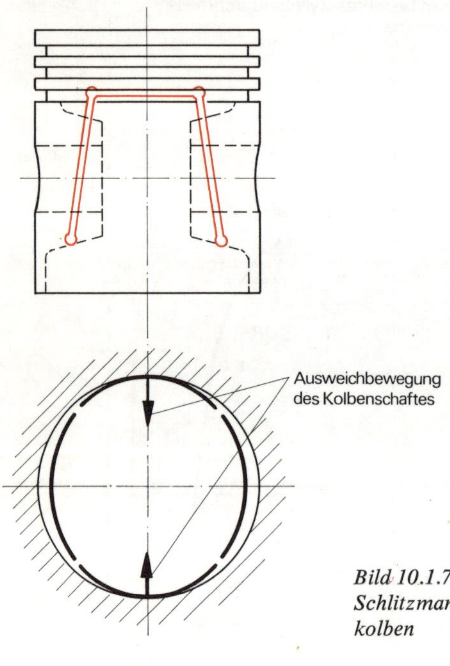

Bild 10.1.7. Schlitzmantelkolben

Durch **Einbau** sogenannter **Regelglieder** kann man die Kolbenausdehnung so beeinflussen, daß das Spiel sich nur wenig ändert. Dadurch erzielt man geräuscharmen Lauf, kleinen Ölverbrauch und Freßsicherheit. Die Regelglieder bestehen aus **eingegossenen Stahlteilen,** die, wie z. B. in Bild 10.1.6 gezeigt, die unerwünschte Ausdehnung senkrecht zur Bolzenachse in eine in Bolzenrichtung verwandeln. Die Schaftovalität muß hierbei natürlich besonders groß vorgesehen werden. Damit die Regelglieder voll wirksam werden können, trennt ein Schlitz in der Nut des Ölabstreifrings den Schaft vom Kolbenoberteil und verhindert gleichzeitig den Wärmefluß zum Schaft.
Kleines Laufspiel ist auch beim **Schlitzmantelkolben** (Bild 10.1.7) möglich. Durch Materialermüdung besteht allerdings die Gefahr, daß an den Schlitzen Brüche auftreten.
Mit zunehmendem Kolbendurchmesser wachsen die Wärmeleitwege, und die Temperaturen am Kolbenboden steigen. **Kühlung des Kolbens,** meistens mit Öl, seltener mit Wasser, verhindert unzulässig hohe Temperaturen (Bild 10.1.8).

10.1.1. Kolbenringe

Die **Kolbenringe** werden nach ihrer Aufgabe eingeteilt in **Verdichtungs- und Ölabstreifringe.** Eine Übersicht über die verschiedenen Ringformen gibt das DIN-Blatt 24909.
Die **Verdichtungsringe** sollen in erster Linie den Zylinderraum abdichten, aber sie beeinflussen auch die an der Zylinderwand verbleibende Ölmenge. Die Hauptaufgabe der **Ölabstreifringe** besteht darin, das überschüssige Öl von der Zylinder-

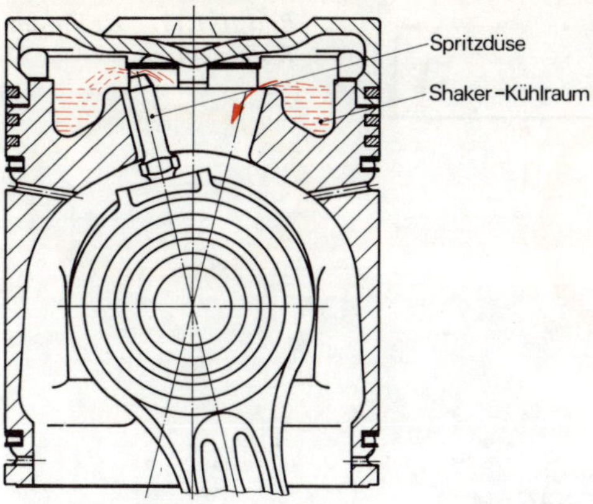

Bild 10.1.8. Ölgekühlter Kolben (Fa. Mahle)

wand ins Kurbelgehäuse abzustreifen. Das Öl zur Schmierung von Kolben und Ringen spritzt aus dem Kurbelzapfenlager an die Zylinderwand oder wird bei Großmotoren durch besondere Bohrungen in der Zylinderbüchse zugeführt.

Außerdem dienen die Ringe zur **Wärmeableitung** vom Kolben zur Zylinderwand. Dabei überträgt der oberste Verdichtungsring die größte Wärmemenge. Da nur wenig Schmieröl bis zu diesem Ring gelangt, unterliegt er einem erhöhten Verschleiß. Durch **Hartverchromen** beugt man allzu großem mechanischem und korrosivem Verschleiß vor.

Die **Vielfalt der Ringformen** (Bild 10.1.9) ist durch ihren Verwendungszweck bedingt. **Minutenringe** passen sich rasch der Zylinderform an, denn ihre Anlagefläche ist zunächst sehr klein. **Trapezringe** werden dort eingebaut, wo mit Ringverkleben durch Schmieröl- und Kraftstoffrückstände zu rechnen ist. Da die Ringe ständig in ihrer Nut wandern, wird besonders bei den Trapezringen der Schmutz herausgedreht.

Der Kolbenring muß federnd der Zylinderwand folgen, damit er gut abdichtet. In Bild 10.1.10 sind die **Radialdrücke,** mit denen der Kolbenring sich an die Zylinderwand anpreßt, für einen Viertakt- und einen Zweitaktmotor dargestellt. Die erhöhte Druckvorspannung am Ringstoß soll Flattern

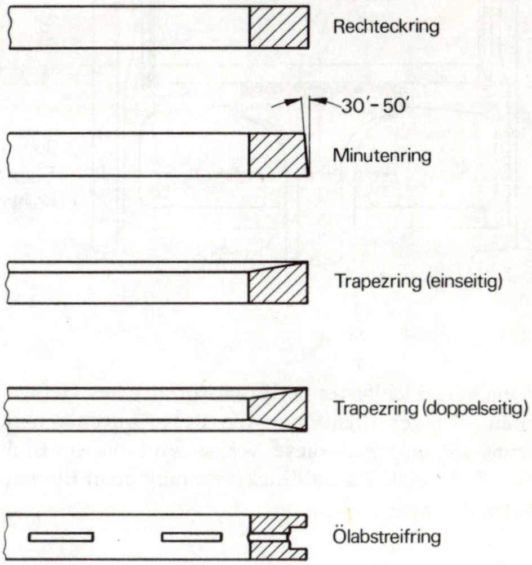

Bild 10.1.9. Kolbenringe

verhindern. Beim Zweitaktmotor darf der Druck am Ringstoß nicht so groß sein, damit die Stoßenden nicht in die Schlitze einhaken und abbrechen.

Als **Werkstoff** verwendet man für die Kolbenringe meistens **Sondergußeisen.** Die Ringe werden vorwiegend im Einzelgußverfahren gegossen, da man

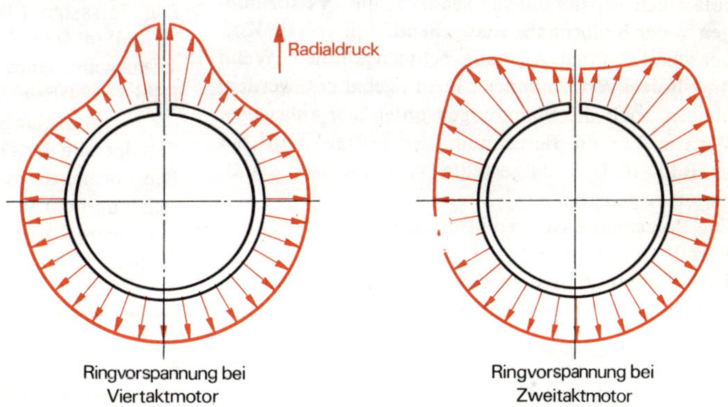

Bild 10.1.10. Radialdruckverteilung bei Kolbenringen

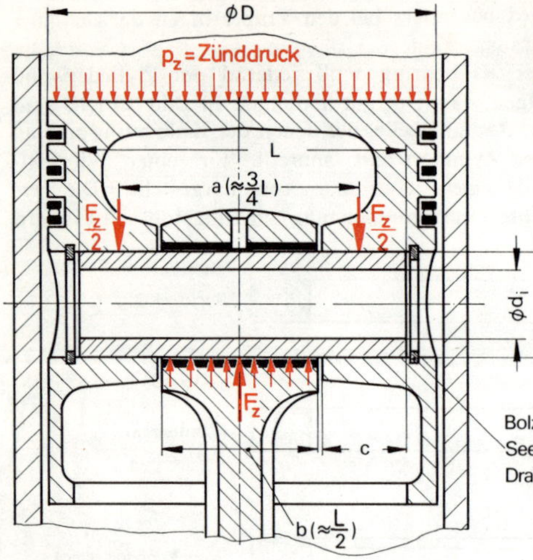

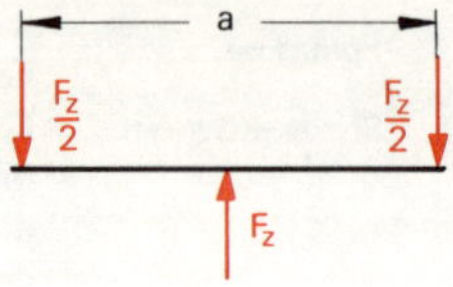

Bild 10.1.11. Kräfte am Kolbenbolzen

so ein verschleißfestes perlitisch-sorbitisches Gefüge erhält. Danach dreht man die Ringe unrund, und trennt sie auf. Auf diese Weise wird die in Bild 10.1.10 gezeigte Radialdruckverteilung beim Einbau in den Zylinder erreicht.

10.1.2. Kolbenbolzen

Der **Kolbenbolzen** überträgt die Kräfte zwischen Kolben und Pleuelstange. Er wird aus Einsatz- oder Nitrierstahl mit gehärteter und geschliffener Oberfläche hergestellt. Die Abmessungen der Kolbenbolzen kann man für **Dieselmotoren DIN-Blatt 73124** und für **Ottomotoren DIN-Blatt 73125** entnehmen.

Durch die Kräfte wird der Kolbenbolzen durchgebogen, ovalverformt und auf Abscherung beansprucht. Bei seiner Dimensionierung sind nicht die zulässigen Spannungen, sondern die **Verformungen** in der Kolbennabe **maßgebend,** weil von da Kolbenschäden ihren Ausgang nehmen können. Wenn die Bolzenverformungen klein gehalten werden, bleiben auch die Spannungen unter den zulässigen Werten. Für die Berechnung des Bolzens wird der in Bild 10.1.11 dargestellte vereinfachte Lastfall zugrunde gelegt.

Die **Bolzenabmessungen** lassen sich nach folgendem Verfahren bestimmen:

1. Vorläufige Annahme des Bolzenaußendurchmessers nach den **Erfahrungsformeln:**

$$d_a \approx 0{,}28\, D \text{ für Ottomotor}$$

$$d_a \approx 0{,}4\, D \text{ für Dieselmotor}$$

2. Konstruktive Festlegung der Bolzenlänge unter Berücksichtigung des Platzes für die seitlichen Bolzensicherungen.

$$L \approx 0{,}85\, D$$

3. Neue Festlegung des **Bolzenaußendurchmessers** d_a mit Hilfe der zulässigen Flächenpressung p_{zul}:

$$p = \frac{F_z}{2\, c\, d_a} \qquad F_z = p_z\, \pi\, D^2/4$$

F_z = Gaskraft bei Zünddruck p_z
D = Kolbendurchmesser
c = Lagerlänge in Kolbennabe

(92)

$$d_a = \frac{F_z}{p_{zul}\, 2\, c}$$

Die zulässige Flächenpressung beträgt 40 bis 60 N/mm^2 (400 bis 600 kp/cm^2).

4. Auswahl eines genormten Kolbenbolzens nach DIN 73124 bzw. 73125. Dabei sind die Grenzwerte für die Bolzenlängen zu beachten.

5. Kontrolle der **Durchbiegung**

Die Formel für die Durchbiegung des Bolzens ergibt sich aus dem in Bild 10.1.11 dargestellten Lastfall mit einer Korrektur für die Lastverteilung, da die Kräfte nicht punktförmig angreifen (Schlaefke [6]).

(93)

$$f = k\, \frac{a^3\, F_z}{48\, E\, I} \leq f_{zul}$$

Bild 10.1.12. Zulässige Durchbiegung und zulässige Ovalverformung des Kolbenbolzens (nach Fa. Karl Schmidt)

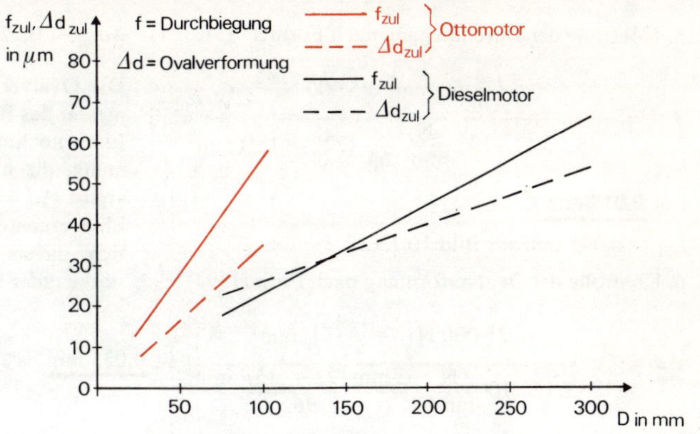

f = Durchbiegung

f_{zul} = zulässige Durchbiegung (Bild 10.1.12)

$a \approx \frac{3}{4} L$, Abstand der Kräfte (Bild 10.1.11)

$E = 2{,}12 \cdot 10^5$ N/mm² ($2{,}15 \cdot 10^6$ kp/cm²) Elastizitätsmodul für Stahl

$I = \frac{\pi}{64}(d_a^4 - d_i^4)$ Flächenträgheitsmoment

$k = 1 - \frac{b}{2\,a} \approx \frac{2}{3}$, Korrekturfaktor für Lastverteilung

L, d_i und b sind Bild 10.1.11 zu entnehmen.

6. Kontrolle der **Ovalverformung**

Der Durchmesser des Kolbenbolzens nimmt unter der Last senkrecht zur Lastrichtung um den Wert Δd zu. Damit die Kolbennabe nicht gesprengt wird, darf Δd den aus Bild 10.1.12 ersichtlichen Wert für Δd_{zul} nicht überschreiten. Die Formel für die Ovalverformung lautet nach Schlaefke:

(94)

$$\Delta d = \frac{1}{12} \frac{F_z\, r^3}{E\, I_L} \leqq \Delta d_{zul}$$

$$r = \frac{d_a + d_i}{4}$$

$$I_L = \frac{L\left(\frac{d_a - d_i}{2}\right)^3}{12} = \frac{L\,(d_a - d_i)^3}{96}$$, Flächenträgheitsmoment des auf Biegung beanspruchten Rohrlängsschnitts.

Im allgemeinen erübrigt sich eine Nachrechnung der im Bolzen auftretenden **Spannungen;** der Vollständigkeit halber werden die Formeln dazu angegeben:

1. Biegespannung aus Längsbiegung

$$\sigma_b = k \frac{F_z\, a}{\frac{\pi}{8}\,\frac{d_a^4 - d_i^4}{d_a}}$$

2. Biegespannung infolge Ovalverformung

$$\sigma_{bo} = \frac{1}{8} \frac{F_z \frac{d_a + d_i}{4}}{L \frac{(d_a - d_i)^2}{24}}$$

Beide Spannungen werden nach der Hypothese der größten Gestaltänderungsarbeit zusammengesetzt:

$$\sigma_v = \sqrt{\sigma_b^2 + \sigma_{bo}^2 - \sigma_b\, \sigma_{bo}}$$

Die Vergleichsspannung σ_v darf die zulässige Biegewechselfestigkeit nicht überschreiten.

Beispiel 14

Es sind die Abmessungen des Kolbenbolzens eines Ottomotors festzulegen.

Gegeben sind: Zünddruck $p_z = 50$ bar $= 5$ N/mm²
Zylinderdurchmesser $D = 80$ mm

Lösung

1. Vorläufige Annahme des Bolzenaußendurchmessers

$$\underline{d_a} = 0{,}28 \cdot 80 \text{ mm} = \underline{22{,}4 \text{ mm}}$$

2. Konstruktive Festlegung der Bolzenlänge

$$\underline{L \approx 60 \text{ mm}}$$

3. Neue Festlegung des Bolzenaußendurchmessers nach Formel (92).

Mit $p_{zul} = 40$ N/mm² und $2\,c = L/2 = 30$ mm erhält man:

$$\underline{d_a} = \frac{5 \frac{\text{N}}{\text{mm}^2}\, 5000 \text{ mm}^2}{40 \frac{\text{N}}{\text{mm}^2}\, 30 \text{ mm}} = \underline{20{,}8 \text{ mm}}$$

4. Auswahl eines genormten Kolbenbolzens

Nach DIN 73125 werden folgende Abmessungen gewählt:

$$\underline{d_a = 22 \text{ mm},\ d_i = 15 \text{ mm},\ L = 63 \text{ mm}}$$

5. Kontrolle der Durchbiegung nach Formel (93)

$$f = \frac{2}{3} \; \frac{\left(\frac{3}{4}\,60\text{ mm}\right)^3 \; 25\,000\text{ N}}{48 \cdot 2{,}12 \cdot 10^5\,\frac{\text{N}}{\text{mm}^2}\,\frac{\pi}{64}\,(22^4 - 15^4)\text{ mm}^4} =$$

$= \underline{0{,}017\text{ mm}}$

$f_{zul} = 0{,}045$ mm aus Bild 10.1.12

6. Kontrolle der Ovalverformung nach Formel (94)

$$\underline{\Delta d} = \frac{1}{12} \; \frac{25\,000\text{ N}\left(\frac{22+15}{4}\right)^3\text{ mm}^3}{2{,}12 \cdot 10^5\,\frac{\text{N}}{\text{mm}^2}\,\frac{63\text{ mm}\,(22-15)^3\text{ mm}^3}{96}} = \underline{0{,}035\text{ mm}}$$

$\Delta d_{zul} = 0{,}028$ mm

Die Ovalverformung ist zu groß. Der Innendurchmesser des Bolzens wird auf $d_i = \mathbf{14\ mm}$ verkleinert. Eine nochmalige Nachrechnung der Ovalverformung, die hier nicht mehr aufgeführt werden soll, ergibt $\Delta d = 0{,}021$ mm. Dieser Wert ist zulässig. Eine erneute Kontrolle der Durchbiegung erübrigt sich, da sie schon mit der kleineren Bolzenwandstärke unter dem zulässigen Wert lag.

10.2. Pleuelstange

Die **Pleuelstange** (Bild 10.2.1) verbindet den Kolben mit der Kurbelwelle. Sie wird aus Vergütungsstahl mit einer Festigkeit von 600 bis 700 N/mm² (60 bis 70 kp/mm²) hergestellt. Der Schaft besitzt einen runden oder I-Querschnitt. Zur Schmierung des Kolbenbolzens oder auch bei Kolbenkühlung ist der Schaft für die Ölzuführung längs durchbohrt.

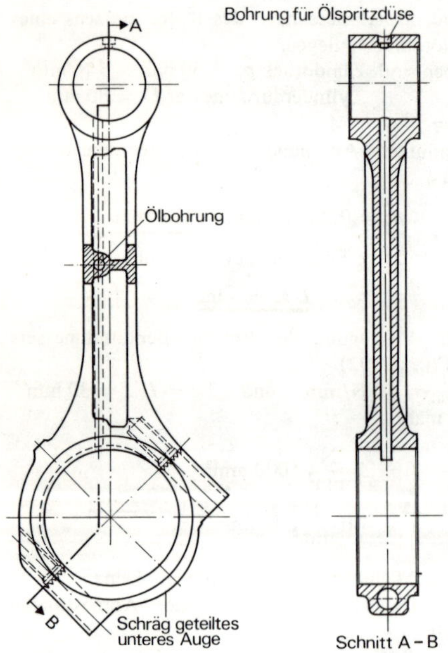

Bild 10.2.1. Pleuelstange

Die **Pleuellänge** wird so kurz wie möglich gewählt, weil dadurch der Motor niedrig baut und Gewicht gespart wird. Die untere Grenze für die Pleuellänge liegt bei einem Pleuelverhältnis $\lambda \approx 1/3{,}4$.

Das **obere Pleuelauge** nimmt das Kolbenbolzenlager auf und ist ungeteilt. Das **untere Pleuelauge** muß aus Montagegründen geteilt werden. Da bei der Montage die Pleuelstange durch den Zylinder geführt werden muß, ist bei starkem Kurbelzapfen eine schräge Teilung des unteren Pleuelauges erforderlich.

Der **Pleuelschaft** wird durch die Pleuelstangenkraft auf Druck und Zug beansprucht. Der Spannungsverlauf in den **Pleuelaugen** ist kompliziert, deshalb begnügt man sich bei der Berechnung mit Vergleichsspannungen. Diese **Vergleichsspannungen** geben nicht die wahren Spannungswerte an. Da man aber zu ihrer Berechnung dieselben stark vereinfachten Gleichungen wie zur Bestimmung der zulässigen Spannungen verwendet, kann man sie trotzdem zur Dimensionierung von Bauteilen benutzen.

Nach den aus der Mechanik bekannten Gleichungen wird der **Pleuelschaft** auf **Zug, Druck** und bei großer Stangenlänge auch auf **Knickung** berechnet.

Die **vereinfachten Formeln** zur Berechnung der Spannungen in den Pleuelaugen lauten:

Kleines Pleuelauge (Bild 10.2.2)

Zugspannung im Querschnitt A – A

(95)

$$\sigma_z = \frac{F}{2\,A_A}$$

Biegespannung im Querschnitt B – B

(96)

$$\sigma_{bB} = \frac{F\, r_1}{2\, W_{bB}}$$

F = maximale Zugkraft
A_A = Querschnitt bei A – A
r_i = Kraftabstand
W_{bB} = Widerstandsmoment bei B – B
W_{bC} = Widerstandsmoment bei C – C

Großes Pleuelauge (Bild 10.2.2)
Biegespannung im Querschnitt C – C

(97)

$$\sigma_{bC} = \frac{F\, r_2}{2\, W_{bC}}$$

Die zulässigen Zug- und Biegespannungen liegen zwischen 25 und 40 N/mm² (250 bis 400 kp/cm²).

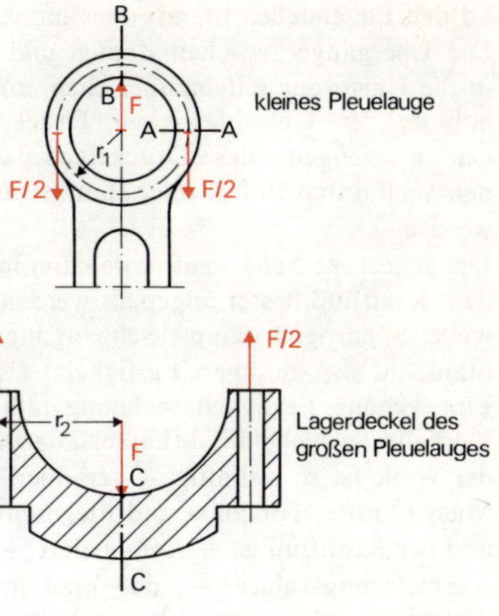

Bild 10.2.2. Zur Berechnung der Pleuelstange

10.3. Kurbelwelle

An der **Kurbelwelle** (Bild 10.3.1) vollzieht sich die Umwandlung der oszillierenden in die rotierende Bewegung. Als **Material** wird Stahl oder auch Sphäroguß verwendet. Kleine Stahlwellen schlägt man im Gesenk. Größere Kurbelwellen werden frei vorgeschmiedet, die Kröpfungen in die richtige Lage gedreht und dann fertig bearbeitet. Wellen von Großmotoren (Zylinderdurchmesser 500 mm und größer) werden aus Einzelteilen zusammengeschrumpft. Dabei unterscheidet man **halbgebaute** und **ganzgebaute Wellen.** Bei den halbgebauten Wellen schrumpft man die Wellenzapfen in die aus einem Stück bestehende Kurbelkröpfung (2 Wangen und 1 Kurbelzapfen) ein. Dagegen werden die ganzgebauten Kurbelwellen nur aus Einzelstücken zusammengesetzt. Für die Wellen verwendet man **Vergütungsstähle** mit einer Festigkeit von 800 bis 900 N/mm² (80 bis 90 kp/mm²). Kleinere Wellen werden

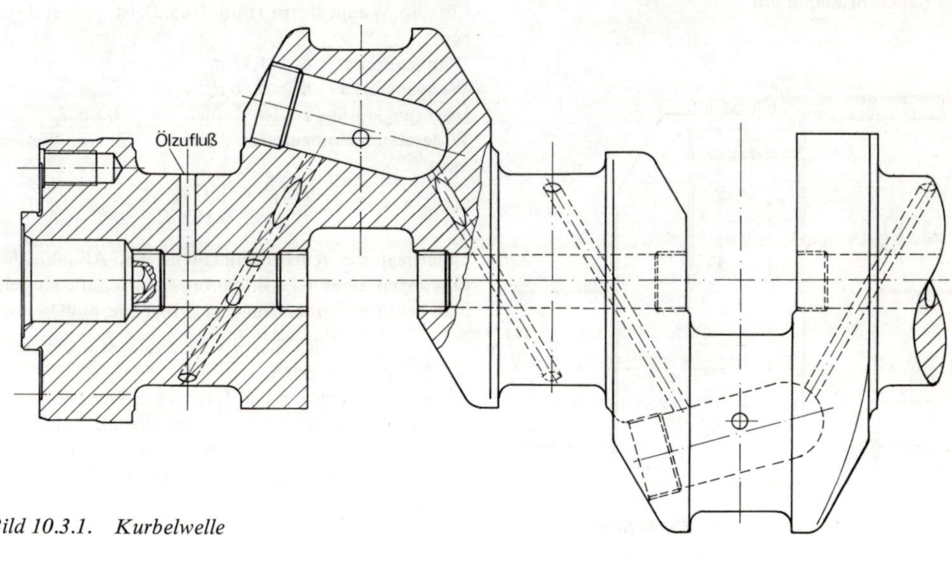

Bild 10.3.1. Kurbelwelle

an den Lagerstellen brenn- oder induktionsgehärtet. Die Übergänge zwischen Zapfen und Wangen sind in die Härtezone miteinzubeziehen, um dort zur Erhöhung der Gestaltfestigkeit Druckeigenspannungen zu erzeugen. Diese Druckeigenspannungen können auch durch Rollen oder Hämmern herbeigeführt werden.

Die gegossene **Sphärogußwelle** kann in ihrer Gestalt dem Kraftfluß besser angepaßt werden als die Stahlwelle. Sphäroguß dämpft Schwingungen stärker als Stahl, hat aber geringere Festigkeit.

Eine genaue **Festigkeitsrechnung** läßt sich für die Kurbelwelle nicht durchführen. Die Beanspruchung der Welle ist so vielfältig – veränderliche Gas- und Massenkräfte, Torsions- und Biegeschwingungen – und der Kraftfluß ist so kompliziert – Formzahlen, Kerbwirkungszahlen –, daß man nur mit vereinfachten Berechnungsverfahren arbeiten kann.

Die Kurbelwellen von Schiffsdieselmotoren berechnet man nach den **Regeln der Klassifikationsgesellschaften,** die diese Motoren in einem Prüflauf abnehmen. Der Germanische Lloyd schreibt folgendes **Berechnungsverfahren** vor:

Formel für den Zapfen:

$$d_k = \sqrt[3]{D^2 \left(\frac{H\,p_i}{\alpha} + \frac{L\,p_z}{650}\right) C_1\,C_w} \qquad (98)$$

d_k = Zapfendurchmesser in cm
D = Zylinderdurchmesser in cm
H = Kolbenhub in cm
L = Lagerabstand in cm

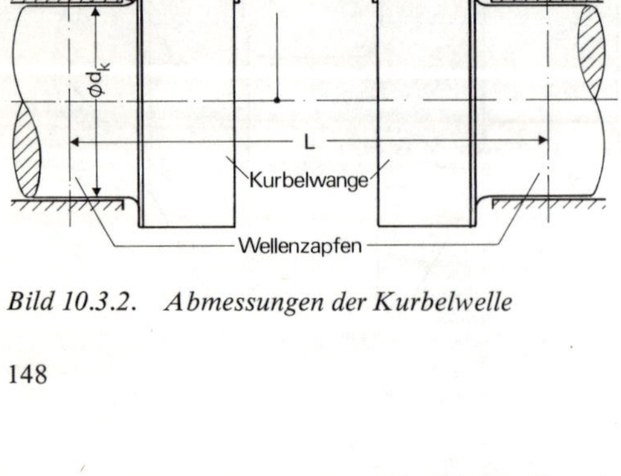

Bild 10.3.2. Abmessungen der Kurbelwelle

$p_i = 1{,}2\ p_e$, mittlerer indizierter Druck bei Vollast in kp/cm²
p_z = Zünddruck in kp/cm²
α, C_1 sind Tabelle 4 zu entnehmen

$$C_w = \frac{42}{42 + \frac{2}{3}(k_z - 42)}$$

k_z = Zugfestigkeit des Werkstoffs in kp/mm², der größte zulässige Wert ist 70 kp/mm²

Tabelle 4
Kennwerte zur Berechnung der Kurbelwelle

p_i	α	Zylinderzahl	C_1	
			Viertaktmotor	Zweitaktmotor
5	200	3	1,02	1,05
6	165	4	1,09	1,18
7	150	5	1,14	1,25
8	142	6	1,19	1,30
9	138	7	1,22	1,34
10	136	8	1,24	1,37
11		9	1,25	1,39
und		10	1,25	1,41
mehr	135	12	1,27	1,44

$\alpha = f(p_i)$
$C_1 = f$ (Zylinderzahl und Arbeitsverfahren)

Für die **Wangenform** (Bild 10.3.2) ist vorgeschrieben:

Wangenbreite $b \geqq 1{,}32\ d_k$
Wangenstärke $h \geqq 0{,}56\ d_k$
Übergangsradius zu den Zapfen $\rho \geqq 0{,}06\ d_k$

Widerstandsmomente im Abstand $r/2$ von Wellenmitte

$$W_{min} \geqq 0{,}07\ d_k^3$$
$$W_{max} \geqq 0{,}165\ d_k^3$$

Unterliegt die **Kurbelwelle nicht den Abnahmebedingungen** einer Klassifikationsgesellschaft, so geht man bei ihrer **Dimensionierung** folgendermaßen vor:

1. Festlegung der Kurbelwellenabmessungen nach Erfahrungswerten.
1.1. Bei Ottomotoren und Lastwagen-Dieselmotoren wählt man die Abmessungen gemäß Tabelle 5.
1.2. Bei den anderen Dieselmotoren berechnet man zunächst den **Zapfendurchmesser** nach der einfachen Formel für die Torsionsspannung in einer Welle:

(99)

$$d_k = \sqrt[3]{\frac{M_d\, 16}{\tau_{zul}\, \pi}}$$

d_k = Zapfendurchmesser von Kurbel und Welle
M_d = größtes mittleres Drehmoment, das bei dem für die Motorbaureihe vorgesehenen Motor mit der höchsten Zylinderzahl auftritt.
τ_{zul} = 30 N/mm² (300 kp/cm²) für Stahl mit einer Bruchfestigkeit von 500 N/mm² (50 kp/mm²).

Die **Zapfenlängen** und die **Wandstärke der Wange** richtet man nach den Formeln:

Länge des Kurbelzapfens $l_k = (0{,}45 \text{ bis } 0{,}55)\, D$
Länge des Wellenzapfens $l_w = (0{,}5 \text{ bis } 0{,}6)\, D$
Wandstärke der Wange $h = (0{,}25 \text{ bis } 0{,}35)\, D$

Tabelle 5
Erfahrungswerte zur Berechnung der Kurbelwellen von Ottomotoren und Lastwagen-Dieselmotoren

	Otto-motor	Diesel-motor
Kurbelzapfendurchmesser	0,65 *D*	0,7 *D*
Wellenzapfendurchmesser	0,8 *D*	0,75 *D*
Kurbelzapfenlänge	0,3 *D*	0,3 *D*
Wellenzapfenlänge	0,32 *D*	0,35 *D*
Wangenstärke	0,28 *D*	0,3 *D*

D = Zylinderdurchmesser

2. Kontrolle der gewählten Abmessungen

Die Kontrolle wird mit Hilfe von **Vergleichsspannungen** durchgeführt, da es nicht möglich ist, die wirklichen Spannungen zu bestimmen. Zuerst berechnet man für verschiedene Kurbelwellenstellungen die Radial- und Tangentialkräfte nach den Formeln aus Kapitel 2. Die in Wirklichkeit statisch unbestimmte Kurbelwelle wird durch gedachte Schnitte in Wellenzapfenmitte in lauter statisch bestimmte Kurbelkröpfungen zerlegt. Die Kröpfungen seien gelenkig miteinander verbunden. Nach den Regeln der Festigkeitslehre lassen sich nun die Spannungen im Kurbelzapfen und der Kurbelwange bestimmen und nach der Hypothese der größten Gestaltänderungsarbeit zu einer Vergleichsspannung zusammensetzen. Diese darf dann nicht größer sein als die nach dem gleichen Verfahren an betriebssicheren Kurbelwellen ermittelte zulässige Spannung.

Da das vorstehende Verfahren sehr zeitraubend ist, denn es muß für mehrere Kurbelwellenstellungen

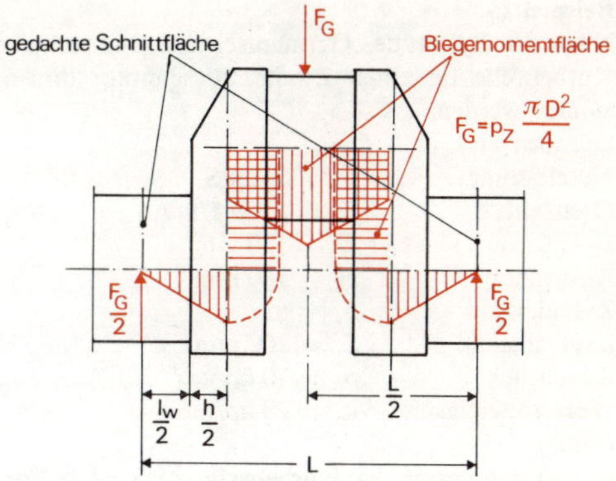

Bild 10.3.3. Biegemoment infolge Gaskraft

mit und ohne Berücksichtigung der Massenkräfte durchgeführt werden, soll noch eine sehr **stark vereinfachte Berechnungsmethode** gezeigt werden. Die größte Gaskraft tritt etwa in Kolbenstellung OT auf. Kurbelzapfen und Kurbelwangen werden durch die Gaskraft F_G auf Biegung beansprucht (Bild 10.3.3).

Biegespannung im Kurbelzapfen

$$\sigma_{bz} = \frac{F_G\, L}{4\, W_{bz}}$$

Mit $W_{bz} = \pi\, d_k^3/32$ erhält man:

(100)

$$\sigma_{bz} = \frac{F_G\, L\, 8}{\pi\, d_k^3}$$

F_G = Gaskraft nach Formel (10)
L = Lagerabstand
d_k = Kurbelzapfendurchmesser

Biegespannung in der Kurbelwange

$$\sigma_{bw} = \frac{\frac{F_G}{2}\left(\frac{l_w}{2} + \frac{h}{2}\right)}{W_{bw}}$$

Mit $W_{bw} = b\, h^2/6$ erhält man:

(101)

$$\sigma_{bw} = \frac{1{,}5\, F_G\, (l_w + h)}{b\, h^2}$$

Die zulässigen Spannungen betragen
$\sigma_{b\,zul}$ = 70 bis 100 N/mm² (700 bis 1000 kp/cm²)

Beispiel 15

Nach den Regeln des Germanischen Lloyd soll eine Kurbelwelle für einen Zweitaktdieselmotor dimensioniert werden.

Gegeben sind:

Nutzleistung	$P_e = 240$ PS
Drehzahl	$n = 1500$ 1/min
Zylinderdurchmesser	$D = 130$ mm
Kolbenhub	$H = 180$ mm
Zylinderzahl	$z = 6$
Lagerabstand	$L = 200$ mm
Zünddruck	$p_z = 70$ kp/cm²
Werkstoffestigkeit	$k_z = 70$ kp/mm²

Lösung

Der **Durchmesser der Kurbelwelle** wird nach Formel (98) berechnet.

Der **mittlere indizierte Druck** läßt sich mit Hilfe des mittleren effektiven Drucks berechnen:

$$p_i = 1{,}2\, p_e$$

Den mittleren effektiven Druck bestimmt man nach Formel (41).

$$\underline{p_e} = \frac{240 \text{ PS } 75 \frac{\text{kpm}}{\text{s PS}}}{2{,}38 \cdot 10^{-3} \text{ m}^3\ 6 \cdot 25 \frac{1}{\text{s}} \cdot 1} = \underline{5 \cdot 10^4 \text{ kp/m}^2}$$

Damit ist

$$\underline{p_i} = 1{,}2 \cdot 5 \frac{\text{kp}}{\text{cm}^2} = \underline{6 \text{ kp/cm}^2}$$

Aus **Tabelle 4** entnimmt man:

$$\alpha = 165 \text{ und } C_1 = 1{,}3$$

Der Werkstoffaktor beträgt:

$$C_w = \frac{42}{42 + \frac{2}{3}(70 - 42)} = 0{,}69$$

Nun kann der Durchmesser der Kurbelwelle berechnet werden:

$$d_k = \sqrt[3]{169 \left(\frac{18 \cdot 6}{165} + \frac{20 \cdot 70}{650}\right) 1{,}3 \cdot 0{,}69}$$

$$\underline{d_k = 7{,}55 \text{ cm}}$$

Die **Kurbelwange** erhält folgende Abmessungen:

Breite $b = 1{,}32 \cdot 7{,}55$ cm $= 10$ cm

Wangenstärke $h = 0{,}56 \cdot 7{,}55$ cm $= 4{,}25$ cm

Für die Kurbelwelle werden folgende Abmessungen gewählt:

$$d_k = 80 \text{ mm}$$
$$b = 100 \text{ mm}$$
$$h = 45 \text{ mm}$$

10.4. Zylinder

Der **Zylinder** dient dem Kolben als Arbeitsraum und Führungsbahn. Bei kleinen Motoren wird er direkt in das aus Grauguß gegossene Kurbelgehäuse eingearbeitet. Dies ist eine billige Lösung, aber bei verschlissenem Zylinder muß der Motor ganz zerlegt werden, damit die Zylinderbohrungen ausgeschliffen werden können. Die Motorüberholungsarbeit gestaltet sich einfacher, wenn in das Kurbelgehäuse besondere Zylinderbüchsen eingesetzt werden. Man baut in das Kurbelgehäuse **nasse** oder **trockene Büchsen** ein (Bild 10.4.1). Die nasse Büchse ist gut gekühlt, denn sie wird direkt vom Kühlwasser umspült. Ihre Wanddicke ist so auszulegen, daß sie den Gasdruck aufnehmen kann. Die dünnwandige trockene Büchse wird in die Kurbelgehäusebohrung eingepreßt. Die Wärmeableitung ist bei ihr schlechter als bei der nassen Büchse.

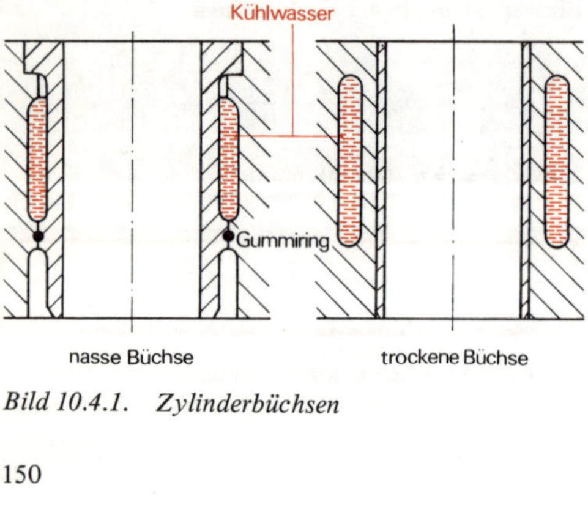

Bild 10.4.1. Zylinderbüchsen

Als **Werkstoff** für die Zylinderbüchsen verwendet man hochwertiges Gußeisen mit perlitischem Grundgefüge. Durch Steuerung der Graphitausscheidung erhält die Büchse gute Laufeigenschaften, und ein Netz von Eisenphosphiden sorgt für Verschleißfestigkeit. Diese kann durch **Verchromen** noch stark erhöht werden, denn die Chromschicht ist sehr widerstandsfähig sowohl gegen mechanischen als auch gegen chemischen Verschleiß. Da sich auf der glatten Chromschicht das Schmieröl nicht halten kann, muß die Lauffläche **porös verchromt** werden. Bei luftgekühlten Motoren setzt man mit gutem Erfolg Zylinder aus **Aluminiumlegierung** ein. Die Wärmeleitfähigkeit dieser Legierung ist dreimal so groß wie die von Grauguß. Die Temperaturverteilung ist dadurch gleichmäßiger, und die Wärme wird mit kleinerem Temperaturgefälle abgeführt. Die Lauffläche dieser Zylinder ist ebenfalls mit Chrom überzogen.

Beim **Alfin-Verbundgußverfahren** wird eine Graugußlaufbüchse mit einer Aluminiumlegierung umgossen, wobei zwischen Grauguß und Aluminium eine Übergangszone, die Alfin-Schicht (Fe_xAl_y), eine direkte metallische Verbindung zwischen den beiden Materialien herstellt. Diese Zylinder zeichnen sich durch gute Wärmeableitung und Verschleißfestigkeit aus.

Die **Zylinderwandstärke** s berechnet man mit Hilfe der Formel für dünnwandige Rohre:

(102)

$$s = \frac{D\, p_z}{2\, \sigma_{zul}}$$

Die zulässige Spannung σ_{zul} soll bei Grauguß zwischen 30 und 60 N/mm² (300 bis 600 kp/cm²) liegen.
D = Zylinderdurchmesser
p_z = Zünddruck

Tabelle 6 Mittelwerte der Kolbenmaße (alle Maße in mm)

	Ottomotoren bis D = 100 mm	Dieselmotoren bis D = 200 mm
L	$D + 15{,}5$	$1{,}52\,D - 16$
K	$0{,}6\,D$	$0{,}82\,D$
s	$0{,}07\,D$	$(0{,}1$ bis $0{,}25)\,D$
A	$0{,}4\,D$	$0{,}45\,D$
B	$0{,}28\,D$	$0{,}4\,D$
Sch	$0{,}62\,D + 19$	$1{,}3\,D - 45$
F	$0{,}078\,D + 1$	$0{,}23\,D - 6{,}3$
S_1	$(0{,}035$ bis $0{,}065)\,D$	$(0{,}04$ bis $0{,}07)\,D$
S_2	$(0{,}03$ bis $0{,}05)\,D$	$(0{,}035$ bis $0{,}065)\,D$
Z_R	2 bis 3	3 bis 5
m_K in g	$0{,}8\,D^3 \cdot 10^{-3}$	$D \leqq 140: 1{,}1\,D^3 \cdot 10^{-3}$ $D > 140: 1{,}5\,D^3 \cdot 10^{-3} - 1000$

D = Kolbendurchmesser
D_i = Innendurchmesser
L = Kolbenlänge
K = Kompressionshöhe
s = Bodenstärke
A = Nabenabstand
B = Bolzendurchmesser
Sch = Schafthöhe
F = Feuersteghöhe
S_1 = 1. Ringsteghöhe
S_2 = 2. und weitere Ringsteghöhen
Z_R = Zahl der Verdichtungsringe
m_K = Kolbenmasse

11. Ausblick

In den vorstehenden Kapiteln werden die seit vielen Jahren gebauten und zu hoher technischer Reife entwickelten Otto- und Dieselmotoren behandelt. Sie sind unentbehrlicher Helfer unserer Zivilisation und werden es für lange Zeit auch noch bleiben.

Im Automobilbau herrscht nach wie vor der herkömmliche Hubkolbenmotor vor, wenn ihm auch im Wankelmotor, der sich aber ebenfalls in die Reihe der Otto- und Dieselmotoren einordnen läßt, eine Konkurrenz entstanden ist. Die Gasturbine wird im Automobilbau wahrscheinlich nur als Abgasturbolader Eingang finden, da sie sich für kleine Leistungen wenig eignet. Auch im Lastwagenbau kam die Gasturbine bisher nicht über das Versuchsstadium hinaus. Im Flugzeugbau hingegen hat die Gasturbine als Strahltriebwerk oder Turbopropantrieb (die Flugleistung wird zum Teil über Schubdüse und zum Teil über Propeller aufgebracht) den Motor weitgehend verdrängt. Nur in Sportflugzeugen findet man noch Kolbenmotoren. Im Schiffsbau hat im Leistungsbereich bis 35 MW (48 000 PS) der große aufgeladene Zweitakt-Dieselmotor durch stetige Leistungssteigerung in den letzten Jahren die Dampfturbine als Antriebsmaschine abgelöst. Der schnelllaufende Dieselmotor hat sich im Schienenverkehr zu einer unentbehrlichen Antriebsmaschine auf nicht elektrifizierten Strecken entwickelt. Auch in der Stromversorgung wird der Dieselmotor bei Notstromaggregaten und zur Deckung des Spitzenbedarfs eingesetzt.

Der Verbrennungsmotor steht nicht am Ende seiner Entwicklung, wie man bei oberflächlicher Betrachtung angesichts des erreichten technischen Standes dieser Maschine glauben könnte, sondern es erwachsen dem Motorenkonstrukteur immer wieder neue Forschungsaufgaben. So gilt es heute insbesondere die Gemischbildung und Verbrennung grundlegend zu untersuchen und so weiter zu entwickeln, daß die Luftverschmutzung durch Motoren auf ein Minimum reduziert wird.

An den Schluß unserer Betrachtung sollen zwei Maschinen gestellt werden, die Zeugnis von der Entwicklungsfähigkeit des Motorenbaus ablegen: **Wankelmotor** und **Philips-Stirling-Motor.** Der letztgenannte läßt sich zwar nicht in die Reihe der Otto- und Dieselmotoren einordnen, kann aber im weiteren Sinne zu den Verbrennungsmotoren gezählt werden.

11.1. Wankelmotor

Die Arbeitsweise des **Wankelmotors,** eines **Kreiskolbenmotors,** ist aus Bild 11.1.1 zu entnehmen. Er arbeitet nach dem **Viertaktverfahren.** Die Aus- und Einlaßkanäle für den Ladungswechsel werden durch den Kolben gesteuert. Wie in Kapitel 2 ausgeführt, kommen auf eine Kolbenumdrehung drei Exzenterwellendrehungen. Da bei einer Kolbenumdrehung drei Arbeitsspiele stattfinden, gehört zu **jeder Exzenterwellendrehung ein Arbeitsspiel.**

Bei der Angabe des **Gesamthubraums** des Wankelmotors werden die **Hubräume von zwei Kammern** addiert. Die Erklärung hierfür liefert der Vergleich mit dem Viertakt-Hubkolbenmotor. Exzenterwellenumdrehung und Kurbelwellenumdrehung sind gleichzusetzen. Damit bei einem Viertakt-Hubkolbenmotor auf eine Kurbelwellenumdrehung ein Arbeitsspiel kommt, muß der Motor zwei Zylinder besitzen, sein Gesamthubraum ist gleich dem zweifachen Zylinderhubraum.

Der **Hubraum einer Kammer** ist nach Bild 11.1.2 die Differenz zwischen Maximalraum und Minimalraum.

(103)

$$V_h = V_{max} - V_{min}$$

Die Formel zur Berechnung des Hubraums einer Kammer lautet nach Huf [7]:

(104)

$$V_h = 5{,}2\, e\, R\, b$$

e = Exzentrizität
R = Eckenabstand
b = Kolbenbreite

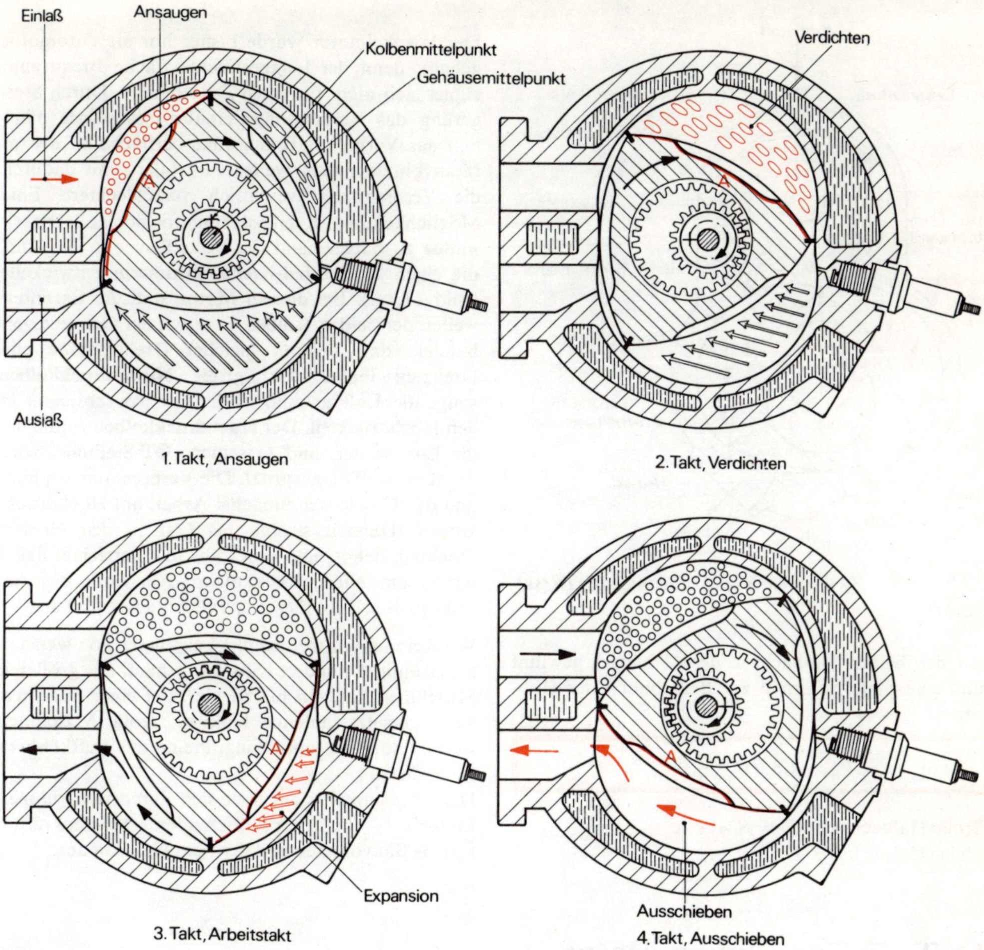

Bild 11.1.1. Arbeitsweise des Wankelmotors

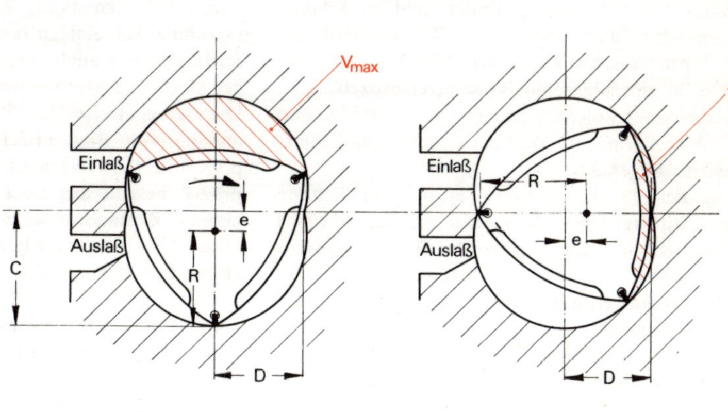

Bild 11.1.2. Hubraum einer Kammer (Wankelmotor)

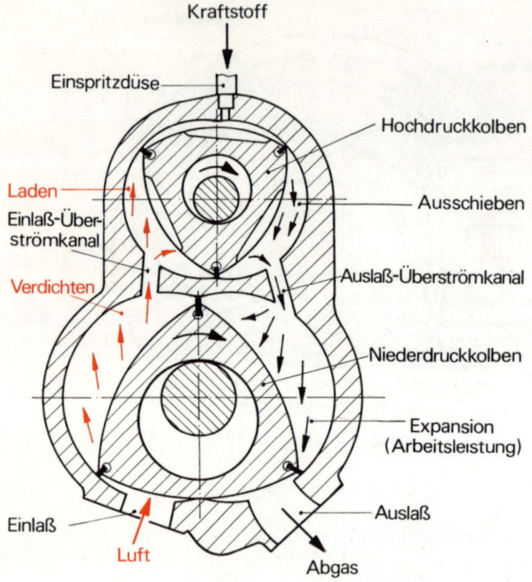

Bild 11.1.3. Zweistufen-Kreiskolbenmotor (Dieselmotor)

Mit den beiden Halbachsen des Gehäuses gewinnt man eine weitere Formel zur Berechnung des Hubraums: (105)

$$V_h = 1{,}3\, b\,(C^2 - D^2)$$

Große Halbachse $C = R + e$
Kleine Halbachse $D = R - e$

Der Wankelmotor wurde bisher nur als Ottomotor gebaut, denn der langgestreckte flache Brennraum eignet sich nicht für einen Dieselmotor. Durch Steigerung des Verdichtungsverhältnisses würde nämlich das Verhältnis Brennraumoberfläche zu Brennraumvolumen noch weiter vergrößert und dadurch die Verbrennung wesentlich verschlechtert. Eine Möglichkeit, den Kreiskolbenmotor doch als **Dieselmotor** zu bauen, fand die Rolls-Royce in England, die einen **Zweistufen-Kreiskolbenmotor** entwickelte (Bild 11.1.3). Bei diesem Motor sind die Exzenterwellen der beiden Kolben so durch ein Getriebe verbunden, daß sie mit gleicher Drehrichtung und Drehzahl laufen. Der große **Niederdruckkolben** saugt die Luft an und fördert sie vorverdichtet in den Hochdruckteil. Der **Hochdruckkolben** verdichtet die Luft weiter, und in seiner „OT-Stellung" wird der Kraftstoff eingespritzt. Die Verbrennung beginnt, und das Gas leistet zunächst Arbeit am Hochdruckkolben. Danach strömt das Gas in den Niederdruckteil, dehnt sich weiter aus und verrichtet dabei Arbeit am Niederdruckkolben. Am Ende des Arbeitsspiels schiebt dieser das verbrauchte Gas aus.

Wankelmotoren werden mit Leistungen von wenigen bis zu einigen hundert Kilowatt gebaut. Die größeren Maschinen besitzen bis zu vier, auf einer Exzenterwelle versetzt laufende Kolben. Große Maschinen werden mit Wasserkühlung, kleine mit Luftkühlung ausgerüstet.

Der Wankelmotor zeichnet sich durch sehr ruhigen Motorlauf (keine oszillierenden Massenkräfte), kleines Bauvolumen und geringes Gewicht aus.

11.2. Philips-Stirling-Motor

Der **Philips-Stirling-Motor** gehört weder zu den Otto- noch zu den Dieselmotoren; er ist ein **Heißgasmotor.** Die Verbrennung findet nicht im Arbeitsmedium selbst statt, sondern die Wärme wird ihm über Wärmetauscher zugeführt. Die Maschine arbeitet nach einem **geschlossenen Kreisprozeß,** d. h., das Arbeitsmittel bleibt ständig in der Maschine und wird abwechselnd in Wärmetauschern aufgeheizt und wieder abgekühlt.

Anfang des 19. Jahrhunderts erfand der Schotte **Robert Stirling** einen Heißgasmotor, der erstmals 1817 in Betrieb genommen wurde. Die Heißgasmotoren konnten aber mit der Dampfmaschine und mit dem später erfundenen Verbrennungsmotor infolge unzulänglicher technischer Reife und mangelhafter thermodynamischer Auslegung nicht konkurrieren und gerieten in Vergessenheit.

Im Jahr 1938 griff Philips in Holland die Idee des Stirling-Motors wieder auf. Im Laufe der Entwicklungsarbeit entstand zunächst eine Gaskältemaschine. Seit einigen Jahren (1967) arbeitet an dem Stirling-Motor auch eine Entwicklungsgemeinschaft der MAN und Motorenwerke Mannheim.

Die **Arbeitsweise** des Philips-Stirling-Motors soll anhand von Bild 11.2.1 erklärt werden. Der im p,V- und T,S-Diagramm dargestellte **ideale Kreisprozeß** besteht aus **zwei isothermen** und **zwei isochoren Zustandsänderungen.** Zur Verwirklichung dieses Kreisprozesses bewegen sich **zwei Kolben in einem Zylinder,** und das Arbeitsmedium strömt über **Kühler, Regenerator** und **Erhitzer** zwischen dem **kalten** und **heißen Raum** hin und her. Dabei laufen folgende **theoretische Vorgänge** ab:

Teilbild I; Zustandspunkt 1 im Diagramm:

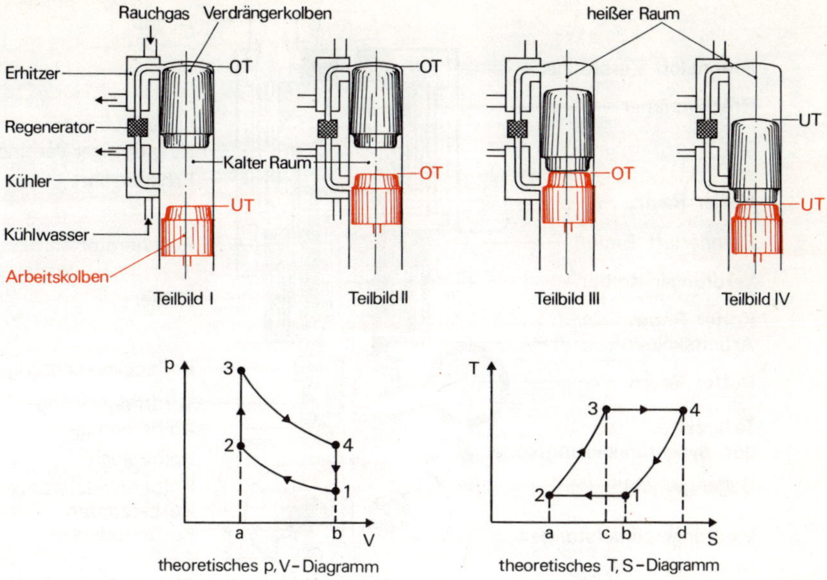

Bild 11.2.1. Arbeitsweise des Philips-Stirling-Motors

Das Arbeitsmedium befindet sich entspannt im kalten Raum. Der Arbeitskolben steht in UT und der Verdrängerkolben in OT.

Isotherme Verdichtung von 1 nach 2:
Der Verdrängerkolben bleibt in OT stehen, während sich der Arbeitskolben nach OT bewegt und das Arbeitsmedium verdichtet. Der Arbeitskolben leistet am Arbeitsmedium die absolute Gasarbeit entsprechend der Fläche b12a im p,V-Diagramm, und die gleichwertige Wärme (Fläche b12a im T,S-Diagramm) wird im Kühler abgeführt.

Teilbild II; Zustandspunkt 2 im Diagramm:
Das Arbeitsmedium befindet sich verdichtet im kalten Raum. Beide Kolben stehen in OT.

Isochore Wärmezufuhr im Regenerator von 2 nach 3:
Der Verdrängerkolben bewegt sich in Richtung UT, während der Arbeitskolben in OT stehenbleibt. Das Arbeitsmedium nimmt bei konstantem Volumen im Regenerator Wärme (Fläche a23c im T,S-Diagramm) auf.

Teilbild III; Zustandspunkt 3 im Diagramm:
Das Arbeitsmedium befindet sich verdichtet im heißen Raum. Der Arbeitskolben steht in OT und der Verdrängerkolben zwischen OT und UT.

Isotherme Entspannung von 3 nach 4:
Beide Kolben bewegen sich nach UT, und das Arbeitsmedium entspannt sich. Dabei leistet es die der Fläche a34b im p,V-Diagramm entsprechende absolute Gasarbeit. Damit seine Temperatur konstant bleibt, wird ihm die gleichwertige Wärmemenge (Fläche c34d im T,S-Diagramm) im Erhitzer zugeführt.

Teilbild IV; Zustandspunkt 4 im Diagramm:
Das Arbeitsmedium befindet sich entspannt im heißen Raum. Beide Kolben stehen in UT.

Isochore Wärmeabfuhr im Regenerator von 4 nach 1:
Der Verdrängerkolben bewegt sich nach OT, während der Arbeitskolben in UT stehenbleibt. Das Arbeitsmedium gibt bei konstantem Volumen im Regenerator Wärme (Fläche d41b im T,S-Diagramm) ab.

Die Flächen a23c und d41b im T,S-Diagramm sind gleich groß (Isochoren laufen parallel). Daher ist der **thermische Wirkungsgrad** des Philips-Stirling-Motors gleich dem des Carnot-Prozesses:

$$\eta_{\text{th}} = 1 - \frac{T_1}{T_3}$$

Die **wirkliche Maschine** ist in Bild 11.2.2 dargestellt. Beide Kolben arbeiten mit einem **Rhombenge-**

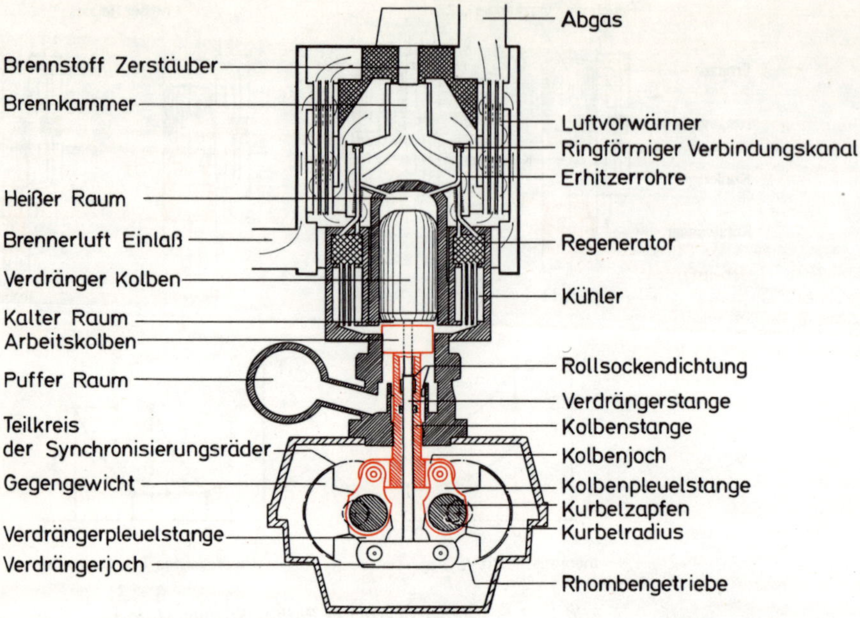

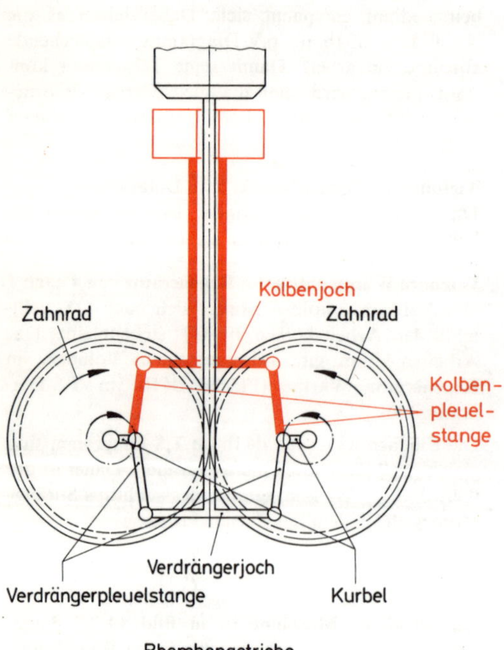

Rhombengetriebe

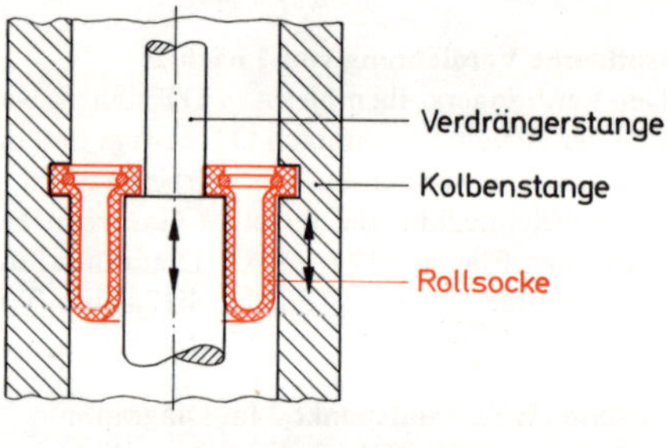

Rollsockendichtung

Bild 11.2.2. Philips-Stirling-Motor

triebe zusammen. Durch Gegengewichte wird ein **vollständiger Massenausgleich** herbeigeführt. Der Kühler ist wassergekühlt. Im Regenerator, der aus Blechpaketen besteht, wird das **Arbeitsmedium, Helium,** von etwa 70 °C auf etwa 600 °C aufgeheizt und auf dem Rückweg wieder auf 70 °C abgekühlt. Die aus der **Brennkammer** ausströmenden Rauchgase geben im Erhitzer Wärme an das Arbeitsmedium ab. Sie verlassen den Erhitzer mit etwa 700 °C und erwärmen im **Luftvorwärmer** die Verbrennungsluft. Mit ungefähr 250 °C treten die Rauchgase ins Freie aus. Der **Pufferraum** wird zum Gehäuse hin durch sogenannte **Rollsockendichtungen** abgedichtet, so daß kein Helium verloren geht. Helium dient als Arbeitsmedium, weil bei ihm der Wärmeübergang gut und der Strömungsverlust klein ist. Die Kolben laufen ungeschmiert im Zylinder mit Kolbenringen aus Teflon.

Den **wirklichen Arbeitsprozeß** zeigt Bild 11.2.3. Der Kurvenverlauf ergibt sich aus der nicht diskontinuierlichen Kolbenbewegung und der nicht exakt isothermen Wärmezufuhr und -abfuhr.

Die **Leistungsregelung** der Maschine geschieht durch Veränderung der Wärmezufuhr im Brenner und der arbeitenden Heliummasse. So werden z. B. bei Verminderung der Leistung gleichzeitig Brennerleistung und Heliummasse verringert. Dadurch liegt auch im Teillastbereich das Temperaturniveau hoch, und der thermische Wirkungsgrad bleibt praktisch konstant.

Der Gesamtwirkungsgrad der Maschine beträgt etwa 35%. Leistungsgewicht und Drehzahl haben ungefähr die gleichen Werte wie bei Dieselmotoren.

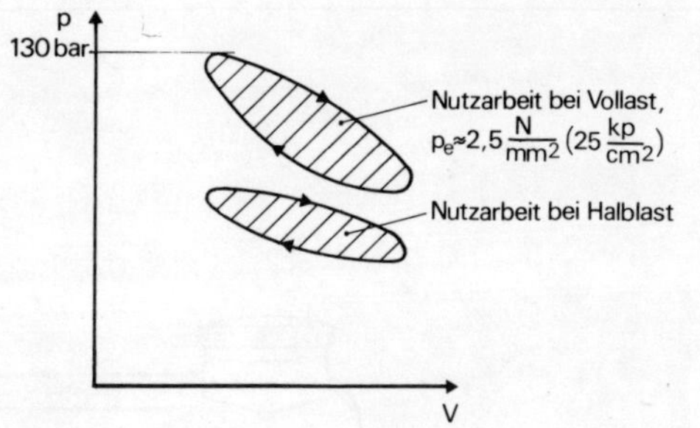

Bild 11.2.3. Wirkliche Arbeitsprozesse des Philips-Stirling-Motors im p-V-Diagramm

Die Drehmomentkurve zeigt einen für Fahrzeugbetrieb günstigen Verlauf mit einem Maximum bei sehr niedriger Drehzahl. Der Philips-Stirling-Motor wird mit einem elektrischen Anlasser angeworfen, nachdem vorher der Brenner gezündet wurde.

Der Motorlauf ist sehr ruhig, da das harte Verbrennungsgeräusch der herkömmlichen Verbrennungsmotoren entfällt. Durch die äußere Verbrennung können die schädlichen Abgasbestandteile leicht unter den vorgeschriebenen Grenzwerten für die Luftreinheit gehalten werden. Die Maschine kann jede beliebige Wärmequelle ausnutzen.

Der Philips-Stirling-Motor befindet sich im Entwicklungsstadium; eine Serienfertigung ist noch nicht angelaufen.

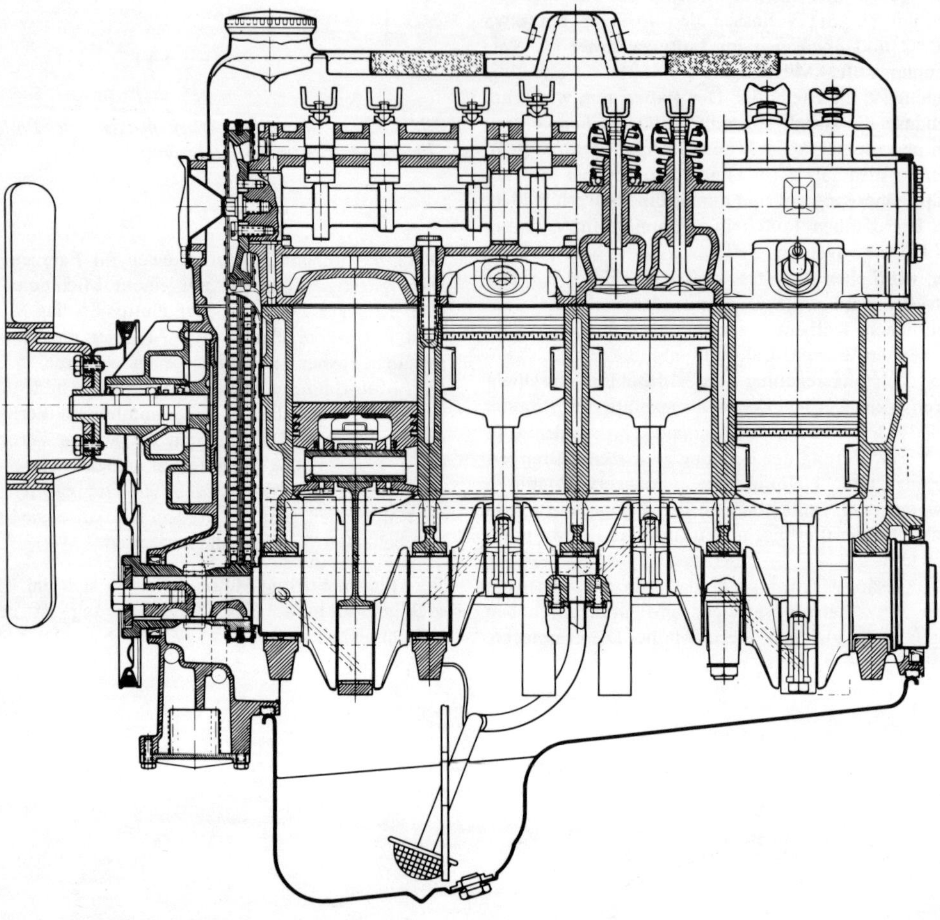

Bild A1. Ottomotor (Fa. Opel), Längsschnitt

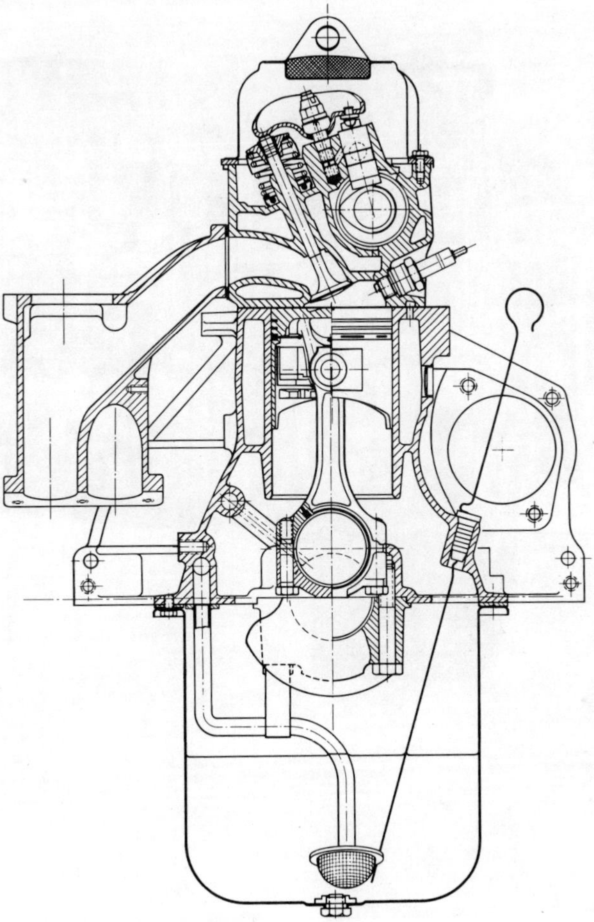

Bild A1. Ottomotor (Fa. Opel), Querschnitt

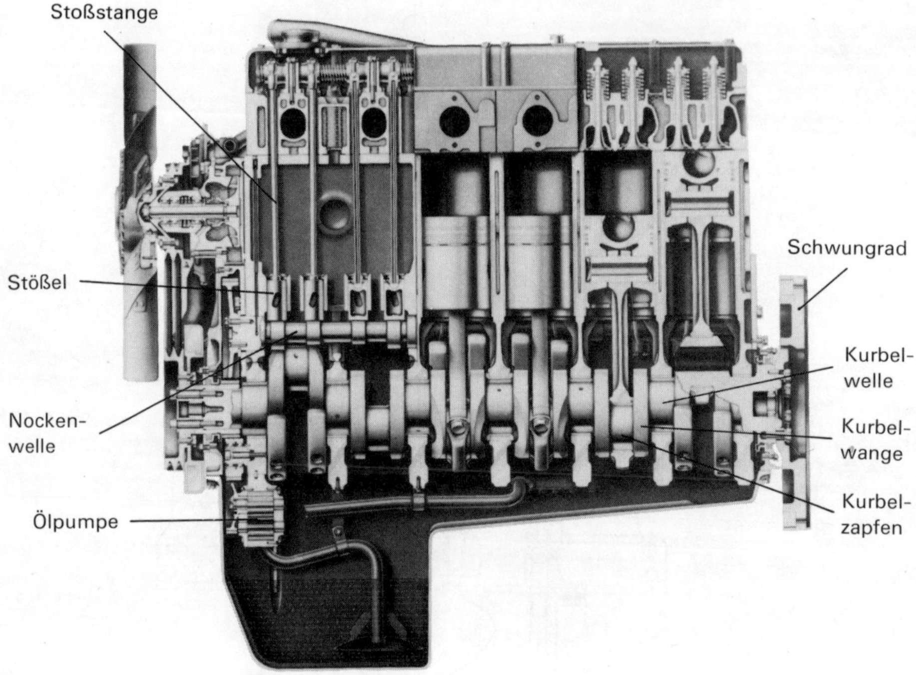

Bild A2. Dieselmotor (Fa. MAN), Längsschnitt

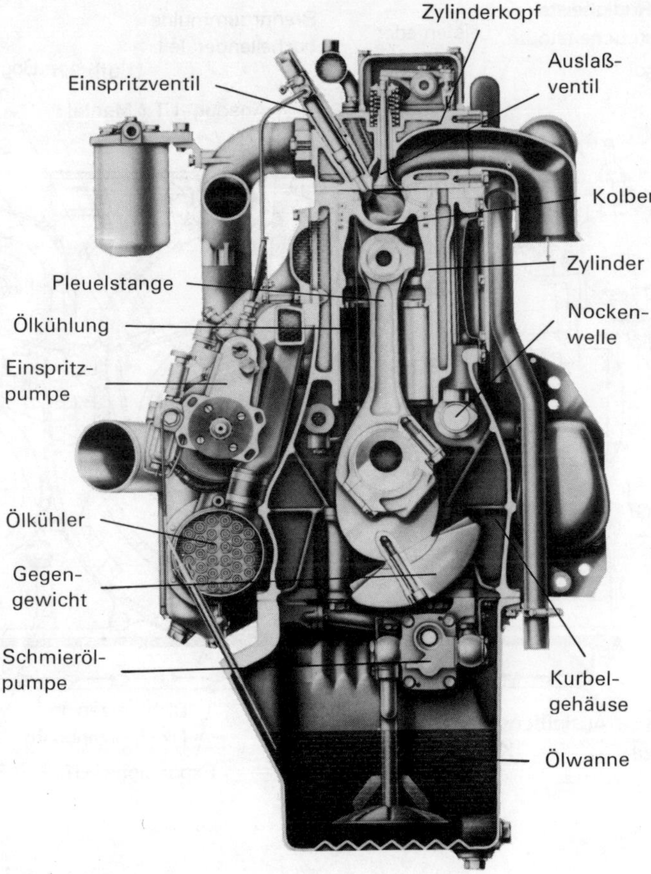

Bild A2. Dieselmotor (Fa. MAN), Querschnitt

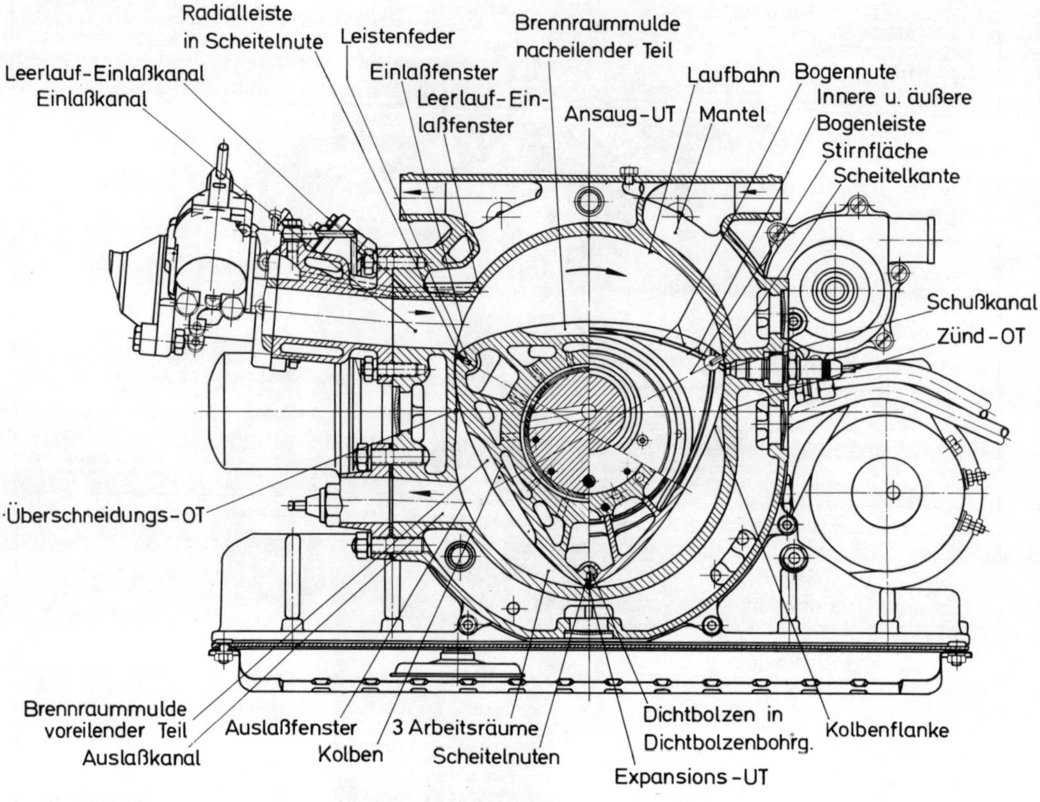

Bild A3. Wankelmotor (Fa. NSU), Querschnitt

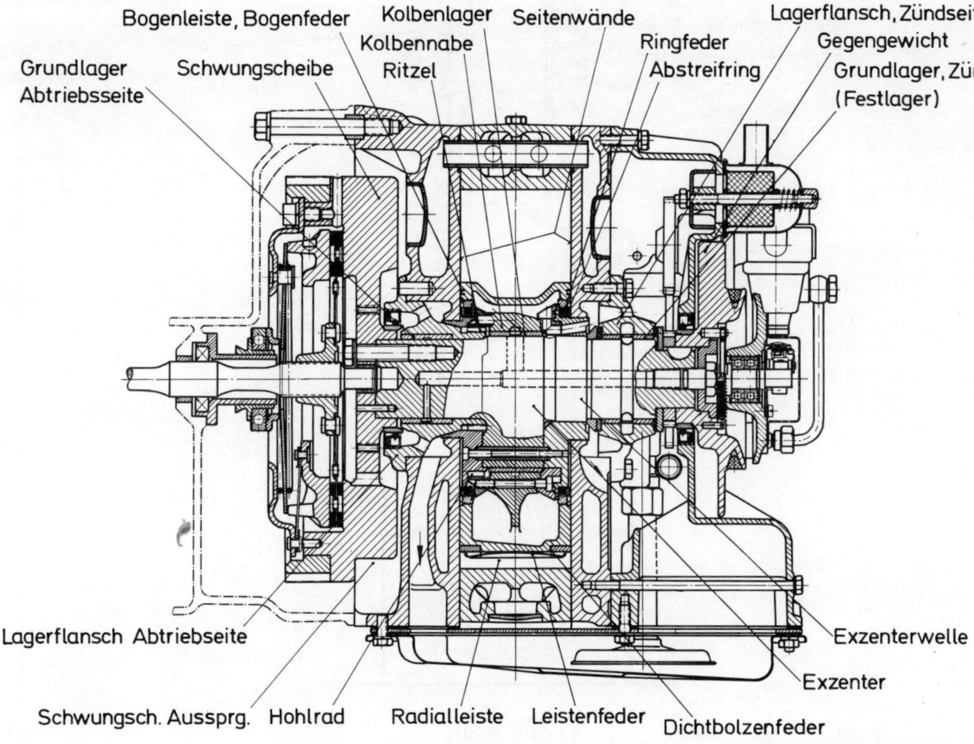

Bild A3. Wankelmotor (Fa. NSU), Längsschnitt

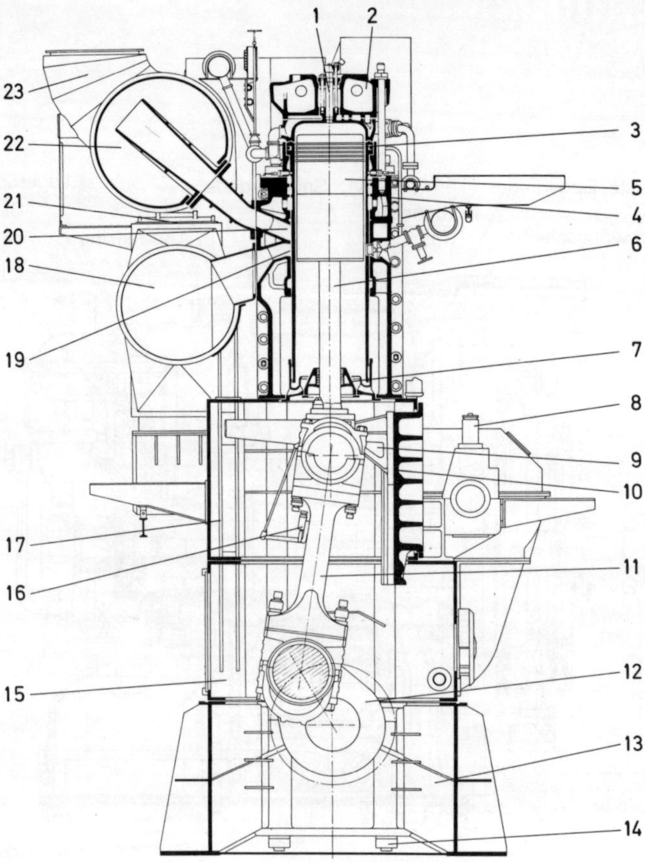

1 Kraftstoff-Nadelventil
2 Zylinderdeckel
3 Zylinderbüchse
4 Zylinderblock
5 Arbeitskolben
6 Kolbenstange
7 Stopfbüchse für Kolbenstange
8 Kraftstoff-Einspritzpumpe
9 Kreuzkopf mit Gleitschuh
10 Gleitbahn
11 Treibstange
12 Kurbelwelle
13 Grundplatte
14 Zuganker mit Mutter
15 Ständer
16 Schmierpresse für Kreuzkopflager
17 Posaunenrohr für Kolbenkühlung
18 Spülluftleitung
19 Spülschlitze
20 Auspuffschlitze
21 Ladeluftleitung verdeckt
22 Abgasleitung
23 Nur Abgasleitung von Aufladegruppe sichtbar
Aufladegruppe ist stirnseitig montiert

Zweitakt-Dieselmotor KSZ 90/160 A (Zylinderdurchmesser 90 cm, Kolbenhub 160 cm, Zylinderleistung 4000 PS, Drehzahl 106 l/min)

Bild A4. Großdieselmotor (Fa. MAN), Querschnitt

12. Literaturverzeichnis

[1] Hardenberg: Die Berechnung des freien Öffnungsquerschnittes von Kegelventilen. MTZ 30, S. 59, 1969.

[2] Straubel: Beitrag zur Erfassung und Beeinflussung des Schwingungsverhaltens von Nockengetrieben. MTZ 27, S. 403, 1966.

[3] Bensinger: Die Steuerung des Gaswechsels in schnellaufenden Verbrennungsmotoren. Springer-Verlag, 1955.

[4] Dubbel II. Springer-Verlag, 12. Auflage.

[5] Schröder: Der mechanisch aufgeladene Viertakt-Dieselmotor D 28 LA der Hanomag. MTZ 17, S. 231, 1956.

[6] Schlaefke: Zur Berechnung von Kolbenbolzen. MTZ 2, S. 117, 1940.

[7] Huf: Der Wankelmotor und die Steuer. Die Maschine 15, S. 20, 1961.

Bensinger/Meier: Kolben, Pleuel und Kurbelwelle bei schnellaufenden Verbrennungsmotoren. Springer-Verlag, 1961.

Haug: Die Drehschwingungen in Kolbenmaschinen. Springer-Verlag, 1952.

Mayr: Ortsfeste Dieselmotoren und Schiffsdieselmotoren. Springer-Verlag, 1960.

Neugebauer: Kräfte in den Triebwerken schnelllaufender Kolbenkraftmaschinen, ihr Gleichgang und Massenausgleich. Springer-Verlag, 1952.

Mahle Kolbenkunde. Selbstverlag der Fa. Mahle, Stuttgart, 1964.

Technisches Handbuch. Fa. Karl Schmidt, Neckarsulm, 1967.

Sass: Geschichte des deutschen Verbrennungsmotorenbaus von 1860 bis 1918. Springer-Verlag, 1962.

13. Sachwortverzeichnis